21世纪高等教育工程管理系列教材

工程招投标与合同管理

第4版

主　编　刘黎虹　伏　玉

副主编　闫　爽　董凤良

参　编　金　靖　崔　琦　曹佳聪

本书是在上一版基础上，根据《中华人民共和国民法典》和其他新颁布或修改的法律法规、标准招标文件及合同示范文本修订而成的。全书共8章，全面而系统地介绍了工程合同法律基础知识及工程招标投标与合同管理的基本理论，主要内容包括建设工程合同法律基础、建设工程发包承包制度、建设工程招标投标、建设工程施工招标投标实务、建设工程勘察设计与建设工程监理招标投标实务、建设工程相关合同及工程合同管理、建设工程索赔管理、国际工程招标投标与合同条件。

本书的编写将基础理论与例题、案例相结合，通过大量典型例题练习和案例分析，强化重要知识点的学习和理解，突出应用性与操作性。本书编入了国家职业资格考试相关例题和案例，有助于读者理解和掌握相关内容。为方便教学，本书配有讲义、PPT课件、例题及课后练习题答案和解析，以及强化训练习题库和试卷。

本书主要作为高等教育工程管理及土木工程相关专业的本科教材，也可作为建设工程管理专业人员的业务参考书。

图书在版编目（CIP）数据

工程招投标与合同管理/刘黎虹，伏玉主编．—4版．—北京：机械工业出版社，2022.4（2024.8重印）

21世纪高等教育工程管理系列教材

ISBN 978-7-111-70515-4

Ⅰ.①工…　Ⅱ.①刘…②伏…　Ⅲ.①建筑工程-招标-高等学校-教材②建筑工程-投标-高等学校-教材③建筑工程-经济合同-管理-高等学校-教材　Ⅳ.①TU723

中国版本图书馆CIP数据核字（2022）第062081号

机械工业出版社（北京市百万庄大街22号　邮政编码100037）

策划编辑：冷　彬　　责任编辑：冷　彬　马新娟

责任校对：潘　蕊　王明欣　封面设计：张　静

责任印制：张　博

北京建宏印刷有限公司印刷

2024年8月第4版第5次印刷

184mm×260mm · 18印张 · 422千字

标准书号：ISBN 978-7-111-70515-4

定价：59.00元

电话服务	网络服务
客服电话：010-88361066	机　工　官　网：www.cmpbook.com
010-88379833	机　工　官　博：weibo.com/cmp1952
010-68326294	金　　书　　网：www.golden-book.com
封底无防伪标均为盗版	机工教育服务网：www.cmpedu.com

前　言

随着建筑市场秩序的不断规范，以及法律法规的日渐完善与成熟，加强建设工程全过程的合同管理工作越来越重要，且意义重大。

本书在第 3 版的基础上，根据《中华人民共和国民法典》和其他新颁布或修订的法律法规、标准招标文件及合同示范文本进行了全面修订，较上一版内容有较大的更新和完善，及时、全面地反映了建设工程招标投标及合同管理领域的相关发展变化。

本书理论知识全面，实践内容实用丰富。为方便教学，此次修订增加大量典型例题及其解析，对学习重点和难点进行详细讲解；同时充实完善相关案例，对课后练习题部分进行了拓展，提供单选题、多选题及案例分析题等多种题型。

为深入落实党中央加快建设教育强国、科技强国、人才强国的科教兴国战略，本书在重印时适时融入党的二十大报告精神等相关的课程思政元素，提升党的教育方针政策与人才培养方案的融合，落实法治思想，贯彻合规发展理念。

本书由刘黎虹和伏玉担任主编。具体编写分工为：刘黎虹（长春工程学院）编写第 1 章，董凤良（长春工程学院）编写第 2 章，伏玉（长春工业大学人文信息学院）编写第 4 章，金靖（长春建筑学院）编写第 3、5 章，闫爽（吉林建筑科技学院）编写第 6 章，曹佳聪（长春工业大学人文信息学院）编写第 7 章，崔琦（长春工程学院）编写第 8 章。

本书在编写过程中参考了有关教材，在此向这些教材的作者表示诚挚的谢意。

由于编者水平有限，书中难免存在不足和疏漏，恳请读者批评指正。

编　者

目　录

前言

第1章 | 建设工程合同法律基础　/ 1

本章概要及学习目标　/ 1
1.1　合同法律制度基本原理　/ 1
1.2　担保制度　/ 31
练习题　/ 40

第2章 | 建设工程发包承包制度　/ 45

本章概要及学习目标　/ 45
2.1　建设工程发包承包制度概述　/ 45
2.2　建设工程分包制度　/ 47
2.3　建设工程承发包模式　/ 49
练习题　/ 52

第3章 | 建设工程招标投标　/ 54

本章概要及学习目标　/ 54
3.1　建设工程招标投标概述　/ 54
3.2　建设工程招标投标的基本规定　/ 55
练习题　/ 70

第4章 | 建设工程施工招标投标实务　/ 72

本章概要及学习目标　/ 72
4.1　建设工程施工招标概述　/ 72
4.2　建设工程施工投标　/ 92
4.3　施工招标投标的开标、评标与定标　/ 111

4.4 电子招标投标 / 130
4.5 某工程施工招标文件实例 / 133
练习题 / 151

第5章 | 建设工程勘察设计与建设工程监理招标投标实务 / 158

本章概要及学习目标 / 158
5.1 建设工程勘察设计招标与投标 / 158
5.2 建设工程监理招标与投标 / 163
练习题 / 171

第6章 | 建设工程相关合同及工程合同管理 / 173

本章概要及学习目标 / 173
6.1 建设工程合同概述 / 173
6.2 建设工程勘察设计合同 / 175
6.3 建设工程监理合同 / 182
6.4 建设工程施工合同 / 191
6.5 建设工程施工分包合同 / 225
6.6 工程总承包合同 / 231
6.7 工程合同管理 / 234
练习题 / 240

第7章 | 建设工程索赔管理 / 246

本章概要及学习目标 / 246
7.1 索赔的基本理论 / 246
7.2 索赔的处理与解决 / 249
7.3 费用索赔和工期索赔的计算 / 253
练习题 / 266

第8章 | 国际工程招标投标与合同条件 / 271

本章概要及学习目标 / 271
8.1 国际工程招标 / 271
8.2 国际工程投标报价及应注意的问题 / 272
8.3 国际工程通用合同条件 / 279
练习题 / 281

参考文献 | / 282

第1章 建设工程合同法律基础

本章概要及学习目标

《中华人民共和国民法典》等合同法律制度中合同的基本概念、合同订立程序、履约规则、合同履行的担保、合同效力、合同变更转让终止、合同解除、违约责任的承担及施工合同司法解释等。

系统学习合同管理法律基本理论，树立重合同、守信用的基本理念。

建设工程项目标的大、履行时间长、涉及主体多，通过合同来规范和确定彼此的权利义务关系。在工程实施过程中，合同是双方的最高行为准则，也是双方争执判定的法律依据。合同管理是建设工程项目管理的重要内容之一。

《中华人民共和国民法典》(以下简称《民法典》) 自2021年1月1日起施行。原《中华人民共和国担保法》《中华人民共和国合同法》《中华人民共和国物权法》等法律同时废止，这些法律的相关内容被《民法典》继承或有重要的修订变化。

《民法典》合同编是建设工程合同管理最基本、效力最高的法律。《民法典》第四百六十三条规定，合同编调整因合同产生的民事关系。《民法典》合同编规定了合同的订立、效力、履行、债权保全、转让、终止、违约责任等一般性规则。

1.1 合同法律制度基本原理

1.1.1 合同法律概述

1. 合同的概念和特征

(1) 合同的概念

合同是民事主体之间设立、变更、终止民事法律关系的协议。

(2) 合同的特征

合同具有以下法律特征：

1）合同是一种民事法律行为。民事法律行为是民事主体通过意思表示设立、变更、终止民事法律关系的行为。民事法律行为的核心是意思表示。所谓意思表示，是指当事人想要实现一定效果的内心意思的对外表示。任何民事法律行为都必须具备意思表示这一要素，不具备意思表示，就不能称其为民事法律行为。合同是民事法律行为的一种，《民法典》关于民事法律行为的一般规定，如民事法律行为的有效要件、民事法律行为的无效和撤销等，均适用于合同。

2）合同是双方民事法律行为。民事法律行为有双方法律行为和单方法律行为。仅有一方当事人的意思表示，法律行为即可成立的，是单方法律行为，如立遗嘱。当事人双方意思表示一致，法律行为才成立的，属于双方法律行为。合同是典型的双方意思表示一致的行为。所谓意思表示一致，是指一方做出订立合同提议的意思表示，其他当事人做出完全同意对方提出的建议的意思表示。

3）合同的目的在于设立、变更或终止民事法律关系。当事人订立合同都有一定的目的和宗旨，订立合同是要设立、变更、终止民事权利义务关系。

4）合同具有相对性。合同的效力仅仅在合同当事人之间才有效力。《民法典》第四百六十五条规定，依法成立的合同，仅对当事人具有法律约束力，但是法律另有规定的除外。

2. 合同法律关系

合同法律关系是指由合同法律规范所调整的、在民事流转过程中所产生的权利义务关系。合同法律关系包括合同法律关系主体、合同法律关系客体、合同法律关系内容三个要素。这三个要素构成了合同法律关系，缺一不可，而改变其中任何一个要素就改变了原来设定的法律关系。

（1）合同法律关系主体

合同法律关系主体包括自然人、法人和非法人组织。

1）自然人。自然人是指基于出生而成为民事法律关系主体的有生命的人。自然人既包括公民，也包括外国人和无国籍人。

2）法人。法人是具有民事权利能力和民事行为能力，依法享有民事权利和承担义务的组织。法人可以分为营利法人、非营利法人和特别法人。在建设工程中，大多数建设活动主体都是法人。施工单位、勘察设计单位和监理单位通常是具有法人资格的组织。项目经理部不具有法人资格，是施工企业根据建设工程施工项目而组建的非常设的下属机构。

3）非法人组织。非法人组织是不具有法人资格，但是能够依法以自己的名义从事民事活动的组织。非法人组织包括个人独资企业、合伙企业、不具有法人资格的专业服务机构等。这些组织应当是合法成立、有一定的组织机构和财产，但又不具有法人资格的组织。

4）委托代理人订立合同。当事人在订立合同时，由于主观或客观的原因，不能由法人的法定代表人、其他组织的负责人亲自签订时，可以依法委托代理人订立合同。代理人代理授权人、委托人签订合同时，应向第三人出示授权人签发的授权委托书，并在授权委托书写明的授权范围内订立合同。

（2）合同法律关系客体

合同法律关系客体是指参加合同法律关系的主体享有的权利和承担的义务所共同指向的

对象。合同法律关系客体主要包括物、行为和智力成果。

行为是指人的有意识的活动。在合同法律关系中，行为多表现为完成一定的工作，如勘察设计、施工安装等。

智力成果是通过人的智力活动所创造出的精神成果，包括知识产权、技术秘密及在特定情况下的公知技术，如专利权、工程设计和计算机软件等。

（3）合同法律关系内容

合同法律关系内容是指合同约定和法律规定的权利和义务。

1）权利。权利是指合同法律关系主体在法定范围内，按照合同的约定有权按照自己的意志做出某种行为。权利主体也可要求义务主体做出一定的行为或不做出一定的行为，以实现自己的有关权利。当权利受到侵害时，有权得到法律保护。

2）义务。义务是指合同法律关系主体必须按法律规定或合同约定承担应负的责任。义务和权利是相互对应的，相应主体应自觉履行相对应的义务。否则，义务人应承担相应的法律责任。

3. 代理关系

（1）代理的概念和特征

代理是指代理人在代理权限范围内，以被代理人的名义与相对人实施法律行为，行为后果由被代理人承担的法律制度。代理涉及三方当事人，即被代理人、代理人和代理关系所涉及的相对人。民事主体可以通过代理人实施民事法律行为。

代理具有以下特征：

1）代理人必须在代理权限范围内实施代理行为。

代理人实施代理活动的直接依据是代理权。代理人进行代理活动不得超出被代理人授予的或者法律规定的代理权范围。

2）代理人以被代理人的名义实施代理行为。

代理人与相对人进行民事活动，其目的并非为代理人自己设定民事权利义务，而是基于被代理人的委托授权或依照法律规定，代替被代理人参加民事活动，其活动产生的法律后果直接由被代理人承担。代理人只有以被代理人的名义实施代理行为，才能为被代理人取得权利和设定义务。

3）代理人在被代理人的授权范围内独立地表现自己的意思。

在被代理人的授权范围内，代理人以自己的意思积极地为实现被代理人的利益和意愿进行具有法律意义的活动。代理人有权自行解决如何向相对人做出意思表示，或者是否接受相对人的意思表示。

4）被代理人对代理行为承担民事责任。

代理是代理人以被代理人的名义实施的法律行为，在代理关系中所设定的权利义务，当然应当直接归属被代理人享受和承担。被代理人对代理人的代理行为应承担的责任，既包括对代理人在执行代理任务时的合法行为承担民事责任，也包括对代理人不当代理行为承担民事责任。

（2）代理的种类

以代理权产生的依据不同，可将代理分为委托代理和法定代理。

1）委托代理。

委托代理是因被代理人对代理人的委托授权行为而产生的代理。委托代理，可以用书面形式，也可以用口头形式，法律规定用书面形式的，应当用书面形式。书面委托代理的授权委托书应当载明代理人的姓名或名称、代理事项、权限和期间，并由委托人签名或盖章，委托代理人应按照被代理人的委托授权行使代理权。

委托代理关系的产生，需要在代理人与被代理人之间存在基础法律关系，如委托合同关系、合伙合同关系、工作隶属关系等，只有在被代理人对代理人授权后，这种委托代理关系才真正建立。代理人代理被代理人签订合同时，应向相对人出示被代理人签发的授权委托书，并在授权委托书写明的授权范围内订立合同。

在建设工程中涉及的代理主要是委托代理，如总监理工程师作为监理单位的代理人、项目经理是施工企业的代理人。总监理工程师、项目经理作为代理人应当在授权范围内行使代理权。项目经理根据企业法人的授权，组织和领导项目经理部的全面工作。项目经理部行为的法律后果将由企业法人承担。例如，项目经理部没有按照合同约定完成施工任务，则应由施工企业承担违约责任；项目经理签字的材料款，如果不按时支付，材料供应商应当以施工企业为被告提起诉讼。

2）法定代理。

法定代理是指根据法律的规定而产生的代理。法定代理主要是为维护无行为能力或限制行为能力人的利益而设立的代理方式。无民事行为能力人、限制民事行为能力人的监护人是其法定代理人。

限制民事行为能力人实施民事法律行为由其法定代理人代理或者经其法定代理人同意、追认；但是，可以独立实施纯获利益的民事法律行为或者与其年龄、智力相适应的民事法律行为。无民事行为能力人，由其法定代理人代理实施民事法律行为。

（3）无权代理

无权代理是指行为人不具有代理权，以被代理人的名义与相对人实施法律行为。无权代理包括没有代理权、超越代理权和代理权终止三种。对于行为人实施的无权代理行为，被代理人有权根据自己的利益决定是否予以追认，相对人也可以催告被代理人在一个月内予以追认。如果被代理人予以追认的，无权代理因此而转化为有权代理，其法律后果应由被代理人承担。如果被代理人拒绝追认，无权代理行为即不能发生有权代理的效力，由此产生的一切法律后果由实施无权代理行为的行为人自行承担。

《民法典》规定，行为人没有代理权、超越代理权或者代理权终止后以被代理人的名义订立的合同，未经被代理人追认，对被代理人不发生效力，由行为人承担责任。相对人可以催告被代理人自收到通知之日起30日内予以追认。被代理人未做表示的，视为拒绝追认。

行为人实施的行为被追认前，善意相对人有撤销的权利。撤销应当以通知的方式做出。无权代理人以被代理人的名义订立合同，被代理人已经开始履行合同义务或者接受相对人履

行的，视为对合同的追认。

（4）表见代理

表见代理是指行为人没有代理权、超越代理权或者代理权终止后，仍然实施代理行为，相对人有理由相信行为人有代理权的，代理行为有效。表见代理对被代理人产生有权代理的效力，被代理人在承担表见代理行为所产生的责任后，可以向无权代理人追偿因代理行为而遭受的损失。表见代理需要具备以下特别构成要件：

1）必须存在足以使相对人相信行为人具有代理权的事实或理由。它要求行为人与被代理人之间存在某些事实上或法律上的联系，如行为人持有已加盖公章的空白合同书等证明类文件。

2）相对人必须为善意。如果相对人明知行为人无代理权而仍与之实施民事行为，则相对人为主观恶意，不构成表见代理。善意相对人与无权代理人订立的合同，其后果由被代理人承担。例如，采购员拿着盖有甲公司公章的空白合同文本，超越授权范围与乙公司订立合同，这种情况乙公司属于善意相对人并无过错；甲公司与乙公司订立的合同有效，其后果由被代理人甲公司承担。

无权代理与表见代理对比见表 1-1。

表 1-1　无权代理与表见代理对比

项目	无权代理	表见代理
概念	行为人不具有代理权，以被代理人的名义与相对人进行法律行为	行为人虽无代理权，但表面上足以使相对人相信有代理权的行为
类型	自始未经授权 超越代理权 代理权已终止	自始未经授权 超越代理权 代理权已终止
后果	被代理人予以追认，转化为有权代理 被代理人不予追认，则为无权代理，责任由无权代理人承担	保护善意相对人的合法权益，代理行为有效 被代理人在承担责任后，可向无权代理人追偿
特例	被代理人已经开始履行合同义务或者接受相对人履行的，视为对合同的追认	相对人知道行为人没有代理权却与行为人实施法律行为，代理行为无效（相对人不是善意的）

【例题 1-1】　甲单位委托自然人乙采购特种水泥，乙持有授权委托书向供应商丙进行采购。由于缺货，丙向乙说明无法供货，乙表示愿意购买普通水泥代替，向丙出示加盖甲单位公章的空白合同。经查，丙不知道乙授权不足的情况。下列关于甲单位和乙的行为的说法，正确的是（D）。

A. 乙的行为属于法定代理

B. 甲单位有权拒绝接受这批普通水泥

C. 如果甲单位拒绝接受，应由乙承担付款义务

D. 甲单位承担付款义务

［解析］　乙的行为属于表见代理，此代理行为有效，甲单位应承担付款义务。

【例题 1-2】　建设单位委托招标代理机构招标的，招标代理机构在授权范围内代理行为的法律责任由（B）承担。

A. 招标代理机构　　B. 建设单位

C. 政府监管机构　　D. 项目评标委员会

[解析]　在委托人（被代理人）的授权范围内，招标代理机构从事的代理行为，其法律责任由建设单位承担。

【例题 1-3】　甲公司的业务员王某被开除后，为报复甲公司，用盖有甲公司公章的空白合同与乙公司订立了一份建材购销合同。乙公司并不知情，并按时将货物送至甲公司所在地，甲公司拒绝接收，引起纠纷。关于该案代理与合同效力的说法，正确的是（D）。

A. 王某的行为为无权代理，合同无效

B. 王某的行为为表见代理，合同无效

C. 王某的行为为委托代理，合同有效

D. 王某的行为为表见代理，合同有效

[解析]　王某的行为实质上是无代理权，但是却有使相对人乙相信其有代理权的理由，构成表见代理，表见代理人与相对人之间签订的合同有效。

【例题 1-4】　甲公司承包某建设工程施工任务，其将装饰工程分包给了乙公司。乙以甲的名义与不知情的丙公司签订了材料供货合同，随后丙催告甲在30日内予以追认，而甲未做表示。对此，下列说法不正确的是（B）。

A. 在甲未追认合同之前，丙有撤销合同的权利

B. 合同已经生效，甲应当履行合同

C. 甲未做表示，视为拒绝追认

D. 若甲未做表示，但已经履行合同的，视为对合同的追认

（5）不当或违法代理

1）损害被代理人利益。

《民法典》规定，代理人不履行或者不完全履行职责，造成被代理人损害的，应当承担民事责任。代理人和相对人恶意串通，损害被代理人合法权益的，代理人和相对人应当承担连带责任。

委托代理时，被代理人对于代理事项、权限和期间等一般都有明确授权，代理人首先应当根据被代理人的授权行使代理权，在授权范围内认真维护被代理人的合法权益，完成代理事项。代理人行使代理权是为了被代理人的利益，应当在代理权限内忠实履行代理职责，如果不履行或者不完全履行代理职责，造成被代理人损害的，应当承担民事责任。

2）违法代理行为。

《民法典》规定，代理人知道或者应当知道被委托代理的事项违法仍然实施代理行为

的，或者被代理人知道或者应当知道代理人的代理行为违法不表示反对的，由被代理人和代理人负连带责任。

代理行为是代理民事法律行为，合法性是民事法律行为的重要属性，违法行为均不得代理。违法代理行为包括两种情况：一种是被委托代理的事项违法，另一种是委托代理的事项本身不违法而是代理人的代理行为违法。第一种情况代理人应当拒绝代理，如果代理人知道被委托代理的事项违法仍然进行代理活动，由被代理人与代理人负连带责任。第二种情况被代理人应予以制止或者取消委托，终止他们之间的代理关系，如果被代理人知道代理人的代理行为违法而不表示反对的，应该由被代理人与代理人负连带责任。

（6）不得委托代理的建设工程活动

《民法典》规定，依照法律规定、当事人约定或者民事法律行为的性质，应当由本人亲自实施的民事法律行为，不得代理。

建设工程的承包活动不得委托代理。《中华人民共和国建筑法》(简称《建筑法》）规定，禁止承包单位将其承包的全部建筑工程转包给他人，禁止承包单位将其承包的全部建筑工程肢解以后以分包的名义分别转包给他人；施工总承包的，建筑工程主体结构的施工必须由总承包单位自行完成。

4. 合同的分类

（1）双务合同和单务合同

依双方当事人是否互负义务，合同可分为双务合同和单务合同。

双务合同是指当事人双方互负义务的合同，当事人双方相互承担对待给付义务。双务合同是合同的主要形态，《民法典》中规定的合同多数是双务合同，如买卖合同和租赁合同。单务合同是指只有一方当事人承担义务的合同，只有一方当事人承担给付义务，如赠与合同。

（2）有偿合同和无偿合同

根据当事人取得权利有无代价（对价），可以将合同区分为有偿合同和无偿合同。

有偿合同是指当事人一方享有合同规定的权益，需向对方当事人偿付相应代价的合同。有偿合同是商品交换最典型的法律形式，实践中常见的买卖、租赁、运输、承揽等合同都是有偿合同。

无偿合同是指一方当事人向对方给予某种利益，对方取得该利益时不予支付任何代价的合同。实践中，无偿合同主要有赠与合同、无偿借用合同、无偿保管合同等。在无偿合同中，一方当事人不支付对价，但也要承担义务，如无偿借用他人物品，借用人负有正当使用和按期返还的义务。

（3）要式合同和不要式合同

以合同的成立是否需采取一定的形式为要件，合同可分为要式合同和不要式合同。

所谓要式合同，是指法律规定具备特定的形式才能成立或者有效的合同。法律不要求采取特定形式的合同叫作不要式合同。合同除法律有特别规定以外，均为不要式合同。

（4）有名合同和无名合同

根据法律是否赋予特定名称并设有规范，合同可分为有名合同和无名合同。

有名合同，又称典型合同，是指法律对某类合同赋予名称并为其设定具体规范的合同。

《民法典》规定的19类合同就是有名合同，包括买卖合同，供用电、水、气、热力合同，赠与合同，借款合同，保证合同，租赁合同，融资租赁合同，保理合同，承揽合同，建设工程合同，运输合同，技术合同，保管合同，仓储合同，委托合同，物业服务合同，行纪合同，中介合同，合伙合同。

无名合同，又称非典型合同，是指法律尚未确立一定的名称和具体规则的合同。无名合同应直接适用《民法典》合同编总则，参照适用《民法典》合同编分则。

建设工程项目涉及的合同主要有：买卖合同，如建设工程物资采购合同；建设工程合同，包括建设工程勘察、设计合同，建设工程施工合同；委托合同，如建设工程（委托）监理合同等。

（5）诺成合同和实践合同

从合同成立条件的角度，可把合同分为诺成合同和实践合同。

诺成合同是指缔约当事人双方意思表示一致为成立条件的合同，即一旦当事人双方意思表示一致，合同即告成立。实践合同是指除当事人意思表示一致外还需交付标的物才能成立的合同。在这种合同中，仅有当事人的合意，合同尚不能成立，还必须有一方实际交付标的物或者其他给付，合同关系才能成立。实践中，大多数合同为诺成合同，如买卖合同、建设工程合同。实践合同只限于法律规定的少数合同，如保管合同。

（6）主合同和从合同

根据合同相互间的主从关系，可以把合同分成主合同和从合同。

不依赖其他合同的存在即可独立存在的合同叫作主合同。以其他合同的存在为前提而存在的合同叫作从合同。对于保证合同来说，设立主债务的合同就是主合同，如工程借款合同为主合同，抵押担保合同为从合同。主合同无效或被撤销，从合同也将失去效力。

1.1.2　合同的订立

1. 订约主体

订约主体是实际参与订立合同的人，他们可以是合同成立后的当事人，也可以是合同当事人的代理人，订约主体应是双方或多方主体。订约主体必须是具有相应的民事权利能力和民事行为能力的人。当事人订约时也可委托其代理人，委托代理的事项应符合有关代理的规定。

2. 合同的内容

由于经济交易内容不同，合同的内容就会不同，但各种合同均有共同的基本条款，缺少这些基本条款，合同的效力或履行就会存在问题。合同的基本条款一般包括以下几方面：

（1）当事人

这主要包括当事人的姓名（自然人）或名称（经济组织）、法定代表人（负责人）、委托代理人、住所（自然人的户口所在地或经常住所地、经济组织的主要办事机构或主要经营场地）、电话、传真、银行账号等。

（2）合同标的

合同标的是指合同各方当事人权利和义务指向的对象，即合同法律关系客体。合同标的可以是货物、劳务、工程项目或货币等。依据合同种类的不同，合同标的也各有不同。

（3）数量

数量是衡量合同权利义务大小的尺度，如物品的数量（如吨、台、量、个、间）、劳务的数量（如工作多少天、小时）；有些标的的数量是概括性的，如承建一幢大楼、仓储一批货物，中间涉及个别物品的单价，也涉及工作、服务的时间等多种数量标准。在大宗交易的合同中，还应当约定损耗的幅度和正负尾差。

（4）质量

质量是对合同标的品质的内在要求，质量高低直接影响合同履行的质量以及价款报酬的支付数额。

（5）价款或者报酬

在合同约定中，除应当注意采用大小写表现合同价款或报酬外，还应当注意在大写文字的表示方式上，不能有错误、简写等情况，以免对以后的履行造成障碍。

（6）履行期限、地点和方式

履行期限是合同中确定的各方合同当事人履行各自义务的时间限度，是确认合同当事人是否违约的一个主要标准。履行期限可以有先有后，也可以同时履行。经双方协商，还可以延期履行。

履行地点是当事人一方履行义务、另一方享受权利的地点。履行地点可以是合同当事人的任何一方所在地，也可以是第三方所在地，如发货地、交货地、提供服务地、接受服务地，具体选择由当事人协商确定。确定履行地主要是为了安全、快捷、方便地履行合同义务。

履行方式是当事人履行义务采取的方式。履行方式主要有两方面内容：①合同标的的履行方式，这种方式主要有自提、送货上门、包工包料、代运、分期分批、一次性缴付、代销、上门服务等；②价款或报酬的结算方式，这种方式有托收承付、支票支付、现金支付、信用证支付、按月结算、预支（多退少补）、存单、实物补偿等。

（7）违约责任

违约责任是合同当事人一方或各方不履行合同或没有完全履行合同时，违约方应当对守约方采取的救济措施。

（8）解决争议的办法

解决争议的办法是当事人就纠纷协商解决的一种可取途径。争议的解决主要有四种：①当事人双方自行协商解决；②由第三人介入进行中间调解；③提交仲裁机构解决；④向人民法院提起诉讼。

3. 合同的形式

当事人订立合同，有书面形式、口头形式和其他形式。但法律、行政法规规定采用书面形式的，应当采用书面形式。当事人约定采用书面形式的，应当采用书面形式。书面形式是指合同书、信件和数据电文（包括电报、电传、传真、电子数据交换和电子邮件）等可以有形地表现所载内容的形式。其他形式是指可根据当事人的行为，其他证人证明等来推定双方当事人之间的合意，判断合同成立与否。

4. 合同订立的一般程序

订立合同的过程就是双方当事人采用要约和承诺方式进行协商的过程。往往一方提出要约，另一方又提出新要约，反复多次，最后有一方完全接受了对方的要约，这样才能使合同得以成立。这个过程称为合同订立的程序。当事人订立合同，可以采取要约、承诺方式或者其他方式，如招标投标、拍卖等方式。

（1）要约

1）要约的概念。

要约是一方当事人以订立合同为目的，向他人提出包含合同具体内容并希望与之建立合同关系的意思表示。发出要约的人称为要约人，接受要约的人称为受要约人或相对人。一项要约要发生法律效力必须符合以下几个条件：

① 要约是要约人向他人发出的意思表示。要约人应是特定的人。他人即受要约人，可以是特定的一人，也可以是特定的数人。

② 要约必须具有订立合同的目的。要约人向他人提出要约的目的是订立合同，要约人订立合同的意思表示经受要约人承诺，合同即可成立。

③ 要约内容必须具体、确定。要约是以签订合同为目的的一种意思表示，其内容必须具体明确，并应当包括合同应具备的主要条款。只有包含了合同的主要条款，才能一经受要约人承诺，合同即告成立。

在建设工程合同签订过程中，承包人向发包人递交投标文件的投标行为是一种要约行为，投标文件中应包含建设工程合同具备的主要条款，如工程造价、工程质量和工程工期等内容。作为要约的投标文件对承包人具有法律约束力，承包人在投标生效（投标截止）后无权修改或撤回投标，一旦中标就必须与招标人签订合同，否则要承担相应法律责任。

2）要约邀请。

要约邀请（又称要约引诱）是希望他人向自己发出要约的意思表示。拍卖公告、招标公告、招股说明书、债券募集办法、基金招募说明书、商业广告和宣传、寄送的价目表等为要约邀请。商业广告和宣传的内容符合要约条件的，构成要约。

要约邀请不是合同成立过程中的必经阶段，它是当事人订立合同的预备行为，无须承担法律责任。这种意思表示的内容往往不确定，不含有合同得以成立的主要内容，也不含有相对人同意后受其约束的表示。在建设工程合同签订的过程中，发包人发布招标公告或发出投标邀请书的行为是一种要约邀请行为，其目的在于邀请承包人投标。

3）要约的生效时间和效力。

以对话方式做出的要约，受要约人知道其内容时生效。以非对话方式做出的要约，到达受要约人时生效。要约生效后，要约人不得擅自撤回或更改要约。

要约的效力分为对要约人的效力和对受要约人的效力两个方面。

① 对要约人的效力。要约人发出要约，一般应当在要约中指明要约答复的期限。这个期限又称要约的有效期限。在要约有效期限内，要约人要受要约的约束。这主要表现在：a. 受要约人如果接受要约，要约人有签订合同的义务；b. 要约人在要约有效期限内不得随意撤销或变更要约。因为在要约的有效期限内受要约人可能因接到该要约而拒绝了第三人发来的相同内容的要约，或者为承诺要约后的履行合同已经做了准备，如果允许要约人随意撤销或变更要约，则可能使受要约人受到损失。

② 对受要约人的效力。要约生效后，受要约人取得承诺的权利。受要约人没有承诺的义务。受要约人不做出承诺的，合同不能成立，不负任何责任。除法律有特别规定或者双方事先另有约定外，受要约人不承诺时也不负通知的义务；即使要约人单方在要约中表明不做通知即为承诺，该声明对受要约人也没有约束力。

4）要约的撤回与撤销。

① 要约的撤回。要约的撤回是指要约人阻止要约发生法律效力的意思表示。要约生效前，要约人可以撤回要约。撤回要约的通知应当在要约到达受要约人之前或者与要约同时到达受要约人。

② 要约的撤销。要约的撤销是指在要约发生法律效力后，要约人取消要约的行为。撤销要约的意思表示以对话方式做出的，该意思表示的内容应当在受要约人做出承诺之前为受要约人所知道；撤销要约的意思表示以非对话方式做出的，应当在受要约人做出承诺之前到达受要约人。

为了保护受要约人的信赖利益，对要约的撤销应当有所限制。以下情况要约不得撤销：a. 要约人以确定承诺期限或者其他形式明示要约不可撤销；b. 受要约人有理由认为要约是不可撤销的，并已经为履行合同做了合理准备工作。

5）要约的失效。

有下列情形之一的，要约失效：a. 要约被拒绝；b. 要约被依法撤销；c. 承诺期限届满，受要约人未做出承诺；d. 受要约人对要约的内容做出实质性变更。

（2）承诺

1）承诺的概念。

承诺是受要约人同意要约的意思表示。承诺必须在要约规定的有效时间内做出，承诺必须与要约的内容一致。承诺应当以通知的方式做出；但是，根据交易习惯或者要约表明可以通过行为做出承诺的除外。行为通常是指履行行为，如预付价款、装运货物等。

2）承诺的条件。

承诺应具备以下几个条件：

① 承诺必须由受要约人做出。

② 承诺必须向要约人做出。

③ 承诺的期限。承诺应当在要约确定的期限内到达要约人。要约没有确定承诺期限的，承诺应当依照下列规定到达：a. 要约以对话方式做出的，应当即时做出承诺；b. 要约以非对话方式做出的，承诺应当在合理期限内到达；c. 要约以信件或者电报做出的，承诺期限自信件载明的日期或者电报交发之日开始计算。信件未载明日期的，自投寄该信件的邮戳日期开始计算。要约以电话、传真、电子邮件等快速通信方式做出的，承诺期限自要约到达受要约人时开始计算。

④ 承诺的内容必须与要约的内容一致。承诺的内容必须与要约的内容一致，是指承诺的内容应与要约的实质性内容一致。所谓实质性内容，是指合同的标的、数量、质量、价款或者报酬、履行期限、履行地点和方式、违约责任和解决争议的方法。凡是对这些条款进行变更的，是实质性变更，视为新要约。

3）承诺的生效。

以对话方式做出的承诺，相对人知道其内容时生效。以非对话方式做出的承诺，到达相对人时生效。承诺生效时合同成立，但是法律另有规定或者当事人另有约定的除外。

4）承诺的撤回。

承诺的撤回是承诺人阻止承诺发生法律效力的意思表示。承诺必须在其生效前撤回。因为承诺一旦生效，合同即告成立，承诺没有撤回的余地。撤回承诺的通知应当在承诺通知到达要约人之前（承诺生效前）或者与承诺通知同时到达要约人。

5）逾期的承诺。

受要约人在超过承诺期限发出的承诺，即迟发的承诺，超过有效的承诺期限，要约已经失效，视为新要约，但是要约人及时通知受要约人该承诺有效的除外。

（3）合同成立时间

1）通常情况下，承诺生效时合同成立。承诺是对要约的接受，承诺生效，两个意思表示取得一致，合同成立。

2）当事人采用合同书形式订立合同的，自当事人均签名、盖章或者按指印时合同成立。在签名、盖章或者按指印之前，当事人一方已经履行主要义务，对方接受时，该合同成立。

3）法律、行政法规规定或者当事人约定合同应当采用书面形式订立，当事人未采用书面形式但是一方已经履行主要义务，对方接受时，该合同成立。

4）当事人采用信件、数据电文等形式订立合同要求签订确认书的，签订确认书时合同成立。

5）当事人一方通过互联网等信息网络发布的商品或者服务信息符合要约条件的，对方选择该商品或者服务并提交订单成功时合同成立，但是当事人另有约定的除外。

（4）建设工程合同的订立

建设工程合同的订立采取要约和承诺方式。招标人通过媒体发布招标公告，或向符合条件的投标人发出招标文件，为要约邀请；投标人根据招标文件内容在约定的期限内向招标人提交投标文件，为要约；招标人通过评标确定中标人，发出中标通知书，为承诺；招标人和中标人按照中标通知书、招标文件和中标人的投标文件等订立书面合同时，合同成立并生效。

【例题 1-5】　关于要约和承诺的说法，正确的是（B）。

A. 撤回要约的通知应当在要约到达受要约人之后到达受要约人

B. 承诺的内容应当与要约的内容一致

C. 要约邀请是合同成立的必经过程

D. 撤回承诺的通知应当在要约确定的承诺期限到达要约人

【例题 1-6】　有关要约和承诺的说法，错误的是（ACD）。

A. 承诺在承诺通知发出时生效

B. 非对话方式要约在到达受要约人时生效

C. 要约可以撤回，但不可以撤销

D. 承诺只能在承诺通知到达要约人时撤回

E. 工程投标书是要约

【例题 1-7】 要约人从自身利益考虑希望发出的要约不生效，构成要约撤回的条件是撤回通知（A）。

A. 应在不迟于对方收到要约的时间到达对方

B. 应在对方做出承诺以前到达对方

C. 应在对方承诺到达要约人以前到达对方

D. 发出和到达时间不受限制

【例题 1-8】 某水泥厂在承诺有效期内，对施工单位订购水泥的要约做出了完全同意的答复，则该水泥买卖合同成立的时间为（A）。

A. 水泥厂的答复文件到达施工单位时

B. 施工单位发出订购水泥的要约时

C. 水泥厂发出答复文件时

D. 施工单位订购水泥的要约到达水泥厂时

【例题 1-9】 甲公司向乙公司购买了一批钢材，双方约定采用合同书的方式订立合同，由于施工进度紧张，在甲公司的催促之下，双方在未签字盖章之前，乙公司将钢材送到了甲公司，甲公司接受并投入工程使用。甲、乙公司之间的买卖合同（B）。

A. 无效　　B. 成立　　C. 可变更　　D. 可撤销

（5）缔约过失责任

1）缔约过失责任的概念。

缔约过失责任是指在订立合同的过程中，当事人由于过错违反先合同义务而依法承担的民事责任。这种民事责任主要表现为赔偿责任。缔约过失责任只产生在缔结合同过程中，适用于合同订立中及合同不成立、无效和被撤销的情况。

缔约过失责任的构成要件有以下几方面：

① 缔结合同的当事人违反先合同义务。先合同义务是基于诚实信用原则、合法原则产生的法定义务。先合同义务是缔约一方当事人违背诚实信用原则所应负的通知、说明、协力、忠实、照顾等义务，此时合同并未生效。

② 当事人有过错。当事人于缔结合同之际有故意或者过失。缔约责任是过错责任。

③ 有损失。承担缔约责任的方式主要是赔偿，因此要求受害一方有损失。

④ 违反先合同义务与损失之间有因果关系。就是说损失是由违反先合同义务引起的。

2）缔约过失责任的适用。

当事人在订立合同过程中有下列情形之一，给对方造成损失的，应当承担损害赔偿责任：①假借订立合同，恶意进行磋商；②故意隐瞒与订立合同有关的重要事实或者提供虚假情况；③有其他违背诚实信用原则的行为。

（6）招标投标中的缔约过失责任

招标投标是一种竞争方式缔约合同过程，招标人和投标人不但要遵守《中华人民共和国招标投标法》(简称《招标投标法》) 和《中华人民共和国招标投标法实施条例》(简称《招标投标法实施条例》) 等招标投标相关法律法规的规定，还应当遵循诚实信用原则开展合同缔约。招标人不当终止招标、随意变更中标人、不按中标结果签订合同以及投标人弄虚作假、虚假投标等不诚信行为都可能导致承担相应的缔约过失责任。在合同成立前，因招标人或者投标人故意或过失行为损害对方信赖利益，受损害方通常只能主张对方承担缔约过失责任而非违约责任。

《中华人民共和国政府采购法》(简称《政府采购法》) 规定，中标、成交通知书发出后，采购人改变中标、成交结果的，或者中标、成交供应商放弃中标、成交项目的，应当依法承担法律责任。《招标投标法》规定，中标人不履行与招标人订立的合同的，履约保证金不予退还，给招标人造成的损失超过履约保证金数额的，还应当对超过部分予以赔偿；没有提交履约保证金的，应当对招标人的损失承担赔偿责任。

《招标投标法》规定，投标人以他人名义投标或者以其他方式弄虚作假，骗取中标的，中标无效，给招标人造成损失的，依法承担赔偿责任。

【例题 1-10】 （C）应承担缔约过失责任。

A. 甲公司拒绝了受要约人迟到的承诺

B. 采购方要求乙公司以低于市场价 10%的价格供货，乙公司予以拒绝，与他人订立了买卖合同

C. 丙公司收到中标通知书后不与招标人签订合同，造成招标人经济损失

D. 丁公司未按合同约定提交履约保证金

【例题 1-11】 下列属于应当承担缔约过失责任的情形是（D）。

A. 施工单位没有按照合同约定的时间完成工程

B. 建设单位没有按照合同约定的时间支付工程款

C. 施工单位在投标时借用了其他企业的资质，在资格预审时没有通过审查

D. 建设单位在发出中标通知书后，改变了中标人

［解析］ A、B 选项属于违约责任。

▶案例 1-1

甲公司于 2019 年 3 月 10 日向乙公司发出电报称："现有 A 型钢材 100t，2500 元/t，如贵方需购，望于接到电报之日起一周内回复，也可直接带款提货。" 3 月 12 日，乙公司给甲公司复电称："接受贵方提供的 A 型钢材 100t，但价格希望以 2400 元/t 成交，如同意可在 7 日内将货送至本公司。" 甲公司接电后未予答复。

【问题】

1. 甲乙之间的合同是否成立？为什么？

2. 如甲公司在 2019 年 3 月 11 日得知 A 型钢材可能涨价，拟撤销要约，是否可以？为什么？

3. 假设乙公司在 2019 年 3 月 20 日复电给甲公司称：“完全接受贵方条件。”甲公司接电后未予答复，则甲乙之间的合同是否成立？为什么？

4. 假设乙公司收到甲公司 2019 年 3 月 10 日发出的电报后，于 3 月 12 日派人带款提货，而此时甲公司已将这 100t 钢材高价卖给了丙公司，甲公司是否需对乙公司承担法律责任？为什么？

【分析】

问题 1：甲乙之间的合同不成立。因为乙公司的答复变更了甲公司要约中的实质性内容，不属于承诺，而是一个新要约，甲公司接电后未予答复，故甲乙之间的合同不成立。

问题 2：不可以。因为要约人确定了承诺期限的，要约不得撤销。本案中，甲的要约中确定了承诺期限，故甲公司不得撤销要约。

问题 3：甲乙之间的合同不成立。因为乙公司超越承诺期限发出承诺，应视为新要约，故甲乙之间的合同不成立。

问题 4：甲公司应对乙公司承担法律责任。因为乙公司在承诺期限内带款提货，以实际行为与甲公司设立合同关系。甲公司向乙公司发出的是一个确定承诺期限的要约，该要约不能撤销；甲公司如无法履行其义务，属违约行为，理应向乙公司承担法律责任。

▶案例 1-2

在某水利开发股份有限公司（简称水利公司）与某城市投资发展有限责任公司（简称城投公司）纠纷案中，水利公司（投标人）中标城投公司（招标人）组织的某市政工程项目招标。在合同订约过程中，城投公司因上级单位要求变化而决定终止招标活动，通知中标人水利公司终止合同签订。水利公司认为招标人的行为严重违反诚实信用原则，诉至法院，要求退还投标保证金并赔偿招标文件购买费、投标文件编制费、差旅费、投标保证金融资费用、预期收益损失。

【问题】

招标人应该承担什么责任？

【分析】

招标人城投公司在中标通知发出后终止签订合同的行为违反了先合同义务，侵害了水利公司基于信赖关系产生的信赖利益，造成了水利公司的经济损失，应当承担缔约过失责任。法院最终判决城投公司赔偿水利公司的招标文件购买费、投标文件编制费、投标保证金资金占用利息等实际损失。法院判决明确缔约过失责任仅限于赔偿实际利益损失而不包括基于合同成立后的可得利益损失，不支持水利公司提出的预期收益等损失赔偿要求。

1.1.3　合同的效力

合同的效力，又称合同的法律效力，《民法典》规定，依法成立的合同仅对当事人具有法律约束力，但是法律另有规定的除外。

1. 合同有效的条件

1）行为人具有相应的民事行为能力。民事行为能力是民事主体独立实施民事法律行为的法律资格。

2）意思表示真实。凡是违背当事人真实意愿的民事行为，即构成意思表示不真实的民事行为。这类行为可由虚假表示、误解、欺诈、胁迫、乘人之危等原因引起。

3）不违反法律、行政法规的强制性规定，不违背公序良俗。其中，“强制性规定”是指效力性强制性规定。效力性规范是指法律及行政法规明确规定违反了这些禁止性规定将导致合同无效或者合同不成立的规范。公序一般包括国家利益、社会经济秩序和社会公共利益，良俗一般包括社会公德、商业道德和社会良好风尚。

2. 合同的生效时间

1）依法成立的合同，自成立时生效，但是法律另有规定或者当事人另有约定的除外。

2）依照法律、行政法规的规定，合同应当办理批准等手续的，依照其规定。

3）附条件的合同。民事法律行为可以附条件，但是根据其性质不得附条件的除外。附生效条件的民事法律行为，自条件成就时生效。附解除条件的民事法律行为，自条件成就时失效。

4）附期限的合同。民事法律行为可以附期限，但是根据其性质不得附期限的除外。附生效期限的民事法律行为，自期限届至时生效。附终止期限的民事法律行为，自期限届满时失效。

3. 合同的效力待定

合同的效力待定，又称可追认的合同，是指合同订立后尚未生效，必须权利人追认才能生效的合同。合同的效力待定的类型有以下几种：

（1）限制民事行为能力人订立的合同

限制民事行为能力人实施民事法律行为应由其法定代理人代理或者经其法定代理人同意，但是可以独立实施纯获利益的民事法律行为或者与其年龄、智力相适应的民事法律行为。限制民事行为能力人订立的合同，经法定代理人追认以后，合同有效。相对人可以催告法定代理人在30日内予以追认。法定代理人未做表示的，视为拒绝追认。

合同被追认前，善意相对人有撤销的权利。撤销应当以通知的方式做出。“善意”是指相对人在订立合同时不知道与其订立合同的人欠缺相应的行为能力。

（2）无权代理人订立的合同

行为人没有代理权、超越代理权或者代理权终止后以被代理人名义订立的合同未经被代理人追认的，对被代理人不发生效力，由行为人承担责任。被代理人可以追认，也可以拒绝承认。

相对人可以催告被代理人在30日内予以追认。被代理人未做表示的，视为拒绝追认。

合同被追认之前，善意相对人有撤销的权利。《民法典》规定，无权代理人以被代理人的名义订立合同，被代理人已经开始履行合同义务或者接受相对人履行的，视为对合同的追认。

4. 可撤销的合同

（1）可撤销的合同的概念

可撤销的合同是指虽经当事人协商成立，但由于当事人的意思表示并非真意，经向法院或仲裁机关请求可以消灭其效力的合同。可撤销合同与无效合同不同，有撤销权的一方行使撤销权之前，合同对双方当事人是有效的。合同被撤销后自始没有法律约束力。

（2）可撤销的合同的种类

《民法典》规定，下列民事法律行为，可以有权请求人民法院或者仲裁机构予以撤销：

1）基于重大误解订立的合同。行为人有权请求人民法院或者仲裁机构予以撤销。

2）一方以欺诈手段，使对方在违背真实意思的情况下实施的民事法律行为，受欺诈方有权请求人民法院或者仲裁机构予以撤销。

3）基于第三人欺诈订立的合同。第三人实施欺诈行为，使一方在违背真实意思的情况下实施的民事法律行为，受欺诈方有权请求人民法院或者仲裁机构予以撤销。

4）以胁迫手段订立的合同。胁迫人可以是第三人。受胁迫人有撤销权。例如，甲胁迫乙与丙签订了合同，受胁迫人乙可以请求撤销该合同，甲和丙都没有撤销权。

5）成立时显失公平的合同。一方利用对方处于危困状态、缺乏判断能力等情形，致使民事法律行为成立时显失公平的，受损害方有权请求撤销。此类合同的“显失公平”必须发生在合同订立时，如果合同订立以后，因为商品价格发生变化而导致的权利义务不对等不属于显失公平。

（3）撤销权消灭

1）当事人自知道或者应当知道撤销事由之日起 1 年内、重大误解的当事人自知道或者应当知道撤销事由之日起 90 日内没有行使撤销权，撤销权消灭。

2）当事人受胁迫，自胁迫行为终止之日起 1 年内没有行使撤销权，撤销权消灭。

3）当事人知道撤销事由后明确表示或者以自己的行为表明放弃撤销权，撤销权消灭。

4）当事人自民事法律行为发生之日起 5 年内没有行使撤销权的，撤销权消灭。

5. 无效合同

无效合同是指虽经当事人协商成立，但因不符合法律要求而不予以承认和保护的合同。无效合同自始无效，在法律上不能产生当事人预期追求的效果。

（1）无效合同的情形

《民法典》规定，下列民事法律行为（合同）无效：

1）违反法律、行政法规的强制性规定的合同。在建设工程领域，违反《建筑法》、《中华人民共和国城乡规划法》（简称《城乡规划法》）等法律订立的合同，因为违反这些法律的强制性规定而导致合同无效。

2）违背公序良俗的合同。公序良俗是公共秩序与善良风俗的简称。

3）行为人和相对人恶意串通，损害他人合法权益的合同。行为人和相对人之间必须具有意思联络、共同恶意，构成恶意串通。如果只有一方具有损害他人权益的主观恶意，另一方不知情或者虽然知情但并无主观恶意的，不构成恶意串通。

4）以虚假的意思表示实施的合同。行为人与相对人以虚假的意思表示实施的民事法律行为无效。

5）无民事行为能力人实施的民事法律行为（订立的合同）。不能辨认自己行为的八周岁以上未成年人、成年人和不满八周岁的人为无民事行为能力人。

合同中的下列免责条款无效：①造成对方人身伤害的；②因故意或者重大过失造成对方财产损失的。因上述两种情形导致合同条款无效时，不影响整个合同的效力，原合同仍然有效。

（2）无效合同及合同被撤销的后果

无效的或者被撤销的民事法律行为（合同）自始没有法律约束力。合同无效、被撤销或者确定不发生效力后，行为人因该行为取得的财产，应当予以返还；不能返还或者没有必要返还的，应当折价补偿。有过错的一方应当赔偿对方由此受到的损失；各方都有过错的，应当各自承担相应的责任。法律另有规定的，依照其规定。

合同不生效、无效、被撤销或者终止的，不影响合同中有关解决争议方法的条款的效力。

无效合同、效力待定合同、可撤销合同比较见表 1-2。

表 1-2　无效合同、效力待定合同、可撤销合同比较

	无效合同	效力待定合同	可撤销合同
本质	严重违法	主体资格有问题	意思表示不真实
效力	合同自始没有法律约束力	相对人催告在一个月内追认，经权利人追认则合同有效 权利人拒绝追认，合同无效，未做表示视为拒绝追认	当事人行使撤销权之前，合同有效 当事人行使撤销权，合同被撤销后，合同自始没有法律约束力 当事人不行使撤销权，合同继续有效

【例题 1-12】 违反法律、行政法规的强制性规定所签订的合同属于（B）合同。

A. 有效　　B. 无效　　C. 可撤销　　D. 效力待定

【例题 1-13】 当事人受到合同相对人欺诈进而签订的合同，属于（C）合同。

A. 无效　　B. 有效　　C. 可撤销　　D. 效力待定

【例题 1-14】 无民事行为能力人签订的合同，属于（D）合同。

A. 有效　　B. 待追认　　C. 可撤销　　D. 无效

【例题 1-15】 恶意串通，损害他人合法权益的合同，属于（B）合同。

A. 有效　　B. 无效　　C. 效力待定　　D. 可撤销

【例题 1-16】　某施工合同因承包人重大误解属于可撤销合同时，下列表述错误的是（C）。

A. 承包人可申请法院撤销合同

B. 承包人可放弃撤销权，继续认可该合同

C. 承包人放弃撤销权后，发包人享有该权利

D. 承包人享有撤销权而发包人不享有该权利

【例题 1-17】　甲、乙企业于 2018 年 8 月 12 日签订了货物买卖合同，甲企业在 8 月 25 日向人民法院请求撤销该合同，原因是甲企业在 8 月 20 日发现自己对合同的标的有重大误解，8 月 30 日人民法院依法撤销了该合同。关于该合同的效力，下列说法正确的是（C）。

A. 该合同在 8 月 30 日被撤销前为无效合同

B. 该合同在 8 月 30 日被撤销后，自 8 月 30 日起无效

C. 该合同在 8 月 30 日被撤销后，自 8 月 12 日起无效

D. 该合同在 8 月 30 日被撤销后，自 8 月 20 日起无效

[解析]　可撤销合同的撤销权人可以申请撤销，也可以不撤销。该合同在 8 月 30 日被撤销前为有效合同，选项 A 错误；如果当事人不行使撤销权，该民事法律行为则属于有效的行为，只有申请撤销且被撤销的民事行为才没有法律效力。该行为一经撤销，其效力自签订合同时无效。

【例题 1-18】　甲公司以国产设备为样品，谎称进口设备，与乙施工企业订立设备买卖合同，后乙施工企业知悉实情。关于该合同争议处理的说法，正确的有（BDE）。

A. 若买卖合同被撤销，则有关争议解决条款也随之无效

B. 乙施工企业有权自主决定是否行使撤销权

C. 乙施工企业有权自合同订立之日起 1 年内主张撤销该合同

D. 若买卖合同被法院撤销，则该合同自始没有法律约束力

E. 乙施工企业有权自知道设备为国产之日起 1 年内主张撤销该合同

1.1.4　合同的履行

1. 合同履行的含义及基本原则

(1) 合同履行的含义

合同的履行是债务人完成合同约定义务的行为，是法律效力的首要表现。当事人通过合意建立债权债务关系，而完成这种交易关系的正常途径就是履行。

(2) 合同履行的基本原则

当事人应当按照约定全面履行自己的义务。当事人应当遵循诚实信用原则，根据合同的

性质、目的和交易习惯履行通知、协助、保密等义务。

履行义务的直接目的是保障债权的实现。只有债务人按约、全面履行债务，才能使债权人圆满、全部实现债权。按约、全面履行是对债务人完成合同义务的基本要求。

2. 合同内容约定不明确时的履行规则

（1）协议补充

协议补充是指合同当事人对没能约定或者约定不明确的合同内容通过协商的办法订立补充协议，该协议是对原合同内容的补充，因而成为原合同的组成部分。

（2）按照合同有关规定或者交易习惯确定

在合同当事人就没有约定或者约定不明确的合同内容不能达成补充协议的情况下，可以依据合同其他方面的内容确定，或者按照人们在同样的交易中通常采用的合同内容确定。

（3）合同内容不明确，又不能达成补充协议时的法律适用

1）质量要求不明确的，按照强制性国家标准履行；没有强制性国家标准的，按照推荐性国家标准履行；没有推荐性国家标准的，按照行业标准履行；没有国家标准、行业标准的，按照通常标准或者符合合同目的的特定标准履行。

2）价款或报酬不明确的，按照订立合同时履行地的市场价格履行；依法应当执行政府定价或指导价的，按照规定履行。

3）履行地点不明确的，给付货币的，在接受货币一方所在地履行；交付不动产的，在不动产所在地履行；其他标的，在履行义务一方所在地履行。

4）履行期限不明确的，债务人可以随时请求履行；债权人也可随时要求履行，但应当给对方必要的准备时间。

5）履行方式不明确的，按照有利于实现合同目的的方式履行。

6）履行费用的负担不明确的，由履行义务一方负担。因债权人原因增加的履行费用由债权人负担。

3. 电子合同标的交付时间

通过互联网等信息网络订立的电子合同的标的为交付商品并采用快递物流方式交付的，收货人的签收时间为交付时间。电子合同的标的为提供服务的，生成的电子凭证或者实物凭证中载明的时间为提供服务时间；前述凭证没有载明时间或者载明时间与实际提供服务时间不一致的，以实际提供服务的时间为准。

电子合同的标的物为采用在线传输方式交付的，合同标的物进入对方当事人指定的特定系统且能够检索识别的时间为交付时间。

电子合同当事人对交付商品或者提供服务的方式、时间另有约定的，按照其约定。

4. 合同中规定执行政府定价或政府指导价的法律规定

执行政府定价或者政府指导价的，在合同约定的交付期限内政府价格调整时，按照交付时的价格计价。逾期交付标的物的，遇价格上涨时，按照原价格执行；价格下降时，按照新价格执行。逾期提取标的物或者逾期付款的，遇价格上涨时，按照新价格执行；价格下降时，按照原价格执行。

【例题 1-19】　某建筑公司向供货商采购某种国家定价的特种材料，合同签订时价格为 4000 元/t，约定 6 月 1 日运至某工地。后供货商迟迟不予交货，8 月下旬，国家调整价格为 3400 元/t，供货商急忙交货。双方为结算价格产生争议。下列说法正确的是（B）。

A. 应按合同约定的价格 4000 元/t 结算

B. 应按国家确定的最新价格 3400 元/t 结算

C. 应当按新旧价格的平均值结算

D. 双方协商确定，协商不成的应当解除合同

[解析]　逾期交付标的物的，价格下降时，按照新价格执行。

5. 履行抗辩权

抗辩权是指在双务合同中，当事人一方有依法对抗对方要求或否认对方权利主张的权利。

（1）同时履行抗辩权

当事人互负债务，没有先后履行顺序的，应当同时履行。一方在对方履行之前有权拒绝其履行要求。一方在对方履行债务不符合约定时，有权拒绝其相应的履行要求。

（2）先履行抗辩权

先履行抗辩权是指当事人互负债务，有先后履行顺序的，先履行一方未履行之前，后履行一方有权拒绝其履行请求，或先履行一方履行债务不符合合同约定的，后履行一方有权拒绝其相应的履行请求。

（3）不安抗辩权

不安抗辩权是指按照合同规定，本应先履行义务的一方，在有确切证据证明对方的财产明显减少或难以对待给付时，有权行使不安抗辩权，中止履行。

不安抗辩权是指有以下四种情形，可以中止履行合同：a. 对方经营状况严重恶化；b. 对方有转移财产、抽逃资金以逃避债务的情形；c. 对方丧失商业信誉；d. 对方有丧失或可能丧失履行债务的能力的其他情形。

当事人中止履行的，应当及时通知对方。对方提供适当担保的，应当恢复履行。对方当事人在合理期限内未恢复履行能力并且未提供担保的，视为以自己的行为表明不履行主要债务，中止履行的一方可以解除合同并可以请求对方承担违约责任。

【例题 1-20】　在某建设单位与供应商之间的建筑材料采购合同中约定，工程竣工验收后 1 个月内支付材料款。其间，建设单位经营状况严重恶化，供应商遂暂停供应建筑材料，要求先付款，否则中止供货。则供应商的行为属于行使（C）。

A. 同时履行抗辩权　　B. 先履行抗辩权

C. 不安抗辩权　　D. 先诉抗辩权

【例题 1-21】　某施工合同中约定工程竣工后业主支付工程款，则以下表述正确的一项是（B）。

A. 在任何情况下，承包商都要先履行义务，否则就要承担违约责任

B. 承包商有确切证据证明业主将丧失支付工程款能力时，可以中止履行合同

C. 承包商有确切证据证明业主将丧失支付工程款能力时，可以终止履行合同

D. 承包商有确切证据证明业主丧失支付工程款能力时，承包商可以自由选择是中止履行合同还是解除合同

【例题1-22】 甲乙订立买卖合同，双方约定：甲应于9月1日向乙交付货物，乙应于9月8日向甲支付货款。8月底，甲发现乙经营状况严重恶化，并有证据证明；则在9月1日时，甲可以采取的措施是（D）。

A. 须按约定交付货物，但可以请求乙提供相应担保

B. 须交付货物，但可以仅先交付部分货物

C. 须按约定交付货物，如乙不付款可追究其违约责任

D. 有权拒绝交货，除非乙已经提供相应担保

[解析] 当事人在行使不安抗辩权时，应及时通知对方中止履行合同。中止履行后，只有对方在合理期限内未恢复履行能力并且未提供适当的担保的，中止履行的一方才能解除合同并可以请求对方承担违约责任。

6. 情势变更抗辩

《民法典》规定，合同成立后，合同的基础条件发生了当事人在订立合同时无法预见的、不属于商业风险的重大变化，继续履行合同对于当事人一方明显不公平的，受不利影响的当事人可以与对方重新协商；在合理期限内协商不成的，当事人可以请求人民法院或者仲裁机构变更或者解除合同。情势变更对于合同的履行来说是相当重要的，人民法院或者仲裁机构应当结合案件的实际情况，根据公平原则变更或者解除合同。

7. 合同的保全

合同的保全是指法律为防止合同债务人的财产不当减少，维护其财产状况，允许债权人向债务人行使一定权利的制度。债权的保全有代位权和撤销权两种。

（1）代位权

1）代位权的概念。

代位权是指债权人为确保其债权实现，当债务人怠于行使对第三人的债权而危及债权时，以自己的名义替债务人行使债权的制度。

《民法典》规定，因债务人怠于行使其债权或者与该债权有关的从权利，影响债权人的到期债权实现的，债权人可以向人民法院请求以自己的名义代位行使债务人对相对人的权利，但是该权利专属于债务人自身的除外。

人民法院认定代位权成立的，由债务人的相对人向债权人履行义务，债权人接受履行后，债权人与债务人、债务人与相对人之间相应的权利义务终止。

代位权的行使范围以债权人的债权为限。债权人行使代位权的必要费用由债务人负担。

债权人行使代位权是以自己为原告，以相对人为被告，要求相对人将其对债务人履行的债权向自己履行。

2）代位权的构成要件。

① 债权人对债务人的债权已经到期。

② 债务人对相对人的债权或与债权有关的从权利不具有人身属性。具有人身属性的权益不能行使代位权，如养老金、退休金、人身伤害赔偿请求权等。

③ 债务人存在怠于行使到期债权的事实。怠于行使是指债务人不以诉讼方式或仲裁方式向次债务人主张其享有的具有金钱给付内容的到期债权。

④ 债务人怠于行使债权已经影响到债权人的债权，债务人没有其他财产可供清偿债务。

（2）撤销权

1）撤销权的概念。撤销权是指债权人对于债务人减少财产以致危害债权的行为请求法院撤销的权利。

2）撤销权的行使情形。债务人通过以下积极行为来恶意减少自己的责任财产，债权人可以行使撤销权：

① 放弃债权（包括到期与未到期）的。

② 放弃债权担保的。

③ 恶意延长到期债权的履行期。

④ 无偿转让财产的。

上述行为影响债权人的债权实现的，债权人可以请求人民法院撤销债务人的行为。

⑤ 以明显不合理低价转让财产且债务人的相对人恶意的。

⑥ 以明显不合理高价受让他人财产且债务人的相对人恶意的。

⑦ 为他人的债务提供担保且被担保债权人恶意的。

上述行为影响债权人的债权实现的，债权人可以请求人民法院撤销债务人的行为。

撤销权的行使范围以债权人的债权为限。债权人行使撤销权的必要费用由债务人负担。

撤销权自债权人知道或者应当知道撤销事由之日起一年内行使。自债务人的行为发生之日起五年内没有行使撤销权的，该撤销权消灭。债务人影响债权人的债权实现的行为被撤销的，自始没有法律约束力。

（3）代位权和撤销权的区别

代位权是针对债务人的消极行为，债务人不履行其对债权人的到期债务，又不以诉讼方式或者仲裁方式向其债务人主张其享有的具有金钱给付内容的到期债权，致使债权人的到期债权未能实现；而撤销权是针对债务人不当处分财产的积极行为，行使撤销权旨在恢复债务人的财产。

债权人行使代位权如获得支持，债权人可以直接向债务人的相对人即次债务人主张权利，次债务人直接向债权人履行义务而不能向债务人履行，并由此导致债权人与债务人、债务人与次债务人之间相应的债权债务关系在对等额度内消灭。

【例题 1-23】 甲欠乙 50 万元贷款，乙又欠丙 20 万元贷款，因乙怠于行使到期债权，又不能清偿对丙的欠款，为此丙起诉甲要求支付欠款，下列说法正确的是（B）。

A. 丙不能以自己的名义起诉甲　　B. 丙起诉甲是在行使代位权

C. 丙起诉甲以50万元为限　　D. 丙的起诉费用由自己支付

【例题1-24】　甲公司欠乙公司30万元，一直无力偿付，现丙公司欠甲公司20万元，已到期，但甲公司明示放弃对丙的债权。对甲公司的这一行为，乙公司可以采取下列（BC）措施。

A. 行使代位权，要求丙偿还20万元

B. 请求人民法院撤销甲放弃债权的行为

C. 乙行使权利的必要费用可向甲主张

D. 乙行使权利的必要费用只能自己负担

E. 乙应在知道或应当知道甲放弃债权2年内行使权利

1.1.5　合同的变更、转让、终止和解除

1. 合同的变更

（1）合同变更的含义

合同变更是合同关系的局部变化，如标的数量的增减，价款的变化，履行时间、地点、方式的变化。合同主体的变更称为合同的转让。

（2）合同变更的程序

当事人协商一致，可以变更合同。合同变更时，当事人应当通过协商对原合同的部分内容条款做出修改、补充或增加新的条款。例如，对原合同中规定的标的数量、质量、履行期限、地点和方式、违约责任、解决争议的方法等做出变更。当事人对合同内容变更取得一致意见时方为有效。当事人在变更合同时，以书面形式为宜。在工程施工中，如涉及合同变更，监理工程师的变更指令一般都是书面的。

2. 合同的转让

（1）合同转让的概念

合同的转让也就是将合同设定的权利义务转让，是指在不改变合同内容和标的的情形下，合同关系的主体变更。

（2）债权转让

合同权利转让是指合同债权人将其在合同中的债权全部或部分转让给第三人的行为。但是有下列情形之一的除外：a. 根据债权性质不得转让；b. 按照当事人约定不得转让；c. 依照法律规定不得转让。

债权人转让债权，未通知债务人的，该转让对债务人不发生效力。债务人接到债权转让通知后，债务人对让与人的抗辩，可以向受让人主张。

（3）债务转移

1）债务转移的概念。

债务转移是指在合同内容和标的的不变的情形下，债务人将其合同义务转移给第三人承

担。债务转移包括债务全部转移和债务部分转移。当债务全部转移时，债务人即脱离了原来的合同关系而由第三人取代原债务人而承担原合同债务，原债务人不再承担原合同中的义务和责任；当债务部分转移时，原债务人并未完全脱离债的关系，而是由第三人加入原来的债的关系，并与债务人共同向同一债权人承担原合同中的义务和责任。

债务人将债务的全部或者部分转移给第三人的，应当经债权人同意。债务人或者第三人可以催告债权人在合理期限内予以同意，债权人未做表示的，视为不同意。

2）债务转移效力。

① 承受人在受移转的债务范围内承担债务，成为新债务人，原债务人不再承担已移转的债务。

② 债务人转移债务的，新债务人可以主张原债务人对债权人的抗辩。

③ 主债务的从债务一并由新债务人承担。

（4）合同权利义务一并转让

当事人一方经对方同意，可以将自己在合同中的权利和义务一并转让给第三人。

【例题 1-25】 债权人将合同中的权利转让给第三人的，(D)。

A. 需经债务人同意，且需办理公证手续

B. 不需经债务人同意，也不必通知债务人

C. 不需经债务人同意，但需办理公证手续

D. 不需经债务人同意，但需通知债务人

[解析] 债权人转让权利的，应当通知债务人。未经通知，该转让对债务人不发生效力。

【例题 1-26】 债务人决定将合同中的义务转让给第三人时，(A)。

A. 需征得对方同意

B. 不需征得对方同意，但应办理公证手续

C. 不需征得对方同意，也不必通知

D. 不需征得对方同意，但需通知对方

【例题 1-27】 甲决定将与乙签订合同中的义务转移给丙，按照法律规定 (BCE)。

A. 不需征得乙同意

B. 丙直接对乙承担合同义务

C. 丙可以对乙行使抗辩权

D. 丙只能对甲行使抗辩权

E. 甲对丙不履行合同的行为不承担责任

[解析] 当债务全部转移时，债务人即脱离了原来的合同关系，则由第三人取代原债务人而承担原合同债务，原债务人不再承担原合同中的义务和责任，债务人转移义务的，新债务人可以主张原债务人对债权人的抗辩。债务转移需征得对方乙的同意。

3. 合同的终止

（1）合同终止的含义

合同的终止即合同权利义务的终止，是指由于一定法律事实的发生，使合同设定的权利

义务归于消灭。合同权利义务的终止不影响合同中结算和清理条款的效力。

（2）合同终止的原因

《民法典》规定，有下列情形之一的，债权债务终止：

① 债务已经履行。

② 债务相互抵销。

③ 债务人依法将标的物提存。

④ 债权人免除债务。

⑤ 债权债务同归于一人。

⑥ 法律规定或者当事人约定终止的其他情形。

合同解除的，该合同的权利义务关系终止。

合同的权利义务终止后，当事人应当遵循诚实信用原则，根据交易习惯履行通知、协助、保密等义务。

4. 合同的解除

（1）合同解除的概念

合同的解除是指在合同依法成立后而尚未全部履行前，当事人基于协商或法律规定或者当事人约定而使合同关系归于消灭的一种法律行为。合同一经有效成立，即具有法律约束力，双方当事人必须遵守，不得擅自变更或解除，只是在主客观情况发生变化，使合同履行成为不必要或不可能的情况下，才允许解除合同。

（2）合同解除的类型

合同解除可分为约定解除和法定解除两类。

1）约定解除。《民法典》规定，当事人协商一致，可以解除合同。当事人可以约定一方解除合同的事由。解除合同的事由发生时，解除权人可以解除合同。

2）法定解除。有下列情形之一的，当事人可以解除合同：

① 因不可抗力致使不能实现合同目的。不可抗力是指人力所无法抗拒的客观情况，它包括自然灾害和某些社会现象，是不受人的意志所支配的现象。

不可抗力主要包括以下几种情形：重大的自然灾害，如台风、洪水、冰雹；政府行为，如征收、征用；社会异常事件，如罢工、骚乱。

② 履行期限届满之前，当事人一方明确表示或者以自己的行为表明不履行主要债务。这种情形属于先期违约，又称预期违约。先期违约是指在合同履行期限到来之前，一方当事人在无正当理由的情况下明确肯定地向另一方当事人表示或者以其行为表明将不履行合同的主要义务的行为。先期违约与实际违约有所不同。先期违约表现为未来将不履行合同义务，而实际违约则是现实地违反合同义务。

一般情况下，只有在合同规定的履行期限届满之后，才会存在违约的问题。如果在合同规定的履行期限届满之前，债务人明确表示拒绝履行主要债务或者债权人有确凿证据表明债务人将不履行主要债务，债权人的合同期待利益（期待债权）就此丧失，该合同也相应失去了存在的意义。先期违约制度督促当事人履行合同义务，使当事人可以从无益的合同拘束中早日解脱出来，以减少不必要的损失。

③ 当事人一方迟延履行主要债务，经催告后在合理期限内仍未履行。债务人迟延履行债务是违反合同约定的行为，但并非可就此解除合同。债务人迟延履行主要债务的，债权人应当在一个合理期间，催告债务人履行。超过这个合理期间债务人仍不履行的，表明债务人没有履行合同的诚意，或者根本不可能再履行合同，在此情况下，如果仍要债权人等待履行，不仅对债权人不公平，也会给其造成更大的损失，因此，债权人可以依法解除合同。

④ 当事人一方迟延履行债务或者有其他违约行为致使不能实现合同目的。有些合同的履行期限（时间）对于实现合同目的至关重要，一旦当事人一方迟延履行债务，其结果将导致无法实现合同目的，严重损害合同当事人另一方的合同利益，此种情况下，合同当事人另一方便享有合同解除权，这种解除权无须催告。

⑤ 法律规定的其他情形。比如因行使不安抗辩权而中止履行合同，对方在合理期限内未恢复履行能力，也未提供适当担保的，中止履行的一方可以请求解除合同。

（3）合同解除权的行使期限

《民法典》规定，法律规定或者当事人约定解除权行使期限，期限届满当事人不行使的，该权利消灭。

法律没有规定或者当事人没有约定解除权行使期限，自解除权人知道或者应当知道解除事由之日起一年内不行使，或者经对方催告后在合理期限内不行使的，该权利消灭。

（4）合同解除的行使程序

《民法典》规定，当事人一方依法主张解除合同的，应当通知对方。合同自通知到达对方时解除；通知载明债务人在一定期限内不履行债务则合同自动解除，债务人在该期限内未履行债务的，合同自通知载明的期限届满时解除。对方对解除合同有异议的，任何一方当事人均可以请求人民法院或者仲裁机构确认解除行为的效力。

当事人一方未通知对方，直接以提起诉讼或者申请仲裁的方式依法主张解除合同，人民法院或者仲裁机构确认该主张的，合同自起诉状副本或者仲裁申请书副本送达对方时解除。

（5）合同解除的效力

合同解除后，尚未履行的，终止履行；已经履行的，根据履行情况和性质，当事人可以要求恢复原状或采取补救措施，并有权要求赔偿损失。合同因违约解除的，解除权人可以请求违约方承担违约责任，但是当事人另有约定的除外。合同的权利义务终止，不影响合同中结算和清理条款的效力。

（6）建设工程合同解除

《民法典》规定，承包人将建设工程转包、违法分包的，发包人可以解除合同。发包人提供的主要建筑材料、建筑构配件和设备不符合强制性标准或者不履行协助义务，致使承包人无法施工，经催告后在合理期限内仍未履行相应义务的，承包人可以解除合同。

【例题 1-28】 某工程在9月10日发生了地震灾害迫使承包人停止施工。9月15日，发包人与承包人共同检查工程的损害程度，并一致认为损害程度严重，需要拆除重建。9月17日发包人将依法单方解除合同的通知送达承包人，9月18日发包人接到承包人同意解除合同的回复。该施工合同解除的时间应为（C）。

A. 9月10日　　B. 9月15日　　C. 9月17日　　D. 9月18日

【例题1-29】 解除合同表述正确的有（BCD）。

A. 当事人必须全部履行各自义务后才能解除合同

B. 当事人协商一致可以解除合同

C. 因不可抗力致使不能实现合同目的

D. 一方当事人对解除合同有异议，可以按照约定的解决争议的方式处理

E. 合同解除后，当事人均不再要求对方承担任何责任

【例题1-30】 下列合同行为符合法律规定的是（B）。

A. 甲欲延迟交货并通知乙

B. 债权人甲将债权转让给丙并通知了乙

C. 建设单位到期不能支付工程款，书面通知施工企业其已将债务转让给第三人，请施工企业向第三人主张债权

D. 施工单位将施工合同转包给其他具有相应施工资质的施工单位

［解析］ 选项A错误，相当于合同变更应与对方协商一致才能变更；选项B正确，债权转让通知债务人即可；选项C错误，债务转让应当经债权人同意；选项D错误，施工合同不能转包（让）。

1.1.6 违约责任

1. 违约的概念与具体形态

（1）违约的概念

违约责任是指合同当事人不履行合同义务或者履行合同义务不符合约定时，应当承受的法律后果。

当事人一方明确表示或者以自己的行为表明不履行合同义务的，对方可以在履行期限届满前请求其承担违约责任。

承担违约责任的前提是当事人不履行合同义务或者履行合同义务不符合约定而又不存在法定的免责事由。当事人主观上的过错，不是确定违约责任时所必须考虑的问题。确定违约责任时采取的并非过错责任而是严格责任原则。严格责任，又称无过错责任，是指违约行为发生以后，确定违约当事人的责任，主要考虑违约的结果是否由违约方的行为造成，而不考虑违约方的主观故意或过失。

（2）违约行为

违约行为是合同当事人承担违约责任的必备条件。没有违约行为不承担违约责任。违约行为是以当事人之间已存在的有效的合同关系为基础的，合同关系不存在，不发生违约行为。违约行为主要包括以下几种情况：

1）拒绝履行。合同当事人拒绝履行合同是指当事人不履行合同规定的全部义务的情况。

2）不完全履行。当事人只履行合同规定义务的一部分，对其余部分不予履行。

3）迟延履行。迟延履行又称逾期履行，是指当事人超过合同规定的期限履行义务。在合同未规定履行期限的情况下，债权人要求履行后，债务人未在合理期限内履行，也构成迟延履行。

4）质量瑕疵。质量瑕疵是指履行的合同标的达不到合同的质量要求。对于质量瑕疵，权利人一般应在法定期限内提出异议。

2. 违约责任承担方式

（1）继续履行

继续履行又称强制实际履行，当事人一方未支付价款、报酬、租金、利息，或者不履行其他金钱债务的，对方可以请求其支付，继续履行旨在保护债权人实现其预期目标，它要求违约方按合同标的履行，而不得以违约金、赔偿损失代替履行。继续履行可以与违约金、定金、赔偿损失并用，但不能与解除合同的方式并用。

当事人一方不履行非金钱债务或者履行非金钱债务不符合约定的，对方可以请求履行，但是有下列情形之一的除外：

1）法律上或者事实上不能履行。

2）债务的标的不适于强制履行或者履行费用过高。

3）债权人在合理期限内未请求履行。

有上述规定的除外情形之一，致使不能实现合同目的的，人民法院或者仲裁机构可以根据当事人的请求终止合同权利义务关系，但是不影响违约责任的承担。

（2）赔偿损失

当事人一方不履行合同义务或者履行合同义务不符合约定的，在履行义务或者采取补救措施后，对方还有其他损失的，应当赔偿损失。违约损害赔偿是违约救济中最广泛、最主要的救济方式。其基本目的是用金钱赔偿的方式弥补一方因违约给对方所造成的损害。

当事人一方不履行合同义务或者履行合同义务不符合约定，造成对方损失的，损失赔偿额应当相当于因违约所造成的损失，包括合同履行后可以获得的利益；但是，不得超过违约一方订立合同时预见到或者应当预见到的因违约可能造成的损失。

（3）支付违约金

违约金是指当事人一方违反合同时应当向对方支付的一定数量的金钱或财物。违约金的设立，是为了保证债务的履行，即使对方没有遭受任何财产损失，也要按法律或合同规定支付违约金。

违约金是对损害赔偿的预先约定，既可能高于实际损失，也可能低于实际损失。畸高和畸低均会导致不公平结果。约定的违约金低于造成的损失的，当事人可以请求人民法院或者仲裁机构予以增加；约定的违约金过分高于造成的损失的，当事人可以请求人民法院或者仲裁机构予以适当减少。当事人就迟延履行约定违约金的，违约方支付违约金后，还应当履行债务。如果违约方给另一方造成的损失超过违约金的，还应给付赔偿金，补偿违约金之不足。

（4）采取补救措施

采取补救措施是指履行的合同标的达不到合同的质量要求，通过采取补救措施使履行缺陷得以弥补消除。《民法典》规定，履行不符合约定的，应当按照当事人的约定承担违约责任。对违约责任没有约定或者约定不明确，受损害方根据标的的性质以及损失的大小，可以合理选择请求对方承担修理、重作、更换、退货、减少价款或者报酬等违约责任。

（5）定金罚则

《民法典》规定："债务人履行债务的，定金应当抵作价款或者收回。给付定金的一方不履行债务或者履行债务不符合约定，致使不能实现合同目的的，无权请求返还定金；收受定金的一方不履行债务或者履行债务不符合约定，致使不能实现合同目的的，应当双倍返还定金。"定金的数额由当事人约定；但是，不得超过主合同标的额的20%，超过部分不产生定金的效力。

定金罚则需要满足以下几个条件：

1）必须有违约行为。包括不能履行、迟延履行及不完全履行等形态。

2）必须有合同目的落空的事实。只有因违约行为致使合同目的不能实现时，才能适用定金罚则。不能实现合同目的主要是指违反的义务对合同目的的实现十分重要，如果一方当事人不履行这种义务，将剥夺另一方当事人根据合同期待的利益。

3）主合同必须有效。如果主合同无效或者被撤销，即便当事人已经交付和收受定金，也不能适用定金罚则。

当事人既约定违约金又约定定金的，一方违约时，对方可以选择适用违约金或者定金条款，两者不能并罚。定金不足以弥补一方违约造成的损失的，对方可以请求赔偿超过定金数额的损失。

3. 违约责任的免除

违约责任的免除是指法律规定的或者当事人约定的免除违约当事人承担违约责任的情况。

违约责任免责事由可分为两类：一类是法律规定的免责条件；另一类是当事人在合同中约定的条件，一般称为免责条款。

《民法典》规定，因不可抗力不能履行合同的，根据不可抗力的影响，部分或全部免除责任，但法律另有规定的除外。当事人迟延履行后发生不可抗力的，不能免除责任。这里的"不可抗力"就是法定的免责事由。除法定的免责事由外，当事人如果约定有免责事由，免责事由发生时，当事人也可以不承担违约责任。

发生不可抗力，一方当事人除应及时行使通知义务外，还应当在合理期限内提供有关机构出具的证明不可抗力发生的文件。

【例题1-31】 施工单位因违反施工合同而支付违约金后，建设单位仍要求其继续履行合同，施工单位应（B）。

A. 拒绝履行　　B. 继续履行

C. 缓期履行　　D. 要求对方支付一定费用后履行

【例题1-32】 工程施工合同履行过程中，建设单位延迟支付工程款，施工单位要求建设单位承担违约责任的方式可以是（AE）。

A. 继续履行合同　　B. 降低工程质量标准

C. 提高合同价款　　D. 提前支付所有工程款

E. 支付逾期利息

【例题 1-33】 设备采购合同额为 30 万元，双方签订合同时约定，任何一方不履行合同应当支付违约金 5 万元。采购人按照约定向供应商交付定金 8 万元。合同履行期限届满，供应商不能交付设备，则采购人能获得法院支持的最高请求额是（B）万元。

A. 16　　B. 14　　C. 13　　D. 8

[解析] 当事人既约定违约金，又约定定金的，一方违约时，对方可以选择适用违约金条款或者定金条款。此题有两个解决方案：

1）方案 1：适用定金罚则，8 万元定金，高于定金 20%的上限，所以只有 30 万元×20%=6 万元是定金，双倍返还定金即 12 万元，全部返还是 12 万元+2 万元=14 万元，相当于获得赔偿 6 万元。

2）方案 2：适用违约金条款，违约金+定金的退还=5 万元+8 万元=13 万元，相当于获得赔偿 5 万元。

【例题 1-34】 关于违约金条款的适用，下列说法正确的有（ABC）。

A. 约定的违约金低于造成的损失的，当事人可以请求人民法院或者仲裁机构予以增加

B. 违约方支付迟延履行违约金后，另一方仍有权要求其继续履行

C. 当事人既约定违约金，又约定定金的，一方违约时，对方可以选择适用违约金条款或定金条款

D. 当事人既约定违约金，又约定定金的，一方违约时，对方可以同时适用违约金条款及定金条款

E. 约定的违约金高于造成的损失的，当事人可以请求人民法院或者仲裁机构按实际损失金额调减

1.2 担保制度

1.2.1 担保的概念

担保是指基于法律规定或当事人的约定，为督促债务人履行债务，确保债权得以实现所采取的特别保障措施。设立担保的作用是为了保障债务的履行和债权的实现。担保的概念可以从以下三方面来理解：

1）担保是保障特定债权人债权实现的法律制度。担保的目的是强化债务人清偿特定债

务的能力，以使特定债权人能够优先于其他债权人受偿或者从第三人得到赔偿。

2）担保是以特定财产或者第三人的信用来保障债权人债权实现的制度。

3）对特定债权设定担保后，债权人或从第三人的财产中受偿，或从债务人的特定财产中优先于其他债权人受偿，担保是对债务人不履行债务时保障特定债权人的手段。

合同的担保方式一般有五种，即保证、抵押、质押、留置和定金。其中，保证、抵押、质押和定金都是根据当事人的合同而设立的，称为约定担保；留置则是直接依据法律的规定而设立的，无须当事人之间特别约定，称为法定担保。

《民法典》规定，设立担保物权，应当依照本法和其他法律的规定订立担保合同。担保合同包括抵押合同、质押合同和其他具有担保功能的合同。担保合同是主债权债务合同的从合同。主债权债务合同无效的，担保合同无效，但是法律另有规定的除外。

1.2.2　担保方式

1. 保证

（1）保证的概念和方式

保证是指第三人为债务人的债务做担保，由保证人和债权人约定，当债务人不履行债务时，保证人按照约定履行债务或者承担责任的行为，保证合同的当事人双方为债权人与保证人。保证合同可以是单独订立的书面合同，也可以是主债权债务合同中的保证条款。保证人承担保证责任后，除当事人另有约定外，有权在其承担保证责任的范围内向债务人追偿。保证的后果是保证人以自己的财产为被保证人偿债。

保证的方式有两种，即一般保证和连带责任保证。担保方式由当事人约定。当事人在保证合同中对保证方式没有约定或者约定不明确的，按照一般保证承担保证责任。

一般保证的保证人在主合同纠纷未经审判或者仲裁，并就债务人财产依法强制执行仍不能履行债务前，对债权人可以拒绝承担保证责任。

连带责任保证的债务人不履行到期债务或者发生当事人约定的情形时，债权人可以请求债务人履行债务，也可以请求保证人在其保证范围内承担保证责任。

一般保证与连带责任保证的主要区别在于保证人是否有先诉抗辩权。连带责任保证债权人有权直接请求保证人在其担保范围内向其承担责任；而一般保证的保证人在主合同纠纷未经审判或者仲裁，并就债务人财产依法强制执行仍不能履行债务前，有权拒绝向债权人承担保证责任，即一般保证的保证人享有先诉抗辩权。连带责任保证，在债务人没有履行债务的情况下，债权人可要求保证人承担保证责任。

（2）保证人的资格

保证的后果是保证人以自己的财产为被保证人偿债。《民法典》规定，机关法人不得为保证人，但是经国务院批准为使用外国政府或者国际经济组织贷款进行转贷的除外。以公益为目的的非营利法人、非法人组织不得为保证人。

（3）保证合同的内容

保证合同的内容一般包括被保证的主债权的种类、数额，债务人履行债务的期限，保证的方式、范围和期间等条款。

（4）保证范围和保证期间

1）保证范围。

保证的范围包括主债权及其利息、违约金、损害赔偿金和实现债权的费用。当事人另有约定的，按照其约定。

2）保证期间。

保证期间是确定保证人承担保证责任的期间。超过了这一期限，保证人就不再承担保证责任。

债权人与保证人可以约定保证期间，没有约定或者约定不明确的，保证期间为主债务履行期限届满之日起 6 个月。

债权人与债务人对主债务履行期限没有约定或者约定不明确的，保证期间自债权人请求债务人履行债务的宽限期届满之日起计算。

一般保证的债权人未在保证期间对债务人提起诉讼或者申请仲裁的，保证人不再承担保证责任。

连带责任保证的债权人未在保证期间请求保证人承担保证责任的，保证人不再承担保证责任。

【例题 1-35】 关于连带责任保证的说法，正确的是（B）。

A. 当事人没有明确约定保证方式，保证人应按连带责任保证承担责任

B. 连带责任保证的债务人在债务履行期满没有履行债务时，债权人即可要求保证人承担责任

C. 主债务人在债务履行期满没有履行债务时，债权人不可以要求连带责任保证人承担保证责任

D. 主合同的债务人经审判应履行债务，且债务人财产依法强制执行仍不能履行，债权人才可以要求连带责任保证人承担保证责任

［解析］ 选项 A 错误，当事人没有明确约定保证方式，保证人应按一般保证承担保证责任；连带责任保证的债务人在主合同规定的期限没有履行债务的，债权人可以要求连带责任保证人承担保证责任，选项 C 错误；选项 D 描述的是一般保证。

【例题 1-36】 关于保证的说法，正确的是（D）。

A. 保证法律关系只有两方参加

B. 对债权人而言，一般保证比连带责任保证更能保护其利益

C. 如果合同未约定保证方式，则按连带责任保证处理

D. 连带责任保证的债权人未在保证期间请求保证人承担保证责任的，保证人不再承担保证责任

［解析］ 保证法律关系至少必须有三方参加。对债权人而言，连带责任保证更能保护其利益。连带责任保证债权人可以要求债务人履行债务，也可以要求保证人在其保证范围内承担保证责任。

▶案例 1-3

2021年1月3日，甲公司与乙银行签订借款合同，借款100万元，年利率为10%。双方约定借款期限为3个月，甲公司应于2021年4月3日返还本金与利息。按照银行贷款的有关规定，丙公司作为甲公司提供的保证人在甲乙之间订立的借款合同书上签章，保证方式为连带责任保证，担保范围为借款的本金为100万元，保证期间为2个月。甲公司在2021年4月3日之前未能归还借款。2021年6月20日，乙银行起诉丙公司，要求其履行保证债务，代为给付100万元本金。

【问题】

保证人是否承担保证责任？

【分析】

保证人免除保证责任。此案例中，丙公司提供的是连带责任保证，连带责任保证的债务人不履行到期债务或者发生当事人约定的情形时，债权人可以请求债务人履行债务，也可以请求保证人在其保证范围内承担保证责任。连带责任保证的债权人未在保证期间（4月4日—6月4日）请求保证人承担保证责任的，保证人不再承担保证责任。法院应裁定驳回乙银行的起诉。

2. 抵押权

（1）抵押权的概念

抵押权是指债务人或者第三人向债权人以不转移占有的方式提供一定的不动产及其他财产作为抵押物，用以担保债务履行的担保方式。债务人不履行债务时，债权人有权依照法律规定以抵押物折价或者从变卖抵押物的价款中优先受偿。

抵押法律关系的当事人为抵押人和抵押权人。抵押人是指为担保债的履行而提供抵押物的债务人或者第三人，抵押权人是指接受担保的债权人。抵押人提供的用于担保债务履行的财产为抵押财产。

抵押权人的优先受偿权，是指当抵押权实现时，抵押权人以抵押财产的变价优先受清偿的权利。

（2）抵押财产

1）可以抵押的财产。债务人或者第三人有权处分的下列财产可以抵押：

① 建筑物和其他土地附着物。

② 建设用地使用权。

③ 海域使用权。

④ 生产设备、原材料、半成品、产品。

⑤ 正在建造的建筑物、船舶、航空器。

⑥ 交通运输工具。

⑦ 法律、行政法规未禁止抵押的其他财产。

2）禁止抵押的财产。下列财产不得抵押：

① 土地所有权。

② 宅基地、自留地、自留山等集体所有土地的使用权，但是法律规定可以抵押的除外。

③ 学校、幼儿园、医疗机构等为公益目的成立的非营利法人的教育设施、医疗卫生设施和其他公益设施。

④ 所有权、使用权不明或者有争议的财产。

⑤ 依法被查封、扣押、监管的财产。

⑥ 法律、行政法规规定不得抵押的其他财产。

（3）抵押合同

设立抵押权，当事人应当采用书面形式订立抵押合同。抵押合同由抵押人和抵押权人订立，抵押合同一般包括下列条款：

1）被担保债权的种类和数额。

2）债务人履行债务的期限。

3）抵押财产的名称、数量等情况。

4）担保的范围。

（4）抵押权登记

抵押权登记是指由主管机关依法在登记簿上就抵押财产上的抵押权状态予以记载。

1）必须登记。

以建筑物和其他土地附着物、建设用地使用权、海域使用权以及正在建造的建筑物抵押的，应当办理抵押登记。抵押权自登记时设立。如果义务人没有履行抵押登记手续，抵押权并没有设立，未办理物权登记的，合同对方不能享有物权的优先受偿权。

2）自愿登记。

以动产抵押的，抵押权自抵押合同生效时设立，未经登记，不得对抗善意第三人。动产抵押不以登记为生效条件，自抵押合同生效时设立。但是办理与不办理抵押登记的法律后果不同，未办理抵押登记，不得对抗善意第三人。不得对抗善意第三人是指在抵押权存续期间，抵押人转让、出租该没有进行登记的抵押财产，或者就该抵押财产再次设定抵押，从而使抵押财产为善意第三人所占有时，抵押权人只能向抵押人请求损害赔偿。

（5）抵押财产的处分

抵押期间，抵押人可以转让抵押财产。《民法典》第四百零六条规定了抵押财产的处分规则，可从以下五个方面来理解：

① 抵押期间，除当事人另有约定外，抵押人可以自由转让抵押财产。

② 抵押人转让抵押财产的，应当及时通知抵押权人，但无须取得抵押权人的同意。

③ 在抵押财产转让可能损害抵押权的情形下，抵押权人可以请求抵押人将转让所得价款提前清偿债务或者提存。

④ 抵押财产转让的，抵押权不受影响。抵押财产进行转让时，抵押权随着所有权的转让而转移，取得抵押财产的受让人在取得所有权的同时，也成为抵押人，受到抵押权的约束。

⑤ 转让的价款超过债权数额的部分归抵押人所有，不足部分由债务人清偿。

（6）抵押权的实现

债务人不履行到期债务或者发生当事人约定的实现抵押权的情形，抵押权人可以与抵押人协议以抵押财产折价或者以拍卖、变卖该抵押财产所得的价款优先受偿。协议损害其他债权人利益的，其他债权人可以请求人民法院撤销该协议。

抵押权人与抵押人未就抵押权实现方式达成协议的，抵押权人可以请求人民法院拍卖、变卖抵押财产。抵押财产折价或者变卖的，应当参照市场价格。

抵押财产折价或者拍卖、变卖后，其价款超过债权数额的部分归抵押人所有，不足部分由债务人清偿。

同一财产向两个以上债权人抵押的，拍卖、变卖抵押财产所得的价款依照下列规定清偿：

1）抵押权已经登记的，按照登记的时间先后确定清偿顺序。

2）抵押权已经登记的先于未登记的受偿。

3）抵押权未登记的，按照债权比例清偿。

其他可以登记的担保物权，清偿顺序参照适用以上规定。

【例题1-37】 不得抵押的财产有（D）。

A. 建设用地使用权　　B. 正在建造的建筑物

C. 原材料　　D. 公立学校的教育设施

【例题1-38】 同一财产向两个以上债权人抵押的，拍卖、变卖抵押财产所得价款，债权人受偿的原则有（ACE）。

A. 抵押权已登记的，按照登记的时间先后确定清偿顺序

B. 抵押权无论是否登记，均按照债权比例清偿

C. 抵押权已经登记的先于未登记的受偿

D. 抵押权已经登记的，按照债权比例清偿

E. 抵押权未登记的，按照债权比例清偿

［解析］《民法典》第四百一十四条规定，抵押权已登记的，按照登记的时间先后确定清偿顺序；抵押权已登记的先于未登记的受偿；抵押权未登记的，按照债权比例清偿。

3. 质权

（1）质权的概念

质权是指债务人或者第三人将其动产或权利移交债权人占有，用以担保债权履行的担保方式。当债务人不能履行债务时，债权人依法有权就该动产或权利优先得到清偿。债务人或者第三人为出质人，债权人为质权人，移交的动产或权利为质物。质权是一种约定的担保物权，以转移占有为特征。

（2）质权的分类

质权分为动产质权和权利质权。

1）动产质权。

以动产为标的的质权即动产质权。《民法典》规定，为担保债务的履行，债务人或者第三人将其动产出质给债权人占有的，债务人不履行到期债务时或者发生当事人约定的实现质权的情形，债权人有权就该动产优先受偿。

《民法典》还规定，法律、行政法规禁止转让的动产不得出质；设立质权，当事人应当采用书面形式订立质押合同。

质押合同一般包括下列条款：被担保债权的种类和数额；债务人履行债务的期限；质押财产的名称、数量等情况；担保的范围；质押财产交付的时间、方式。

2）权利质权。

债务人或者第三人有权处分的下列权利可以出质：a. 汇票、支票、本票；b. 债券、存款单；c. 仓单、提单；d. 可以转让的基金份额、股权；e. 可以转让的注册商标专用权、专利权、著作权等知识产权中的财产权；f. 现有的以及将有的应收账款；g. 法律、行政法规规定可以出质的其他财产权利。

4. 留置权

留置是指债权人按照合同约定占有对方（债务人）的财产。留置权是指债务人不履行到期债务，债权人可以留置已经合法占有的债务人的动产，并有权就该动产优先受偿。债权人为留置权人，占有的动产为留置财产。

留置权以债权人合法占有对方财产为前提，并且债务人的债务已经到了履行期。比如，在承揽合同中，定作方逾期不领取其定作物的，承揽方有权将该定作物折价、拍卖、变卖，并从中优先受偿。

能够留置的财产仅限于动产，一般情况下只有因保管合同、运输合同、加工承揽合同发生的债权，债权人才有可能实施留置权。

留置权人与债务人应当约定留置财产后的债务履行期限；没有约定或者约定不明确的，留置权人应当给债务人 60 日以上履行债务的期限，但是鲜活易腐等不易保管的动产除外。债务人逾期未履行的，留置权人可以与债务人协议以留置财产折价，也可以就拍卖、变卖留置财产所得的价款优先受偿。

5. 定金

定金是指当事人双方为了担保债务的履行，约定由当事人一方向对方先行支付一定数额的货币作为担保。定金应当以书面形式约定，定金合同从实际交付之日起生效。

定金的数额由当事人约定；但是，不得超过主合同标的额的 20%，超过部分不产生定金的效力。实际交付的定金数额多于或者少于约定数额的，视为变更约定的定金数额。定金罚则详见违约责任规定。

定金与预付款都是在合同履行前一方当事人给付对方当事人的一定款项，都具有预先给付的性质，在合同履行后都可以抵作价款。但两者有明显的不同，预付款不是合同的担保形式，不具有定金的法律意义。

各种担保方式的要点见表 1-3。

表 1-3　各种担保方式的要点

担保种类	类型	担保方	担保财产	占有方式	典型案例
人的担保	保证	第三人	—	—	甲乙签订合同，丙作为甲的保证人，在甲违约不履行义务时，丙代替甲履行
物的担保	抵押	债务人 第三人	不动产 动产	不转移占有	甲以某房屋作为抵押财产向银行贷款，房屋不转移占有，仍由原所有人占有
	质押	债务人 第三人	动产、权利	转移占有	甲把存单质押给银行借款
	留置	债务人本人	动产	转移占有	货物运输合同中，托运人或收货人不按规定交付运费，承运人即可对承运货物取得留置权
钱的担保	定金	债务人本人	金钱	转移占有	甲向乙订购一批货物，甲先交乙10%货款作为定金；若甲违约不予返还定金，若乙违约应双倍返还定金

【例题1-39】　关于抵押的说法，正确的是（B）。

A. 抵押物只能由债务人提供　　B. 正在建造的建筑物可用于抵押

C. 提单可用于抵押　　D. 抵押物应当转移占有

[解析]　选项A错误，债务人或者第三人都可以提供抵押物；选项C错误，提单可用于质押；选项D错误，抵押物不转移占有。

【例题1-40】　下列具体行为中，不能构成合法留置关系的是（C）。

A. 构件厂由于施工单位拖欠加工费用而留置加工构件

B. 运输公司由于施工单位拖欠运输费用而留置部分运输的材料

C. 检测单位由于施工单位拖欠检测费用而不按约定提供检测报告

D. 停车处由于施工单位拖欠看管费用而拒绝交付保管车辆

[解析]　留置的财产一定是由债权人占有的债务人的动产，一般因保管合同、运输合同、加工承揽合同等产生。

【例题1-41】　甲公司以其名下的一栋办公楼作为抵押财产，为乙公司向银行申请贷款做担保，并在登记机关办理了抵押财产登记。该担保法律关系中，抵押人为（A）。

A. 甲公司　　B. 乙公司　　C. 银行　　D. 登记机关

1.2.3　工程担保

建设工程中经常采用的担保种类有投标担保、履约担保、预付款担保、工程款支付担保。

1. 投标担保

投标担保是指投标人向招标人提供的担保，保证投标人一旦中标即按中标通知书、投标

文件和招标文件等有关规定与业主签订承包合同。

（1）投标担保的形式和额度

投标担保可以采用现金、支票、银行汇票、银行保函、担保公司担保书、同业担保书和投标保证金担保方式，多数采用银行投标保函和投标保证金担保方式，具体方式由招标人在招标文件中规定。未能按照招标文件要求提供投标担保的投标，可被视为不响应招标而被拒绝。

《工程建设项目施工招标投标办法》规定，投标保证金不得超过项目估算价的 2%，但最高不得超过 80 万元人民币。

《招标投标法实施条例》规定，投标保证金不得超过招标项目估算价的 2%，投标保证金有效期应当与投标有效期一致。

《工程建设项目勘察设计招标投标办法》规定，招标文件要求投标人提交投标保证金的，保证金数额一般不得超过勘察设计估算费用的 2%，最多不超过 10 万元人民币。

（2）投标担保的作用

投标担保的主要目的是保护招标人不因中标人不签约而蒙受经济损失。投标担保要确保投标人在投标有效期内不要撤回投标书，以及投标人在中标后保证与业主签订合同并提供业主所要求的履约担保、预付款担保等。

2. 履约担保

履约担保是指招标人在招标文件中规定的要求中标的投标人提交的保证履行合同义务和责任的担保。这是工程担保中最重要也是担保金额最大的工程担保。

履约担保可以采用银行保函、履约担保书和履约保证金的形式，也可以采用同业担保的方式。在保修期内，工程保修担保可以采用预留质量保证金的方式。

招标文件要求中标人提交履约保证金的，中标人应当按照招标文件的要求提交。履约保证金不得超过中标合同金额的 10%。

3. 预付款担保

预付款担保是指承包人与发包人签订合同后领取预付款之前，为保证正确、合理使用发包人支付的预付款而提供的担保。预付款担保可采用银行保函、担保公司担保等形式，具体由合同当事人在专用合同条款中约定。预付款担保的主要形式是银行保函。预付款担保也可由担保公司提供保证担保，或采取抵押等担保形式。

建设工程合同签订以后，发包人往往会支付给承包人一定比例的预付款，一般为合同金额的 10%，如果发包人有要求，承包人应该向发包人提供预付款担保。预付款担保的主要形式是银行保函。预付款担保的担保金额通常与发包人的预付款是等值的。预付款一般逐月从工程付款中扣除，预付款担保的担保金额也相应逐月减少。

预付款担保的主要作用在于保证承包人能够按合同规定进行施工，偿还发包人已支付的全部预付金额。如果承包人中途毁约，中止工程，使发包人不能在规定期限内从应付工程款中扣除全部预付款，则发包人作为保函的受益人有权凭预付款担保向银行索赔该保函的担保金额作为补偿。

4. 工程款支付担保

工程款支付担保是中标人要求招标人提供的保证履行合同中约定的工程款支付义务的担

保。支付担保通常采用以下几种形式：银行保函、履约保证金、担保公司担保。

《工程建设项目施工招标投标办法》规定，招标人要求中标人提供履约保证金或其他形式履约担保的，招标人应当同时向中标人提供工程款支付担保。工程款支付担保的规定，对解决我国建筑市场工程款拖欠现象具有特殊重要的意义。

练习题

一、单选题

1. 代理是指代理人在代理权限内，以被代理人的名义实施民事法律行为。（　　）承担民事责任。

A. 代理人对自己的行为　　B. 被代理人对代理人的代理行为

C. 代理人对相对人的行为　　D. 被代理人对相对人的行为

2. 下列关于代理的说法不正确的是（　　）。

A. 无权代理行为的后果由被代理人决定是否有效

B. 无权代理在被代理人追认前相对人可以撤销

C. 表见代理的法律后果由被代理人承担

D. 代理人只能在代理权限内实施代理行为

3. 下列关于代理的说法正确的是（　　）。

A. 代理人在授权范围内实施代理行为的法律后果由被代理人承担

B. 代理人可以超越代理权实施代理行为

C. 被代理人对代理人的一切行为承担民事责任

D. 代理是代理人以自己的名义实施民事法律行为

4. 施工企业的项目经理在施工过程中，超越自己的代理权限为施工企业购买了一套设备，设备供应商应当向（　　）提出支付合同款的要求。

A. 监理单位　　B. 施工单位　　C. 项目经理　　D. 建设单位

5. 关于无权代理，下列说法正确的是（　　）。

A. 无权代理行为不能转化为合法的代理行为

B. 无权代理是无代理权的行为人以自己的名义进行民事和经济活动

C. 代理权终止后继续实施代理行为

D. 被代理人不可以对无权代理行使“追认权”

6. 合同的主体是（　　）。

A. 法人　　B. 法人和非法人组织

C. 自然人　　D. 自然人、法人和非法人组织

7. 下列财产中，（　　）可作为抵押财产进行抵押。

A. 抵押人所有的房屋　　B. 公益目的教育设施

C. 依法被查封的财产　　D. 抵押人所有的支票

8. 不能作为权利质权担保的是（　　）。

A. 建设用地使用权　　B. 股权

C. 注册商标专用权　　D. 专利权

9. 建设单位将自己开发的房地产项目抵押给银行，订立了抵押合同，后来又办理了抵押登记，则（　　）。

A. 项目转移给银行占有，抵押权自签订之日起设立

B. 项目转移给银行占有，抵押权自登记之日起设立

C. 项目不转移占有，抵押权自签订之日起设立

D. 项目不转移占有，抵押权自登记之日起设立

10. 可撤销合同中，如果具有撤销权的当事人不行使撤销权，该可撤销合同则转变为（　　）。

A. 无效合同　　B. 有效合同

C. 效力待定合同　　D. 部分有效、部分无效合同

11. 甲与乙签订买卖合同，合同规定甲先交付货物。但在交货前夕，甲调查乙的偿付能力，有确切证据证明乙负债累累，丧失支付能力。甲决定暂时不向乙交付货物，甲的行为是（　　）。

A. 违约行为　　B. 行使同时履行抗辩权

C. 行使不安抗辩权　　D. 行使先履行抗辩权

12. 保证合同的当事人是指（　　）。

A. 主合同当事人　　B. 债权人和债务人

C. 保证人和债权人　　D. 保证人和债务人

13. 当事人在订立合同过程中，一方故意隐瞒与订立合同有关的重要事实，给对方造成损失的，应当承担（　　）。

A. 风险损害赔偿　　B. 双倍返还定金

C. 缔约过失责任　　D. 违约赔偿责任

14. 在施工合同的履行中，如果建设单位拖欠工程款，经催告后在合理的期限内仍未支付，施工企业可以主张（　　）。

A. 撤销合同，无须通知对方　　B. 撤销合同，但应当通知对方

C. 解除合同，无须通知对方　　D. 解除合同，但应当通知对方

15. 不安抗辩权的享有者是（　　）。

A. 先履行义务一方　　B. 后履行义务一方

C. 合同当事人双方　　D. 合同担保人

16. 当债务人的行为可能对债权人造成损害时，债权人可以依法行使撤销权。对于以下债务人（　　）的行为，债权人可以行使撤销权。

A. 放弃对其他人的到期债权　　B. 未按合同提供担保

C. 怠于行使其到期债权　　D. 未按约定投保工程险

17. 当合同约定的违约金过分高于因违约行为造成的损失时，违约方（　　）。

A. 可拒绝赔偿　　B. 不得提出异议

C. 可中止履行义务　　D. 可要求仲裁机构予以适当减少

18. 要约人要撤销以非对话方式做出的要约，撤销要约通知到达对方的时间是（　　）。

A. 要约到达对方之前　　B. 受要约人做出承诺之前

C. 对方承诺到达要约人之前　　D. 对方承诺生效之后

19. 债权人决定将其债权转让给第三人时，（　　）。

A. 需经对方同意　　B. 不需经对方同意，但应通知对方

C. 不需经对方同意，也不必通知对方　　D. 需经对方同意，但要办理公证

20. 抵押权与质权的区别主要在于（　　）。

A. 担保财产是否为第三人的财产　　B. 担保财产是动产还是不动产

C. 担保财产是否转移占有　　D. 债权人是否有优先受偿权

21. 在合同的订立中，当事人一方向另一方提出订立合同的要求和合同的主要条款，并限定其在一定

期限内做出答复，这种行为是（　　）。

A. 谈判　　B. 要约邀请　　C. 要约　　D. 承诺

22. 应合同当事人的请求，由人民法院予以撤销的合同（　　）。

A. 自人民法院决定撤销之日起不发生法律效力

B. 自合同订立时起不发生法律效力

C. 自人民法院受理请求之日起不发生法律效力

D. 自合同规定的生效之日起不发生法律效力

23. 债务人欲将合同的义务全部或者部分转移给第三人，则（　　）。

A. 应当通知债权人　　B. 应当经债权人同意

C. 不必经债权人同意　　D. 不必通知债权人

24. 保证人与债权人未约定保证期间的，保证期间为（　　）。

A. 主债务履行期届满之日起3个月　　B. 主债务履行期届满之日起6个月

C. 主债务履行期届满之日起1年　　D. 主债务履行期届满之日起2年

25. 抵押合同中的抵押财产在抵押期间由（　　）占有。

A. 抵押人　　B. 抵押权人　　C. 第三人　　D. 任何人

26. 甲欠乙10万元，丙欠甲15万元，甲在其对丙的债权到期后，怠于行使对丙的债权，致使其无力清偿乙的债务，乙可行使甲对丙的权利。合同法律理论称此为（　　）。

A. 代位追索权　　B. 代位继承权　　C. 代位权　　D. 代理权

27. 合同转让属于合同（　　）。

A. 义务变更　　B. 标的变更　　C. 权利变更　　D. 主体变更

28. 当事人行使不安抗辩权的法律效果是（　　）。

A. 终止合同　　B. 解除合同　　C. 中止履行合同　　D. 恢复履行合同

29. 债权债务同归于一人的，则合同状态是（　　）。

A. 合同解除　　B. 合同终止　　C. 合同中止　　D. 合同废弃

30. 一方基于对情况出现重大误解订立的合同，属于（　　）合同。

A. 可撤销　　B. 无效　　C. 有效　　D. 不生效

31. 双方就合同质量约定不明确的，应当按照下列（　　）顺序确定质量标准。

A. 行业标准、推荐性国家标准、强制性国家标准、通常标准

B. 推荐性国家标准、行业标准、通常标准、强制性国家标准

C. 行业标准、强制性国家标准、推荐性国家标准、通常标准

D. 强制性国家标准、推荐性国家标准、行业标准、通常标准

32. 要式合同与非要式合同的区别是（　　）。

A. 是否要交付标的物　　B. 成立时间不同

C. 成立地点不同　　D. 是否以一定形式作为合同成立或者生效的要件

33. 双方约定采用书面形式订立的合同，双方签字、盖章前一方已经履行主要义务，对方接受的，则合同（　　）。

A. 已经成立　　B. 视为新合同

C. 已经履行的部分成立　　D. 不成立

34. 承担违约责任的方式有（　　）。

A. 继续履行、采取补救措施、进行诉讼　　B. 继续履行、采取补救措施、进行仲裁

C. 继续履行、追究侵权责任、赔偿损失　　D. 继续履行、采取补救措施、赔偿损失

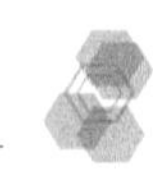

35. 合同无效后，合同中的争议解决条款的效力是（　　）。

A. 同样无效　　B. 有效　　C. 看双方约定　　D. 视具体情况而定

36. 通过互联网等信息网络订立的电子合同的标的为交付商品并采用快递物流方式交付的，（　　）为交付时间。

A. 收货人下单时　　B. 他人代收时

C. 收货人的签收时间　　D. 货到代收点时

37. 撤销权应当在知道或者应当知道撤销事由之日起（　　）内行使。

A. 1 年　　B. 2 年　　C. 3 年　　D. 4 年

38. 重大误解的当事人自知道或者应当知道撤销事由之日起（　　）内没有行使撤销权，撤销权消灭。

A. 70 日　　B. 80 日　　C. 90 日　　D. 100 日

39. 当事人因不可抗力导致合同无法履行，当事人（　　）。

A. 不承担责任　　B. 不能免除责任

C. 责任得以减轻　　D. 与对方分担责任

40. 法律规定或者当事人约定解除权行使期限，期限届满当事人不行使的，该权利（　　）。

A. 继续有效　　B. 效力待定　　C. 消灭　　D. 中止

41. 当事人在合同中，既约定违约金，又约定定金的，一方违约时，守约方的正确适用方式是（　　）。

A. 选择适用违约金条款或者定金条款　　B. 适用违约金条款

C. 适用定金条款　　D. 违约金条款和定金条款一并适用

42. 债权人的撤销权行使的形式是（　　）。

A. 只能向债务人提出

B. 只能向人民法院起诉

C. 既可以向债务人提出，也可以向人民法院起诉

D. 可以向仲裁机构提出申请

43. 关于可撤销合同的说法正确的是（　　）。

A. 代理权终止后，代理人以被代理人的名义订立的合同可以撤销

B. 当事人可以放弃撤销权

C. 当事人只能以提起诉讼的方式行使撤销权

D. 被撤销的合同自法院判决生效之日起失去法律约束力

44. 根据《民法典》规定，下列情形中，撤销权消灭的是（　　）。

A. 当事人自知道或应当知道撤销事由之日起 6 个月内没有行使撤销权

B. 重大误解的当事人自知道之日起 30 日内没有行使撤销权

C. 当事人受胁迫，自胁迫行为开始之日起 1 年内没有行使撤销权

D. 当事人自民事行为发生之日起 5 年内没有行使撤销权的

45. 关于《民法典》中规定的“继续履行”，说法正确的是（　　）。

A. 继续履行属于违约责任

B. 是否继续履行，应当由非违约方和违约方协商一致

C. 施工方已支付工期罚款的，可以不再继续施工

D. 施工方已赔偿损失的，可以不再继续履行保修责任

二、多选题

1. 合同法律关系的主体是享有相应权利、承担相应义务的合同当事人，包括（　　）。

A. 自然人　　B. 企业法定代表人　　C. 企业法人

D. 非企业法人　　E. 非法人组织

2. 先履行义务一方有确切证据证明，可以行使不安抗辩权的情形是（　　）。

A. 未按合同约定办理保险　　B. 经营状况严重恶化

C. 为了逃避债务转移财产或抽逃资金　　D. 丧失商业信誉

E. 财务状况恶化但提供了第三人的担保

3. 合同的成立必须经过（　　）两个阶段。

A. 要约邀请　　B. 要约　　C. 承诺

D. 鉴证　　E. 公证

4. 某合同采用抵押作为合同担保方式时，可以作为抵押财产的是（　　）。

A. 房屋　　B. 机器设备　　C. 债券

D. 股票　　E. 大型施工机具

5. 当债务人实施有害债权人的行为时，债权人可行使撤销权。有害债权人的行为有（　　）。

A. 放弃到期债权行为　　B. 无偿转让财产行为

C. 不合理的低价转让财产行为　　D. 抽逃注册资本金行为

E. 挪用公司财产行为

6. 关于保证担保方式的说法，正确的有（　　）。

A. 保证可分为一般保证和连带责任保证两种方式

B. 当事人没有约定保证方式的，按一般保证承担保证责任

C. 以公益为目的的非营利法人不能作为保证人

D. 连带责任保证的责任重于一般保证的责任

E. 保证担保的范围仅限于违约金和损害赔偿金

第 1 章练习题

扫码进入在线练习题小程序，完成答题后可获取答案及其解析。

第2章 建设工程发包承包制度

本章概要及学习目标

建设工程发包的主要方式，常见的工程承发包模式及非法转包和违法分包的情形。

掌握工程发承包法律制度相关知识，自觉抵制违规、违法行为，提升依法合规经营意识。

2.1 建设工程发包承包制度概述

2.1.1 建设工程发包制度

1. 建设工程发包

建筑工程依法实行招标发包，对不适于招标发包的可以直接发包。建设工程实行招标发包的，发包单位应当将建设工程发包给依法中标的承包单位。建设工程实行直接发包的，发包单位应当将建设工程发包给具有相应资质条件的承包单位。

2019年，住房和城乡建设部颁布的《建筑工程施工发包与承包违法行为认定查处管理办法》(简称《发包承包违法行为查处办法》）规定，建设单位与承包单位应严格依法签订合同，明确双方权利、义务、责任，严禁违法发包、转包、违法分包和挂靠，确保工程质量和施工安全。

2. 建设单位违法发包的情形

《发包承包违法行为查处办法》规定了建设单位违法发包的情形：

1）将工程发包给个人的。

2）将工程发包给不具有相应资质的单位的。

3）依法应当招标未招标或未按照法定招标程序发包的。

4）设置不合理的招标投标条件，限制、排斥潜在投标人或者投标人的。

5）将一个单位工程的施工分解成若干部分发包给不同的施工总承包或专业承包单位的。

2.1.2　建设工程承包制度

1. 资质管理

承包建设工程的单位应当持有依法取得的资质证书，并在其资质等级许可的业务范围内承揽工程。禁止建筑施工企业超越本企业资质等级许可的业务范围或者以任何形式用其他建筑施工企业的名义承揽工程。禁止建筑施工企业以任何形式允许其他单位或者个人使用本企业的资质证书、营业执照，以本企业的名义承揽工程。

2. 联合承包

大型建设工程或者结构复杂的建设工程，可以由两个以上的承包单位联合共同承包。

（1）联合体中各成员单位的责任承担

1）内部责任。组成联合体的成员单位投标之前必须要签订共同投标协议，明确约定各方拟承担的工作和责任，并将共同投标协议连同投标文件一并提交招标人。联合体投标未附联合体各方共同投标协议的，由评标委员会初审后按无效投标处理。

2）外部责任。共同承包的各方对承包合同的履行承担连带责任。负有连带义务的每个债务人，都负有清偿全部债务的义务，履行了义务的人，有权要求其他负有连带义务的人偿付其应当承担的份额。

（2）联合体资质的认定

两个以上不同资质等级的单位实行联合共同承包的，应当按照资质等级较低的单位的业务许可范围承揽工程。

3. 提倡工程总承包

工程总承包是指从事工程项目建设的单位受建设单位委托，按照合同约定对从决策、设计到试运行的整个建设项目全寿命周期实行全过程或若干阶段的承包。

1）设计采购施工（EPC）工程总承包。工程总承包单位依据合同约定，承担工程项目的设计、采购、施工和试运行工作，并对承包工程的质量、安全、费用和进度等全面负责。

2）设计 - 施工总承包（D-B）。工程总承包单位依据合同约定，承担工程项目的设计和施工，并对承包工程的质量、安全、费用、进度、职业健康和环境保护等全面负责。

3）工程总承包还可采用设计 - 采购总承包（E-P）和采购 - 施工总承包（P-C）等方式。工程总承包的具体方式、工作内容和责任等，由发包单位（业主）与工程总承包单位在合同中约定。

4. 禁止转包

转包是指承包单位承包工程后，不履行合同约定的责任和义务，将其承包的全部工程或者将其承包的全部工程肢解后以分包的名义分别转给其他单位或个人施工的行为。我国相关法规规定，禁止承包单位将其承包的全部建设工程转包给他人，禁止承包单位将其承包的全部建设工程肢解以后以分包的名义分别转包给他人。

《发包承包违法行为查处办法》规定，存在下列情形之一的，应当认定为转包，但有证据证明属于挂靠或者其他违法行为的除外：

1）承包单位将其承包的全部工程转给其他单位（包括母公司承接建筑工程后将所承接

工程交由具有独立法人资格的子公司施工的情形）或个人施工的。

2）承包单位将其承包的全部工程肢解以后，以分包的名义分别转给其他单位或个人施工的。

3）施工总承包单位或专业承包单位未派驻项目负责人、技术负责人、质量管理负责人、安全管理负责人等主要管理人员，或派驻的项目负责人、技术负责人、质量管理负责人、安全管理负责人中一人及以上与施工单位没有订立劳动合同且没有建立劳动工资和社会养老保险关系，或派驻的项目负责人未对该工程的施工活动进行组织管理，又不能进行合理解释并提供相应证明的。

4）合同约定由承包单位负责采购的主要建筑材料、构配件及工程设备或租赁的施工机械设备，由其他单位或个人采购、租赁，或施工单位不能提供有关采购、租赁合同及发票等证明，又不能进行合理解释并提供相应证明的。

5）专业作业承包人承包的范围是承包单位承包的全部工程，专业作业承包人计取的是除上缴给承包单位"管理费"之外的全部工程价款的。

6）承包单位通过采取合作、联营、个人承包等形式或名义，直接或变相将其承包的全部工程转给其他单位或个人施工的。

7）专业工程的发包单位不是该工程的施工总承包或专业承包单位的，但建设单位依约作为发包单位的除外。

8）专业作业的发包单位不是该工程承包单位的。

9）施工合同主体之间没有工程款收付关系，或者承包单位收到款项后又将款项转拨给其他单位和个人，又不能进行合理解释并提供材料证明的。

两个以上的单位组成联合体承包工程，在联合体分工协议中约定或者在项目实际实施过程中，联合体一方不进行施工也未对施工活动进行组织管理的，并且向联合体其他方收取管理费或者其他类似费用的，视为联合体一方将承包的工程转包给联合体其他方。

5. 禁止肢解发包

肢解发包是指建设单位将本应由一个承包单位整体承建完成的建设工程肢解成若干部分，分别发包给不同承包单位的行为。

《建筑法》禁止将建筑工程肢解发包。建筑工程的发包单位可以将建筑工程的勘察、设计、施工、设备采购一并发包给一个工程总承包单位，也可以将建筑工程的勘察、设计、施工、设备采购的一项或者多项发包给一个工程总承包单位；但是，不得将应当由一个承包单位完成的建筑工程肢解成若干部分发包给几个承包单位。

2.2 建设工程分包制度

2.2.1 分包的含义

分包是指总承包单位将其所承包的工程中的专业工程或者劳务作业发包给其他承包单位完成的活动。分包分为专业工程分包和劳务作业分包。

专业工程分包是指总承包单位将其所承包工程中的专业工程发包给具有相应资质的其他

承包单位完成的活动。专业工程分包工程承包人必须自行完成所承包的工程，《建筑法》规定："除总承包合同中约定的分包外，必须经建设单位认可。"

劳务作业分包是施工总承包单位或者专业承包单位将其承包工程中的劳务作业发包给劳务分包单位完成的活动。劳务作业分包由劳务作业发包人与劳务作业承包人通过劳务合同约定。劳务作业承包人必须自行完成所承包的任务。

2.2.2　可以分包的工程

总承包单位承包工程后可以全部自行完成，也可以将其中的部分工程分包给其他承包单位完成，只能分包部分工程，并且是非主体、非关键性工作；如果是施工总承包，主体结构的施工则须由总承包单位自行完成。

2.2.3　分包单位的条件

禁止总承包单位将工程分包给不具备相应资质条件的单位。总承包单位要将所承包的工程再分包给他人，应当事先告知建设单位并取得认可。这种认可应当通过两种方式：

1）在总承包合同中规定分包的内容。

2）在总承包合同中没有规定分包内容的，应当事先征得建设单位的同意。

2.2.4　违法分包

《建筑法》对违法分包进行了规定，《建设工程质量管理条例》进一步将违法分包界定为以下几种情形：

1）总承包单位将建设工程分包给不具备相应资质条件的单位的。

2）建设工程总承包合同中未有约定，又未经建设单位认可，承包单位将其承包的部分建设工程交由其他单位完成的。

3）施工总承包单位将建设工程主体结构的施工分包给其他单位的。

4）分包单位将其承包的建设工程再分包的。

《发包承包违法行为查处办法》规定，存在下列情形之一的，属于违法分包：

1）承包单位将其承包的工程分包给个人的。

2）施工总承包单位或专业承包单位将工程分包给不具备相应资质单位的。

3）施工总承包单位将施工总承包合同范围内工程主体结构的施工分包给其他单位的，钢结构工程除外。

4）专业分包单位将其承包的专业工程中非劳务作业部分再分包的。

5）专业作业承包人将其承包的劳务再分包的。

6）专业作业承包人除计取劳务作业费用外，还计取主要建筑材料款和大中型施工机械设备、主要周转材料费用的。

2.2.5　总承包单位与分包单位的连带责任

《招标投标法》规定，中标人应当就分包项目向招标人负责，接受分包的人就分包项目

承担连带责任。

连带责任分为法定连带责任和约定连带责任。有关工程总分包、联合承包的连带责任，属法定连带责任。《民法典》规定，二人以上依法承担连带责任的，权利人有权请求部分或者全部连带责任人承担责任。连带责任人的责任份额根据各自责任大小确定；难以确定责任大小的，平均承担责任。实际承担责任超过自己责任份额的连带责任人，有权向其他连带责任人追偿。连带责任由法律规定或者当事人约定。

施工专业分包合同订立后，专业分包人按照施工专业分包合同的约定对总承包人负责。同时，建筑工程总承包人仍按照总承包合同的约定对发包人（建设单位）负责，总承包单位和分包单位就分包工程对建设单位承担连带责任。当分包工程发生质量责任或者违约责任时，建设单位可以向总承包单位请求赔偿，也可以向分包单位请求赔偿。总承包单位或分包单位进行赔偿后，有权依据分包合同的约定对于不属于自己责任的赔偿向另一方进行追偿。

2.3　建设工程承发包模式

2.3.1　平行承发包模式

平行承发包模式是指业主将建设工程的设计、施工以及材料设备采购的任务经过分解分别发包给若干个设计单位、施工单位和材料设备供应单位，并分别与各方签订合同的结构模式（图 2-1）。在此模式下，业主可以委托一家或多家监理单位进行监理。

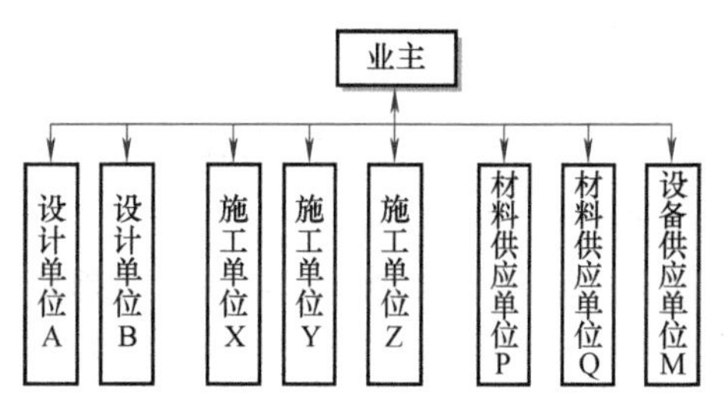

图 2-1　平行承发包模式

这种模式的优点是有利于业主选择承建单位；缺点是合同数量多，会造成管理困难，组织协调工作量大；工程招标任务量大，需控制多项合同价格，在施工过程中设计变更和修改较多，易导致投资增加。

2.3.2　施工总分包模式

施工总分包模式是指业主将全部施工任务发包给一个施工单位作为总承包单位，总承包单位可以将其部分任务再分包给其他承包单位，形成一个施工总包合同以及若干个分包合同的结构模式。施工总分包模式及其监理关系如图 2-2 所示。

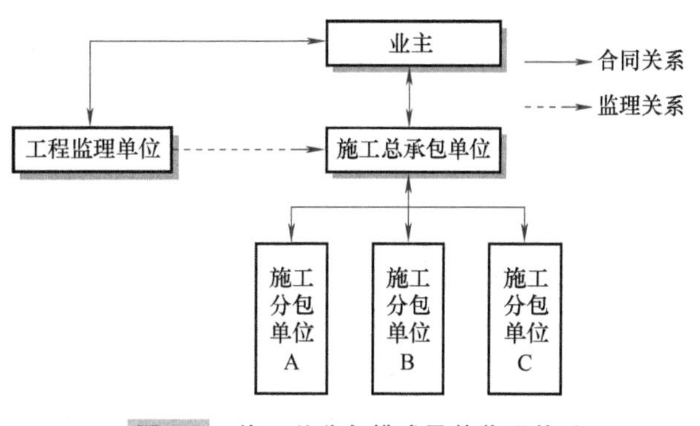

图 2-2　施工总分包模式及其监理关系

这种模式的优点是有利于建设工程的组织管理，工程合同数量比平行承发包模式要少很多，有利于业主的合同管理，减少业主协调工作量，总承包单位具有控制的积极性，分包单位之间相互制约的作用较强；缺点是建设周期较长，总承包报价可能较高。

2.3.3　工程总承包模式

工程总承包单位受业主委托，按照合同约定对工程建设项目的勘察、设计、采购、施工、试运行等实行全过程或若干阶段的承包，工程总承包单位按照合同约定对工程项目的质量、工期、造价等向业主负责。工程总承包单位可依法将所承包工程中的部分工作发包给具有相应资质的分包单位，分包单位按照分包合同的约定对总承包单位负责。工程总承包模式及其监理关系如图 2-3 所示。

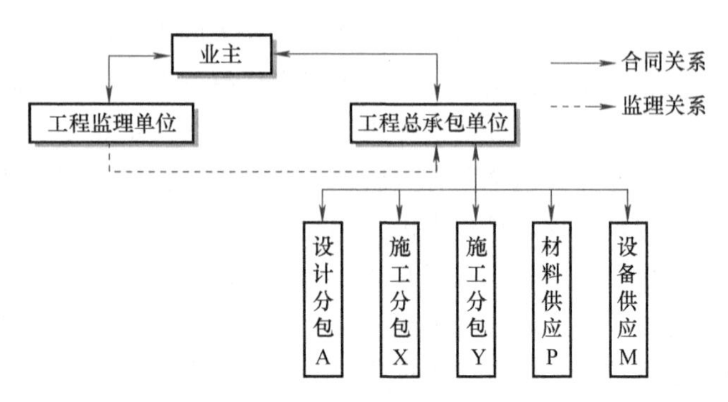

图 2-3　工程总承包模式及其监理关系

这种模式的优点是合同关系简单，组织协调工作量小；通过设计与施工的统筹考虑可以提高项目的经济性；缺点是招标发包工作难度大，合同条款不易准确确定，容易造成较多的合同争议，合同管理难度较大，而且业主择优选择承包方的范围较小。

【例题 2-1】　某建设工程项目，征得建设单位同意的下列分包情形中，属于违法分包的是（B）。

A. 总承包单位将其承包的钢结构工程进行分包

B. 劳务分包单位将其承包的部分劳务作业进行分包

C. 钢结构专业分包单位将其承包的全部劳务作业进行分包

D. 总承包单位将其承包的地下室混凝土浇筑劳务作业进行分包

[解析]　选项 A 错误，钢结构工程可以分包，不属于违法分包；选项 B 正确，劳务作业单位不得再分包；选项 C、D 错误，专业分包单位、总承包单位可以劳务分包，不属于违法分包。

【例题 2-2】　下列关于施工单位总包分包的说法，正确的是（B）。

A. 专业承包单位可以将所承接的专业工程再次分包给其他专业承包单位

B. 专业承包单位可以将所承接的劳务作业依法分包给劳务作业分包单位

C. 劳务作业分包单位只能承接施工总承包单位分包的劳务作业

D. 劳务作业分包单位可以承接施工总承包单位或专业承包单位或其他劳务作业分包单位分包的劳务作业

[解析]　选项 A 错误，禁止专业工程承包单位将其承包的专业工程再分包；选项 C、D 错误，劳务作业分包单位可以承接施工总承包单位或专业承包单位分包的劳务作业。

【例题 2-3】　总承包单位分包工程应当经过建设单位认可，这种认可的方式包括（AE）。

A. 在总承包合同中规定分包的内容

B. 由建设单位指定分包，分包人与总承包单位签约

C. 由建设单位推荐分包人

D. 劳务分包合同，也应由建设单位确认

E. 总承包合同没有规定专业分包内容时，事先征得建设单位同意

【例题 2-4】　下列关于总承包单位与分包单位对建设工程承担质量责任的说法，正确的有（CD）。

A. 分包单位按照分包合同的约定对其分包工程的质量向总承包单位及建设单位负责

B. 分包单位对分包工程的质量负责，总承包单位未尽到相应监管义务的，承担相应的补充责任

C. 建设工程实行总承包的，总承包单位应当对全部建设工程质量负责

D. 当分包工程发生质量责任或者违约责任，建设单位可以向总承包单位或分包单位请求赔偿；总承包单位或分包单位赔偿后，有权就不属于自己责任的赔偿向另一方追偿

E. 当分包工程发生质量责任或者违约责任，建设单位应当向总承包单位请求赔偿，总承包单位赔偿后，有权要求分包单位赔偿

［解析］　选项 A 错误，分包单位按照分包合同的约定对其分包工程的质量向总承包单位负责，总承包单位与分包单位对分包工程的质量承担连带责任；选项 B 错误，应为连带责任；选项 E 错误，二人以上依法承担连带责任的，权利人有权请求部分或者全部连带责任人承担责任。

【例题 2-5】　甲施工单位作为某建设工程项目的总承包人，将中标建设工程项目的部分非主体工程分包给乙施工单位。乙所分包的工程出现了质量问题，则下列表述中正确的有（BD）。

A. 建设工程项目禁止分包，甲作为总承包人应承担全部责任

B. 建设工程项目可以分包，当分包项目出现问题时，建设单位可以要求总承包人承担全部责任

C. 分包人乙只与甲有合同关系，与建设单位没有合同关系，因而不直接向建设单位承担责任

D. 建设单位可以直接要求乙单位承担全部责任

E. 建设单位只能向直接责任人乙追究责任

［解析］　无论工程总承包还是施工总承包，由于承包合同的双方主体是建设单位和总承包单位，总承包单位均应按照承包合同约定的权利义务向建设单位负责。如果分包工程发生问题，总承包单位不得以分包工程已分包为由推卸自己的总承包责任，而应与分包单位就分包工程承担连带责任。

▶案例 2-1

某大学城工程，A施工单位与建设单位签订了施工总承包合同。合同约定：除主体结构外的其他分部分项工程施工，总承包单位可以自行依法分包；建设单位负责供应油漆等部分材料。合同履行过程中，由于工期较紧，A施工单位将其中两栋单体建筑的室内精装修和幕墙工程分包给具备相应资质的B施工单位。B施工单位经A施工单位同意后，将其承包范围内的幕墙工程分包给具备相应资质的C施工单位组织施工，油漆劳务作业分包给具备相应资质的D施工单位组织施工。

【问题】

A施工单位、B施工单位、C施工单位、D施工单位之间的分包行为是否合法?

【分析】

（1）A施工单位将其中两栋单体建筑的室内精装修和幕墙工程分包给具备相应资质的B施工单位合法，因为装修和幕墙工程不属于主体结构，总承包合同约定可以分包。

（2）B施工单位将其承包范围内的幕墙工程分包给C施工单位不合法，因为分包工程不能再分包。

（3）B施工单位将油漆劳务作业分包给D施工单位是合法的，因为（专业）分包工程允许劳务再分包。

练习题

一、单选题

1. 某施工合同履行过程中，经建设单位同意，总承包单位将部分工程的施工交由分包单位完成。就分包工程的施工而言，下列说法正确的是（　　）。

A. 应由分包单位与总承包单位对建设单位承担连带责任

B. 应由总承包单位对建设单位承担责任

C. 应由分包单位对建设单位承担责任

D. 由建设单位自行承担责任

2. 某建筑公司承包某科技有限公司的办公楼扩建项目，根据有关建筑工程发包承包的规定，该公司可以（　　）。

A. 把工程转让给其他建筑公司

B. 把工程分为土建工程和安装工程，分别转让给两家有相应资质的建筑公司

C. 经某科技有限公司同意，把内墙抹灰工程发包给别的建筑公司

D. 经某科技有限公司同意，把主体结构工程发包给别的建筑公司

3. 下列关于工程分包的说法，正确的是（　　）。

A. 工程施工分包是指承包人将中标工程项目分解后分别发包给具有相应资质的施工单位完成

B. 专业工程分包是指专业工程承包人将所承包的部分专业工程施工发包给具有相应资质的施工单位完成

C. 劳务作业分包是施工总承包人或专业工程承包人（分包人）将其承包工程中的劳务作业分包给劳务作业单位

D. 劳务作业分包单位可以将承包的部分劳务作业分包给其他同类单位

4. 下列分包情形中，不属于违法分包的是（　　）。

A. 施工总承包合同中没有约定，承包单位又未经建设单位认可，就将其全部劳务作业交由劳务作业单位完成

B. 总承包单位将专业工程分包给不具备相应资质条件的单位

C. 施工总承包单位将工程主体结构的施工分包给其他单位

D. 分包单位将其承包的专业工程进行专业分包

5. 甲公司承包了一栋高档写字楼的工程施工，经业主认可将其中的专业工程分包给了具有相应资质等级的乙公司。工程施工中，因乙公司分包的工程发生了质量事故，给业主造成了 10 万元的损失而产生了赔偿责任。对此，正确的处理方式应当是（　　）。

A. 业主只能要求乙公司赔偿

B. 如果业主要求甲公司赔偿，甲公司能以乙公司是业主认可的分包商为由而拒绝

C. 甲公司不能拒绝业主的 10 万元赔偿要求，但赔偿后可按分包合同的约定向乙公司追偿

D. 乙公司可以拒绝甲公司的追偿要求

6. 下列关于工程再分包的说法，正确的是（　　）。

A. 专业工程分包单位可将其承包的专业工程再分包

B. 专业工程分包单位不得将其承包工程中的非劳务作业部分再分包

C. 劳务作业分包单位可以将其承包的劳务作业再分包

D. 专业工程分包单位可以将非主体、非关键性的工作再分包给他人

7. 关于建筑工程发包与承包的说法，错误的是（　　）。

A. 分包单位按照分包合同的约定对建设单位负责

B. 主体结构工程施工必须由总承包单位自行完成

C. 除总承包合同中约定的分包工程外，其余工程分包必须经建设单位认可

D. 总承包单位不得将工程分包给不具备相应资质条件的单位

二、简答题

1. 什么是违法分包？

2. 简述平行承发包模式的特点。

3. 简述《发包承包违法行为查处办法》规定建设单位违法发包的情形。

4.《发包承包违法行为查处办法》规定的违法分包有哪些？

第 2 章练习题

扫码进入在线练习题小程序，完成答题后可获取答案及其解析。

第3章

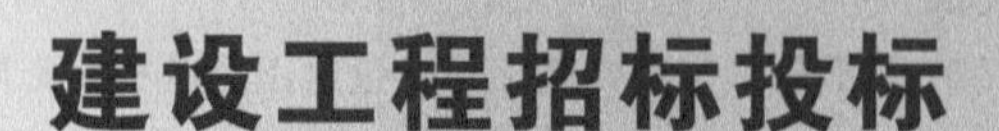

建设工程招标投标

本章概要及学习目标

建设工程招标投标的基本概念、招标的条件和范围、招标方式、招标代理，招标投标的争议及处理以及招标投标中的违法行为和法律责任。

掌握建设工程招标投标基本理论，引导在建设工程实践中树立诚信思想，践行守信行为，推动招标投标活动高质量发展。

3.1 建设工程招标投标概述

3.1.1 招标投标的概念

招标投标是在市场经济条件下进行工程建设、货物买卖、财产出租、中介服务等经济活动的一种竞争形式和交易方式，是引入竞争机制订立合同的一种法律形式。

建设工程招标是指招标人对工程建设、货物买卖、劳务承担等交易业务，事先公布选择采购的条件和要求，招引他人承接，若干或众多投标人做出愿意参加业务承接竞争的意思表示，招标人按照规定的程序和办法择优选定中标人的活动。

建设工程投标是建设工程招标的对称概念，是指具有合法资格和能力的投标人按照招标文件的要求，在规定的时间内向招标单位提交投标书并争取中标的法律行为。

3.1.2 招标投标的性质

招标公告实际上是招标人邀请投标人对其提出要约（即报价），属于要约邀请，投标是要约，它符合要约的所有条件，具有缔结合同的主观目的；一旦中标，投标人将受投标文件的约束；投标文件的内容具有足以使合同成立的主要条件等。中标通知书是承诺。招标人向中标的投标人发出的中标通知书，是招标人同意接受中标的投标人的投标条件，即同意接受该投标人的要约的意思表示，属于承诺。

3.1.3　招标投标的法律法规框架

为了推行和规范招标投标活动，我国全国人民代表大会、全国人民代表大会常务委员会、各级政府及有关部委先后颁布多项相关法律法规。1999 年 3 月 15 日，第九届全国人民代表大会第二次会议通过了《中华人民共和国合同法》(简称《合同法》)。2021 年 1 月1 日，《民法典》生效，《合同法》废止。此外，《招标投标法》《招标投标法实施条例》《政府采购法》等是调整工程招标投标的主要法律法规。

2007 年，国家发展和改革委员会会同相关部门联合制定了《〈标准施工招标资格预审文件〉和〈标准施工招标文件〉试行规定》及相关附件，自 2008 年 5 月 1 日起实施，2013 年进行修正。2011 年 12 月，国家发展和改革委员会会同相关部门联合印发了《简明标准施工招标文件》(2012 年版）和《标准设计施工总承包招标文件》(2012 年版)。

2017 年，国家发展和改革委员会会同相关部门联合印发了《标准设备采购招标文件》(2017 年版)、《标准材料采购招标文件》(2017 年版)、《标准勘察招标文件》(2017 年版)、《标准设计招标文件》(2017 年版)、《标准监理招标文件》(2017 年版)，自 2018 年 1 月 1 日起实施。

《招标投标法实施条例》规定：“编制依法必须进行招标的项目的资格预审文件和招标文件，应当使用国务院发展改革部门会同有关行政监督部门制定的标准文本。”因此，上述标准文本具有强制适用性。标准文本适用于依法必须招标的工程建设项目（见表 3-1)。

表 3-1　标准文本及适用范围

标准文本名称	适用范围
标准施工招标资格预审文件（2007 年版） 标准施工招标文件（2007 年版）	一定规模以上，且设计和施工不是由同一承包商承担的工程
简明标准施工招标文件（2012 年版）	工期不超过 12 个月，技术相对简单，且设计和施工不是由同一承包商承担的小型项目
标准设计施工总承包招标文件（2012 年版）	设计施工一体化的总承包项目
标准设备采购招标文件（2017 年版） 标准材料采购招标文件（2017 年版） 标准勘察招标文件（2017 年版） 标准设计招标文件（2017 年版） 标准监理招标文件（2017 年版）	依法必须招标的与工程建设有关的设备、材料等货物项目和勘察、设计、监理等服务项目 机电产品国际招标项目，应当使用商务部编制的机电产品国际招标标准文件（中英文）

3.2　建设工程招标投标的基本规定

3.2.1　建设工程招标应当具备的条件

工程建设项目招标应当满足法律规定的前提条件方能进行。

1）履行项目审批手续。国家发展和改革委员会制定发布了一系列文件，对项目审批、核准和备案的内容、程序以及核准的审核机关等做出了详细的规定。招标人和招标代理机构必须检查招标的项目是否需要或是否已经履行了规定的审批手续，而且得到了批准，否则不得招标。

2）资金或资金来源已经落实，并在招标文件中如实载明。这是投标人了解、掌握真实情况，并决定是否参加投标的决策依据。

3.2.2　建设工程招标的范围和分类

1. 建设工程招标的范围

（1）工程强制招标的范围

《招标投标法》和《必须招标的工程项目规定》(2018年施行）从资金来源和项目性质两个方面对强制招标的项目进行了界定，见表3-2。

表3-2　工程强制招标的范围

项目	范围
大型基础设施、公用事业等关系社会公共利益、公众安全的项目	具体范围由国务院发展改革部门会同国务院有关部门制订，报国务院批准
全部或者部分使用国有资金投资或者国家融资的项目	使用预算资金200万元人民币以上，并且该资金占投资额10%以上的项目 使用国有企业事业单位资金，并且该资金占控股或者主导地位的项目
使用国际组织或者外国政府贷款、援助资金的项目	使用世界银行、亚洲开发银行等国际组织贷款、援助资金的项目 使用外国政府及其机构贷款、援助资金的项目

（2）工程必须招标的规模标准

必须招标的项目必须同时满足项目范围和规模标准两个条件。表3-2中列出的各类工程建设项目，其勘察、设计、施工、监理以及与工程建设有关的重要设备、材料等的采购，达到下列标准之一的，必须进行招标：

1）施工单项合同估算价在400万元人民币以上。

2）重要设备、材料等货物的采购，单项合同估算价在200万元人民币以上。

3）勘察、设计、监理等服务的采购，单项合同估算价在100万元人民币以上。同一项目中可以合并进行的勘察、设计、施工、监理以及与工程建设有关的重要设备、材料等的采购，合同估算价合计达到上述规定标准的，必须招标。任何单位和个人不得将依法必须进行招标的项目化整为零或者以其他任何方式规避招标。

（3）可以不进行招标的范围

《招标投标法》规定，涉及国家安全、国家秘密、抢险救灾或者属于利用扶贫资金实行以工代赈、需要使用农民工等特殊情况，不适宜进行招标的项目，按照国家有关规定可以不进行招标。

《招标投标法实施条例》规定，有下列情形之一的，可以不进行招标：

1）需要采用不可替代的专利或专有技术。

2）采购人依法能够自行建设、生产或者提供。

3）已通过招标方式选定的特许经营项目投资人依法能够自行建设、生产或者提供。

4）需要向原中标人采购工程、货物或者服务，否则将影响施工或者功能配套要求。

5）国家规定的其他特殊情形。

凡按照规定应该招标的工程不进行招标，应该公开招标的工程不公开招标的，招标人所确定的中标人一律无效。建设行政主管部门按照《建筑法》的规定，不予颁发施工许可证；对于违反规定擅自施工的，依据《建筑法》的规定，追究其法律责任。

2. 建设工程招标的分类

建设工程招标按照不同的标准可以进行不同的分类。按标的内容，建设工程招标可分为建设工程勘察设计招标、材料和设备采购招标、建设工程施工招标、建设项目（工程）总承包招标、建设工程监理招标等。

（1）建设工程勘察设计招标

建设工程勘察设计招标是指根据批准的可行性研究报告，择优选择勘察设计单位的招标。勘察和设计工作可由勘察单位和设计单位分别完成。勘察单位最终提出施工现场的地理位置、地形、地貌、地质、水文等在内的勘察报告。设计单位最终提供设计图和成本预算结果。

（2）材料和设备采购招标

材料和设备采购招标是对建设项目所需的建筑材料和设备采购任务进行的招标。投标人通常为材料供应商、成套设备供应商。

（3）建设工程施工招标

建设工程施工招标是用招标的方式选择施工单位的招标。施工单位最终向业主交付符合招标文件规定的建筑产品。

（4）建设项目（工程）总承包招标

建设项目（工程）总承包招标即选择项目总承包人招标，从项目的可行性研究到交付使用只进行一次招标，业主只需提供项目投资和使用要求及竣工、交付使用期限的建设全过程招标，其可行性研究、勘察设计、材料和设备采购、土建施工、设备安装及调试、生产准备和试运行、交付使用，均由一个总承包商负责承包，即“交钥匙工程”。承揽“交钥匙工程”的承包商被称为工程总承包商，工程总承包商根据建设单位提出的工程使用要求，对项目建议书、可行性研究、勘察设计、设备询价与选购、材料订货、工程施工、职工培训、试生产、竣工投产等实行全面投标报价。绝大多数情况下，工程总承包商要将工程部分阶段的实施任务再分包出去。

（5）建设工程监理招标

建设工程监理招标是建设项目的业主为了加强对项目前期准备及项目实施阶段的监督管理，委托有经验、有能力的建设监理单位对建设项目进行监理，由建设监理单位竞争承接此建设项目的监理任务的过程。

3.2.3　招标投标活动遵循的基本原则

招标投标行为是市场经济的产物，并随着市场的发展而发展，必须遵循市场经济活动的基本原则。招标投标活动应当遵循公开、公平、公正和诚实信用的原则。

（1）公开原则

公开原则就是要求招标投标活动具有较高的透明度，实行招标信息、招标程序公开，即发布招标通告，公开开标，公开中标结果，使每一个投标人获得同等的信息，知悉招标的一切条件和要求。

（2）公平原则

公平原则就是要求给予所有投标人平等的机会，使其享有同等的权利并履行相应的义务，不歧视任何一方，不应设置地域或行业的保护条件，杜绝一方把自己的意志强加于对方的行为。《招标投标法实施条例》明确指出，招标人不得以不合理的条件限制、排斥潜在投标人或者投标人。属于以不合理条件限制、排斥潜在投标人或者投标人的行为有以下几种：

1）就同一招标项目向潜在投标人或者投标人提供有差别的项目信息。

2）设定的资格、技术、商务条件与招标项目的具体特点和实际需要不相适应或者与合同履行无关。

3）依法必须进行招标的项目以特定行政区域或者特定行业的业绩、奖项作为加分条件或者中标条件。

4）对潜在投标人或者投标人采取不同的资格审查或者评标标准。

5）限定或者指定特定的专利、商标、品牌、原产地或者供应商。

6）依法必须进行招标的项目非法限定潜在投标人或者投标人的所有制形式或者组织形式。

7）以其他不合理条件限制、排斥潜在投标人或者投标人。

（3）公正原则

公正原则是指按招标文件中规定的统一标准，实事求是地进行评标和定标，不偏袒任何一方，给所有投标人平等的机会。

（4）诚实信用原则

招标投标当事人应该以诚实、善意的态度行使权利，履行义务，不得有欺诈、背信的行为。《招标投标法》规定了不得虚假招标、串通投标、泄露标底、骗取中标等诸多义务，要求当事人遵守，并规定了相应的罚则。

3.2.4　建设工程招标的方式

《招标投标法》规定，招标分为公开招标和邀请招标。

《招标投标法实施条例》规定，对技术复杂或者无法精确拟定技术规格的项目，招标人可以分两阶段进行招标。第一阶段，投标人按照招标公告或者投标邀请书的要求提交不带报价的技术建议，招标人根据投标人提交的技术建议确定技术标准和要求，编制招标文件；第二阶段，招标人向在第一阶段提交技术建议的投标人提供招标文件，投标人按照招标文件的要求提交包括最终技术方案和投标报价的投标文件。投标保证金在第二阶段提交。

1. 公开招标

（1）公开招标的定义

公开招标（Open Tendering）又称竞争性招标，即由招标人在报刊、电子网络或其他媒体上刊登招标公告，吸引众多企业单位参加招标竞争，招标人从中择优选择中标人的招标方式。按照竞争范围，公开招标可分为国际竞争性招标（International Competitive Tendering）和国内竞争性招标（National Competitive Tendering）。

（2）应当采用公开招标的工程范围

1）国家重点建设项目。

2）各省、自治区、直辖市人民政府确定的地方重点建设项目。

3）全部或部分使用国有资金投资或者国有资金投资占控股或者主导地位的工程建设项目。

2. 邀请招标

（1）邀请招标的定义

邀请招标（Selective Tendering）又称有限竞争性招标。这种方式不发布公告，招标人根据自己的经验和所掌握的各种信息资料，向有承担该项工程施工能力的 3 个以上（含 3 个）潜在投标人或单位发出投标邀请书，收到邀请书的可以不参加投标。

与公开招标相比，邀请招标的优点是不发布招标公告，不进行资格预审，简化了招标程序，节约了招标费用，缩短了招标时间。

（2）可以邀请招标的项目

《招标投标法实施条例》规定，国有资金占控股或者主导地位的依法必须进行招标的项目，应当公开招标；但有下列情形之一的，可以邀请招标：

1）技术复杂、有特殊要求或者受自然环境限制，只有少量潜在投标人可供选择。

2）采用公开招标方式的费用占项目合同金额的比例过大。

3. 公开招标和邀请招标的区别

（1）发布信息的方式不同

公开招标采用招标公告的形式发布；邀请招标采用投标邀请书的形式发布。

（2）选择的范围不同

公开招标因使用招标公告的形式，针对的是一切潜在的对招标项目感兴趣的法人或者其他组织，招标人事先不知道投标人的数量；邀请招标针对已经有所了解的法人或者其他组织，而且事先已经知道投标人的数量。

（3）竞争的范围不同

公开招标使所有符合条件的法人或者其他组织都有机会参加投标，竞争的范围较广，竞争性体现得也比较充分，招标人拥有绝对的选择余地，容易获得最佳招标效果；邀请招标中被邀请的承包商数目为 3~10 个，由于参加的人数相对较少，易于控制，因此其竞争范围没有公开招标大，竞争程度也明显不如公开招标强。

（4）公开的程度不同

公开招标中，所有的活动都必须严格按照预先指定并为大家所知的程序和标准公开进行，大大减少了作弊的可能性；相比而言，邀请招标的公开程度逊色一些，产生不法行为的可能也就大一些。

（5）时间和费用不同

公开招标的程序比较复杂，从发布公告、投标人做出反应、评标到签订合同，有很多时间上的要求，要准备许多文件，因而耗时较长，费用也比较高；邀请招标可以省去发布招标公告费用、资格审查费用和可能发生的更多的评标费用。

3.2.5　招标组织工作

招标人组织招标必须具有相应的组织招标的资质。

根据招标人是否具有招标资质，可以将组织招标分为以下两种情况：

（1）招标人自己组织招标

招标人自己组织招标必须具备一定的条件，设立专门的招标组织，经招标投标管理机构审查合格，确认其具有编制招标文件和组织评标的能力，才能自己组织招标。

（2）招标人委托招标代理人代理招标

招标人不具备自行招标条件的，必须委托具备相应资质的招标代理人代理组织招标，代为办理招标事宜。招标人书面委托招标代理人后，就可开始组织招标，办理招标事宜。招标人委托招标代理人代理招标，必须与之签订招标代理合同（协议）。

招标人自己组织招标、自行办理招标事宜或者委托招标代理人代理组织招标、代为办理招标事宜，应当向有关行政监督部门备案。

3.2.6　相关行政部门对招标投标活动的监督及违法行为的查处

1. 行政监督部门对招标投标活动的监督

（1）依法核查必须招标建设项目

《招标投标法》规定，任何单位和个人不得将必须进行招标的项目化整为零或者以其他任何方式规避招标。如果发生此类情况，行政监督部门有权责令其改正，可以暂停项目执行或者暂停资金拨付，并对单位负责人或其他直接责任人依法给予行政处分或纪律处分。

（2）对招标项目的监督

工程项目的建设应当按照建设管理程序进行。招标项目按照国家有关规定需要履行项目审批手续的，应当先履行审批手续取得批准。

（3）对招标有关文件的核查备案

1）对投标人资格审查文件的核查。

① 不得以不合理条件限制或排斥潜在投标人，不允许以任何方式限制或排斥本地区、本系统以外的法人或其他组织参与投标。

② 不得对潜在投标人实行歧视待遇，不允许针对外地区或外系统投标人设立压低分数的条件。

③ 不得强制投标人组成联合体投标。投标人可以选择单独投标，也可以作为联合体成员与其他人共同投标，但不允许既参加联合体又单独投标。

2）对招标文件的核查。

① 招标文件的组成是否包括招标项目的所有实质性要求和条件以及拟签订合同的主要条款；能否使投标人明确承包工作范围和责任，并能够合理预见风险，编制投标文件。

② 招标项目需要划分标段时，承包工作范围的合同界限是否合理。

③ 招标文件是否有限制公平竞争的条件。在文件中不得要求或标明特定的生产供应者以及含有倾向或排斥潜在投标人的其他内容。

（4）对开标、评标和定标活动的监督

《建筑法》第二十一条规定，建筑工程招标的开标、评标、定标由建设单位依法组织实施，并接受有关行政主管部门的监督。

2. 查处招标投标活动中的违法行为

有关行政监督部门有权依法对招标投标活动中的违法行为进行查处。视情节和对招标的影响程度，承担责任的形式包括：判定招标无效，责令改正后重新招标；对单位负责人或其他直接责任者给予行政或纪律处分；没收非法所得，并处以罚款；构成犯罪的，依法追究刑事责任。

3.2.7　招标投标争议的类型及其处理

1. 招标投标常见争议的主要类型

招标投标争议是指招标投标当事主体在招标投标活动中因招标投标程序、人身财产权益或其他法律关系所发生的对抗冲突。

招标投标争议按发生争议的当事主体性质不同可分为民事争议和行政争议两种类型。招标投标民事争议是招标投标民事主体之间的争议，招标投标行政争议是招标投标民事主体与行政主体之间的争议。招标投标民事争议和招标投标行政争议具有各自不同的表达方式和解决途径。

（1）招标投标民事争议

在招标投标活动中，民事争议主要有针对招标文件（包括资格预审文件，下同）的争议、针对招标程序的争议、针对评标结果和中标结果的争议以及其他民事侵权争议。

（2）招标投标行政争议

在招标投标活动中，行政许可争议通常表现为对招标方式的认定、招标组织形式的核准、招标文件的备案等方面争议；行政处罚导致的行政争议，通常表现为行政机关做出警告、罚款、没收违法所得、取消投标资格等行政处罚时出现超越职权、滥用职权、违反法定程序、事实认定错误、适用法律错误等情形时而引发的争议；行政裁决常见的争议，表现为对招标文件争议、中标结果争议等的裁决违反法定程序、事实认定错误、适用法律错误和行政不作为等情形而引发的争议。

2. 招标投标民事争议的解决

招标投标民事争议包括招标文件争议、招标程序争议、评标结果争议、中标结果争议和招标过程其他民事侵权争议等。表达招标投标民事争议的主要方式有异议、投诉、提起仲裁、举报（检举、控告）、提起民事诉讼等。

（1）异议

异议是指投标人认为招标文件、开标过程和评标结果违反法律法规的规定或自己的权益受到损害，向招标人或招标代理机构提出疑问和主张权利的行为。《招标投标法实施条例》规定，招标人应当自收到异议之日起 3 日内做出答复；做出答复前，应当暂停招标投标活动。

（2）投诉

招标投标投诉是指投标人和其他利害关系人认为招标投标活动不符合法律、法规和规章规定，依法向有关行政监督部门提出意见并要求相关主体改正的行为。招标投标投诉可以在招标投标活动的各个阶段提出，包括招标、投标、开标、评标、中标以及签订合同等。

异议和投诉均是（潜在）投标人或利害关系人认为招标投标活动不符合法律、行政法规规定而提出的一种抗议，二者在性质、适用对象、受理和答复主体、程序和期限方面都有着明显的区别：

1）性质不同。异议通常是一种民事活动，是平等交易主体一方对另一方违反法律、行政法规规定的公平、公正原则而提出质疑的一种民事行为，而投诉是市场主体参与人因其他交易主体的违法行为侵害其合法权益而向行政监督部门提出举报的行为，是一种行政法律关系。

2）适用对象不同。投诉的适用对象是投标人或者其他利害关系人认为招标投标活动不符合法律、行政法规规定的情形，而异议适用的对象只针对（潜在）投标人、利害关系人认为招标人制定的资格预审文件、招标文件以及开标活动、评标结果不符合法律、行政法规规定的情形。

3）受理和答复主体不同。异议的受理和答复主体是招标人，而投诉的受理主体是行政监督部门。

4）程序和期限不同。

① 不同情形异议的处理程序和期限。

针对不同的情形提出异议的，法定的程序和期限是不同的：

A. 潜在投标人或者其他利害关系人对资格预审文件有异议的，应当在提交资格预审申请文件截止时间 2 日前提出；对招标文件有异议的，应当在投标截止时间 10 日前提出。招标人应当自收到异议之日起 3 日内做出答复；做出答复前，应当暂停招标投标活动。

B. 投标人对开标有异议的，应当在开标现场提出，招标人应当当场做出答复，并制作记录。

C. 投标人或者其他利害关系人对依法必须进行招标的项目的评标结果有异议的，应当在中标候选人公示期间提出。招标人应当自收到异议之日起 3 日内做出答复；做出答复前，应当暂停招标投标活动。

② 投诉的处理程序和期限。

投标人或者其他利害关系人认为招标投标活动不符合法律、行政法规规定的，可以自知道或者应当知道之日起 10 日内向有关行政监督部门投诉。投诉应当有明确的请求和必要的证明材料。行政监督部门应当自收到投诉之日起 3 个工作日内决定是否受理投诉，并自受理投诉之日起 30 个工作日内做出书面处理决定。

对资格预审文件、招标文件、开标以及对依法必须进行招标项目的评标结果有异议的，应当依法先向招标人提出异议。投标人应当先通过提出异议解决争议；如果提出异议后争议不能得到解决，再采取投诉的方式。

对于其他争议，由于提出异议不是投诉的前置条件，投标人可以不经异议而直接采取投

诉的方式表达争议。

（3）提起仲裁

提起仲裁是指在招标投标活动中，当事主体根据在争议发生前或发生后达成的仲裁协议，自愿将纠纷提交第三方（仲裁机构）做出裁决的一种权利主张方式。

（4）举报（检举、控告）

举报（检举、控告）是指公民、法人或者其他组织发现招标投标活动存在违法违规现象时，向司法机关或者其他有关国家机关和组织检举、控告的行为。

（5）提起民事诉讼

招标投标活动中，当事主体就民事争议向人民法院提起诉讼，请求人民法院依照法定程序进行审判，使被告人承担某种法律上的责任和义务，以维护自己合法权益的行为。

【例题 3-1】 投标人如果对招标文件有异议，依法应当先进行的活动是（B）。

A. 向有关行政监督部门投诉　　B. 向招标人提出异议

C. 向法院起诉　　D. 申请仲裁

［解析］ 对资格预审文件、招标文件、开标以及对依法必须进行招标项目的评标结果有异议的，应当依法先向招标人提出异议。

【例题 3-2】 投标人对开标投诉的，依法应当先向（A）提出异议。

A. 招标人　　B. 评标委员会

C. 纪律检查委员会　　D. 有关行政监督部门

［解析］ 投标人对开标有异议的，应当在开标现场提出，招标人应当当场做出答复。

【例题 3-3】 关于招标投标的异议与投诉，下列说法正确的有（BDE）。

A. 投标人对开标有异议的，应当在开标后 3 日内提出，招标人应 3 日内答复

B. 对招标文件有异议的，投标人应当在提交投标文件截止时间 10 日前提出，招标人应 3 日内答复

C. 对资格预审文件、招标文件、开标和评标结果有异议的，投标人可以直接向有关行政监督部门投诉

D. 对资格预审文件有异议的，投标人应当在提交资格预审申请文件截止时间 2 日前提出，招标人应 3 日内答复

E. 对评标结果有异议的，投标人应当在中标候选人公示期间提出，招标人应 3 日内答复

［解析］ 潜在投标人或者其他利害关系人对资格预审文件有异议的，应当在提交资格预审申请文件截止时间 2 日前提出；招标人应当自收到异议之日起 3 日内做出答复，做出答复前，应当暂停招标投标活动。

对招标文件有异议的，投标人应当在提交投标文件截止时间 10 日前提出，招标人应 3 日内答复。

【例题3-4】 关于招投标投诉，说法正确的是（C）。

A. 投诉人向两个有管辖权的监管部门投诉的，由最先受理的监管部门处理

B. 认为资格预审文件存在不合理排斥、限制条件的，可以向招标人提出异议，也可以直接向监管部门投诉

C. 以非法手段取得证明材料进行投诉的，行政监管部门应当予以驳回

D. 行政监管部门处理投诉，应当责令暂停招标投标活动

［解析］ 投诉人就同一事项向两个以上有权受理的行政监督部门投诉的，由最先收到投诉的行政监督部门负责处理；对资格预审文件、招标文件、开标以及对依法必须进行招标项目的评标结果有异议的，应当依法先向招标人提出异议，其异议答复期间不计算在以上规定的期限内；必要时，行政监督部门可以责令暂停招标投标活动。

【例题3-5】 关于招标投标活动的投诉与处理，下列说法中正确的是（B）。

A. 投标人认为招标投标活动违法，可以自知道之日起15日内投诉

B. 投标人对招标过程和评标结果有异议的，应先向招标人提出

C. 行政监管部门收到投诉后应在30个工作日内决定是否受理

D. 行政监管部门处理投诉，不得责令暂停招标投标活动

［解析］ 选项A错误，投诉可以自知道或者应当知道之日起10日内向有关行政监督部门投诉；选项B正确，对资格预审文件、招标文件、开标以及对依法必须进行招标项目的评标结果有异议的，应当依法先向招标人提出异议；选项C错误，行政监督部门应当自收到投诉之日起3个工作日内决定是否受理投诉，并自受理投诉之日起30个工作日内做出书面处理决定；选项D错误，行政监督部门处理投诉，必要时，可以责令暂停招标投标活动。

3. 招标投标行政争议的解决

招标投标行政争议的表达方式主要有提出行政复议和提请行政诉讼两种方式。与之相对应的争议解决方式也有两种：行政复议和行政诉讼。行政复议和行政诉讼制度是国家为了保护民事主体的权益而设置的行政和司法救济手段。招标投标民事主体可以充分利用行政复议和行政诉讼，保护自身合法权益。

除法律法规规定必须先申请行政复议的以外，民事主体可以自主选择是申请行政复议还是提请行政诉讼。

3.2.8 招标投标违法行为及法律责任

招投标活动必须依法实施，任何违法行为都要承担法律责任。《招标投标法》明确规定应承担的法律责任，《招标投标法实施条例》进一步细化了违法行为和法律责任。

1. 招标人违法行为及其法律责任

（1）规避招标

1）规避招标的表现。任何单位和个人不得将依法必须进行招标的项目化整为零或者以

其他任何方式规避招标。按《招标投标法》和《招标投标法实施条例》的规定，凡依法应公开招标的项目，采取化整为零或弄虚作假等方式不进行公开招标的，或不按照规定发布资格预审公告或者招标公告且又构成规避招标的，都属于规避招标的情况。

2）对规避招标的处理。必须进行招标的项目而不招标的，将必须进行招标的项目化整为零或者以其他任何方式规避招标的，责令限期改正，可以处项目合同金额5‰以上10‰以下的罚款；对全部或者部分使用国有资金的项目，可以暂停项目执行或者暂停资金拨付；对单位直接负责的主管人员和其他直接责任人员依法给予处分，是国家工作人员的，依法给予记过或者记大过、降级或者撤职、开除处分，构成犯罪的，依法追究刑事责任。

（2）限制或排斥潜在投标人或者投标人

1）限制或排斥潜在投标人或者投标人的表现。招标人有下列行为之一的，属于以不合理条件限制、排斥潜在投标人或者投标人：a. 就同一招标项目向潜在投标人或者投标人提供有差别的项目信息；b. 设定的资格、技术、商务条件与招标项目的具体特点和实际需要不相适应或者与合同履行无关；c. 对依法必须进行招标的项目，以特定行政区域或者特定行业的业绩、奖项作为加分条件或者中标条件；d. 对潜在投标人或者投标人采取不同的资格审查或者评标标准；e. 限定或者指定特定的专利、商标、品牌、原产地或者供应商；f. 对依法必须进行招标的项目，非法限定潜在投标人或者投标人的所有制形式或者组织形式；g. 以其他不合理条件限制、排斥潜在投标人或者投标人。

2）对限制或排斥潜在投标人或者投标人的处理。招标人以不合理的条件限制或者排斥潜在投标人或者投标人的，对潜在投标人或者投标人实行歧视待遇的，强制要求投标人组成联合体共同投标的，或者限制投标人之间竞争的，责令改正，可以处 1 万元以上 5 万元以下的罚款。

（3）违法招标

招标人有下列情形之一的，由有关行政监督部门责令改正，可以处 10 万元以下的罚款：

1）依法应当公开招标而采用邀请招标。

2）招标文件、资格预审文件的发售、澄清、修改的时限，或者确定的提交资格预审申请文件、投标文件的时限不符合《招标投标法》和《招投标法实施条例》规定。

3）接受未通过资格预审的单位或者个人参加投标。

4）接受应当拒收的投标文件。

招标人有上述第 1）、3）、4）项所列行为之一的，对单位直接负责的主管人员和其他直接责任人员依法给予处分。

（4）招标人违规和退还保证金

招标人超过《招标投标法实施条例》规定的比例收取投标保证金、履约保证金或者不按照规定退还投标保证金及银行同期存款利息的，由有关行政监督部门责令改正，可以处 5 万元以下的罚款；给他人造成损失的，依法承担赔偿责任。

（5）违法组建评标委员会

依法必须进行招标的项目的招标人不按照规定组建评标委员会，或者确定、更换评标委员会成员违反《招标投标法》和《招标投标法实施条件》规定的，由有关行政监督部门责令改正，可以处10万元以下的罚款，对单位直接负责的主管人员和其他直接责任人员依法给予处分；违法确定或者更换的评标委员会成员做出的评审结论无效，依法重新进行评审。

（6）不按规定确定中标人或者不签订合同

依法必须进行招标的项目的招标人有下列情形之一的，由有关行政监督部门责令改正，可以处中标项目金额10%以下的罚款；给他人造成损失的，依法承担赔偿责任；对单位直接负责的主管人员和其他直接责任人员依法给予处分：

1）无正当理由不发出中标通知书。

2）不按照规定确定中标人。

3）中标通知书发出后无正当理由改变中标结果。

4）无正当理由不与中标人订立合同。

5）在订立合同时向中标人提出附加条件。

（7）不按规定签订合同

招标人和中标人不按照招标文件和中标人的投标文件订立合同，合同的主要条款与招标文件、中标人的投标文件的内容不一致，或者招标人、中标人订立背离合同实质性内容的协议的，由有关行政监督部门责令改正，可以处中标项目金额5‰以上10‰以下的罚款。

（8）不依法对异议做出答复

招标人不按照规定对异议做出答复，继续进行招标投标活动的，由有关行政监督部门责令改正，拒不改正或者不能改正并影响中标结果的，招标、投标、中标无效，应当依法重新招标或者评标。

2. 投标人违法行为及其法律责任

（1）串通投标以及为谋取中标而行贿

投标人相互串通投标或者与招标人串通投标的，投标人向招标人或者评标委员会成员行贿谋取中标的，投标人有下列行为之一的，属于情节严重行为，由有关行政监督部门取消其1年至2年内参加依法必须进行招标的项目的投标资格：

1）以行贿谋取中标。

2）3年内2次以上串通投标。

3）串通投标行为损害招标人、其他投标人或者国家、集体、公民的合法利益，造成直接经济损失30万元以上。

4）其他串通投标情节严重的行为。

对上述行为处罚如下：中标无效；构成犯罪的，依法追究刑事责任；尚不构成犯罪的，处中标项目金额5‰以上10‰以下的罚款。投标人未中标的，对单位的罚款金额按照招标项目合同金额依照《招标投标法》规定的比例计算。

“情节特别严重的”是指投标人自上述情节严重行为处罚执行期限届满之日起3年内又有该条所列违法行为之一的，或者串通投标、以行贿谋取中标情节特别严重的，由工商行政管理机关吊销营业执照。法律、行政法规对串通投标报价行为的处罚另有规定的，从其规定。

（2）弄虚作假

投标人以他人名义投标或者以其他方式弄虚作假骗取中标的，中标无效；构成犯罪的，依法追究刑事责任；尚不构成犯罪的，处中标项目金额 5‰以上 10‰以下的罚款。依法必须进行招标的项目的投标人未中标的，对单位的罚款金额按照招标项目合同金额依照《招标投标法》规定的比例计算。

投标人有下列行为之一的，属于情节严重行为，由有关行政监督部门取消其 1 年至 3 年内参加依法必须进行招标的项目的投标资格：

1）伪造、变造资格、资质证书或者其他许可证件骗取中标。

2）3 年内 2 次以上使用他人名义投标。

3）弄虚作假骗取中标给招标人造成直接经济损失 30 万元以上。

4）其他弄虚作假骗取中标情节严重的行为。

投标人自情节严重行为处罚执行期限届满之日起 3 年内又有所列违法行为之一的，或者弄虚作假骗取中标情节特别严重的，由工商行政管理机关吊销营业执照。

（3）违反资质许可

出让或者出租资格、资质证书供他人投标的，依照法律、行政法规的规定给予行政处罚；构成犯罪的，依法追究刑事责任。

3. 评标委员会违法行为及其法律责任

（1）参与评标违规

评标委员会成员有下列行为之一的，由有关行政监督部门责令改正；情节严重的，禁止其在一定期限内参加依法必须进行招标的项目的评标；情节特别严重的，取消其担任评标委员会成员的资格：

1）应当回避而不回避。

2）擅离职守。

3）不按照招标文件规定的评标标准和方法评标。

4）私下接触投标人。

5）向招标人征询确定中标人的意向或者接受任何单位或者个人明示或者暗示提出的倾向或者排斥特定投标人的要求。

6）对依法应当否决的投标不提出否决意见。

7）暗示或者诱导投标人做出澄清、说明或者接受投标人主动提出的澄清、说明。

8）其他不客观、不公正履行职务的行为。

（2）收受投标人的财物或者其他好处

评标委员会成员收受投标人的财物或者其他好处的，没收收受的财物，处 3000 元以上 5 万元以下的罚款，取消担任评标委员会成员的资格，不得再参加依法必须进行招标的项目的评标；构成犯罪的，依法追究刑事责任。

4. 中标人违法行为及其法律责任

（1）不按规定签订合同

中标人无正当理由不与招标人订立合同，在签订合同时向招标人提出附加条件，或者不按照招标文件要求提交履约保证金的，取消其中标资格，投标保证金不予退还。对依法必须进行招标的项目的中标人，由有关行政监督部门责令改正，可以处中标项目金额10‰以下的罚款。

（2）转包和违法分包

中标人将中标项目转让给他人的，将中标项目肢解后分别转让给他人的，违反《招标投标法》和《招标投标法实施条例》规定将中标项目的部分主体、关键性工作分包给他人的，或者分包人再次分包的，转让、分包无效，处转让、分包项目金额5‰以上10‰以下的罚款；有违法所得的，并处没收违法所得；可以责令停业整顿；情节严重的，由工商行政管理机关吊销营业执照。

（3）中标人不履行合同或者不依约履行合同

中标人不履行与招标人订立的合同的，履约保证金不予退还，给招标人造成的损失超过履约保证金数额的，还应当对超过部分予以赔偿；没有提交履约保证金的，应当对招标人的损失承担赔偿责任。中标人不按照与招标人订立的合同履行义务，情节严重的，有关行政监督部门取消其2年至5年参加招标项目的投标资格并予以公告，直至由工商行政管理机关吊销营业执照。因不可抗力不能履行合同的，不适用上述规定。

5. 其他相关部门和人员违法行为及其法律责任

（1）违法投诉

投标人或者其他利害关系人捏造事实、伪造材料或者以非法手段取得证明材料进行投诉，给他人造成损失的，依法承担赔偿责任。

（2）行政部门不依法履行职责

项目审批、核准部门不依法审批、核准项目招标范围、招标方式、招标组织形式的，对单位直接负责的主管人员和其他直接责任人员依法给予处分。

有关行政监督部门不依法履行职责，对违反《招标投标法》和《招标投标法实施条例》规定的行为不依法查处，或者不按照规定处理投诉、不依法公告对招标投标当事人违法行为的行政处理决定的，对直接负责的主管人员和其他直接责任人员依法给予处分。项目审批、核准部门和有关行政监督部门的工作人员徇私舞弊、滥用职权、玩忽职守，构成犯罪的，依法追究刑事责任。

（3）国家工作人员违法行为

国家工作人员利用职务便利，以直接或者间接、明示或者暗示等任何方式非法干涉招标投标活动，有下列情形之一的，依法给予记过或者记大过处分；情节严重的，依法给予降级或者撤职处分；情节特别严重的，依法给予开除处分；构成犯罪的，依法追究刑事责任：

1）要求对依法必须进行招标的项目不招标，或者要求对依法应当公开招标的项目不公开招标。

2）要求评标委员会成员或者招标人以其指定的投标人作为中标候选人或者中标人，或者以其他方式非法干涉评标活动，影响中标结果。

3）以其他方式非法干涉招标投标活动。

（4）招标代理机构违法行为

泄露应当保密的与招标投标活动有关的情况资料和招标代理机构；与招标人、投标人串

通损害国家利益、社会公共利益或者他人合法权益的行为，应当承担法律责任；在所代理的招标项目中投标、代理投标或者向该项目投标人提供咨询的，接受委托编制标底的中介机构参加受托编制标底项目的投标或者为该项目的投标人编制投标文件、提供咨询的，处 5 万元以上 25 万元以下的罚款，对单位直接负责的主管人员和其他直接责任人员处单位罚款数额 5%以上 10%以下的罚款。有违法所得的，并处没收违法所得；情节严重的，禁止其 1 年至 2 年内代理依法必须进行招标的项目并予以公告，直至由工商行政管理机关吊销营业执照。构成犯罪的，依法追究刑事责任。给他人造成损失的，依法承担赔偿责任。

▶案例 3-1

某政府投资房屋建筑施工总承包项目。2018 年 8 月 15 日开始发售招标文件，招标文件规定于 2018 年 9 月 10 日 10 时开标。期间发生的对招标文件的异议、投诉以及答复情况如下：

（1）潜在投标人甲于 2018 年 8 月 26 日向招标人提出异议，认为招标文件规定的“技术标准和要求”与工程实际需要不相适应。招标人仅于当日向甲口头答复同意修改“技术标准和要求”。

（2）潜在投标人乙的分包供应商丙于 2018 年 8 月 27 日向招标人提出异议，认为招标文件规定的投标人资格条件“应当具有 3 项类似工程业绩”中的业绩数量有倾向性。招标人经研究于 2018 年 9 月 2 日答复丙：招标文件中类似工程业绩的数量要求没有倾向性，决定不予修改。

（3）潜在投标人丁于 2018 年 8 月 22 日就潜在投标人甲对招标文件提出异议的同一问题直接向行政监督部门投诉。

【问题】

1. 招标人对潜在投标人甲的异议答复处理是否妥当？如不妥当，提出正确做法。

2. 供应商丙是否有资格提出异议？招标人的答复是否存在不妥之处？分别简述理由。

3. 潜在投标人丁的投诉行为是否妥当？如不妥当，提出正确做法。

【分析】

问题 1：招标人对潜在投标人甲异议的答复处理不妥。理由是，招标人此项异议答复构成对招标文件的修改。

招标人应当在收到异议后 3 日内向潜在投标人甲进行答复，并将招标文件修改内容以书面形式通知所有潜在投标人。

问题 2：供应商丙有资格提出异议，招标人的答复时间不妥。理由如下：

供应商属于本次招标投标活动有关的其他利害关系人，可以提出异议。

招标人对供应商提出的异议内容于 2018 年 9 月 2 日答复，其答复期限超出了《招标投标法实施条例》规定的“招标人应当自收到异议之日起 3 日内做出答复”的规定。

问题 3：潜在投标人丁的投诉行为不妥当。

《招标投标法实施条例》规定，投标人就招标文件事项投诉的，应当先向招标人提出异议。

练习题

一、单选题

1. 与邀请招标相比，公开招标的特点是（　　）。

A. 竞争程度低　　B. 评标量小　　C. 招标时间长　　D. 费用低

2. 根据《必须招标的工程项目规定》，全部或部分使用国有资金投资或国家融资的项目，其重要设备材料的采购，单项合同估算价格在（　　）万元人民币以上时，必须进行招标。

A. 150　　B. 1000　　C. 200　　D. 50

3. 招标人以招标公告的方式邀请不特定的法人或者其他组织投标称为（　　）。

A. 公开招标　　B. 有限制招标　　C. 邀请招标　　D. 议标

4. 在招标活动的基本原则中，依法必须进行招标的项目的招标公告，必须通过国家指定的报刊、信息网络或者其他公共媒介发布，这体现了（　　）。

A. 公开原则　　B. 公平原则　　C. 公正原则　　D. 诚实信用原则

5. 公开招标与邀请招标在程序上的主要差异表现为（　　）。

A. 是否进行资格预审　　B. 是否组织现场考察

C. 是否解答投标单位的质疑　　D. 是否公开开标

6. 招标人不得以任何方式限制或排斥本地区、本系统以外的法人或其他组织参加投标，体现（　　）原则。

A. 公平　　B. 保密　　C. 及时　　D. 公开

7. 招标活动的公开原则首先要求（　　）要公开。

A. 招标活动的信息　　B. 评标委员会成员的名单

C. 工程设计文件　　D. 评标标准

8. 依法必须进行招标的项目的（　　），必须通过国家指定的报刊、信息网络或者其他公共媒介发布。

A. 资格预审公告　　B. 投标邀请书　　C. 招标公告　　D. 评标标准

9. 在投标的过程中，如果投标人假借别的单位的资质弄虚作假来投标，就违反了（　　）这一原则。

A. 公开　　B. 公平　　C. 诚实信用　　D. 公正

10. 应当招标的工程建设项目，根据招标人是否具有（　　），可以将组织招标分为自行招标和委托招标两种。

A. 招标资质　　B. 招标许可

C. 招标的条件与能力　　D. 评标专家

二、多选题

1. 凡在国内使用国有资金的项目，必须进行招标的情况包括（　　）。

A. 勘察、设计、监理等服务的采购，单项合同估算价在100万元人民币以上

B. 重要设备、材料采购等货物的采购，单项合同估算价在200万元人民币以上

C. 施工单项合同估算价在400万元人民币以上

D. 项目总投资额在1000万元人民币以上

E. 项目总投资额在2000万元人民币以上

2. 工程建设项目招标范围包括（　　）。

A. 大型基础设施、公用事业等关系社会公共利益、公众安全的项目

B. 一切工程项目

C. 全部或者部分使用国有资金投资或者国家融资的项目

D. 一切大中型工程项目

E. 使用国际组织或者外国政府贷款、援助资金的项目

3. 按照规定，必须实行招标的有（　　）。

A. 关系社会公共利益、公众安全的基础设施项目

B. 关系社会公共利益、公众安全的公用事业项目

C. 利用扶贫资金实行以工代赈需要使用农民工的项目

D. 使用国有资金投资项目

E. 使用国家融资或使用国际组织资金的项目

4.《招标投标法》规定，招投标活动应当遵循（　　）的原则。

A. 公开　　B. 公平　　C. 公正

D. 诚实信用　　E. 平等

第 3 章练习题

扫码进入在线练习题小程序，完成答题后可获取答案及其解析。

本章概要及学习目标

施工招标投标的程序，建设工程施工投标策略、技巧，建设工程招标文件和投标文件的编制，评标程序、评标方法和定标的有关规定以及施工招标文件范例。

熟悉建设工程施工招标投标方法，引导在施工招标投标策划和管理中，树立正确的职业道德和公平竞争理念。

4.1 建设工程施工招标概述

4.1.1 施工招标策划

施工招标策划主要包括施工承包方式、施工标段划分、合同计价方式及合同类型选择等内容。

1. 施工承包方式与施工标段划分

（1）施工承包方式

工程项目施工是一个复杂的系统工程，影响施工标段划分的因素有很多。应根据工程项目的内容、规模和专业复杂程度确定招标范围，合理划分施工标段。对于工程规模大、专业复杂的工程项目，建设单位的管理能力有限时，应考虑采用施工总承包的招标方式选择施工队伍。这有利于减少各专业之间的配合不当造成的窝工、返工、索赔风险。采用这种承包方式，有可能使工程报价相对较高。对于涉及专业不多的项目，可考虑采用平行发包的招标方式，分别选择各专业承包单位签订施工合同。采用这种承包方式，建设单位一般可得到较为满意的报价，有利于控制工程造价。

（2）施工标段划分

划分施工标段时，应考虑工程特点、对工程造价的影响、承包单位专长的发挥、工地管理等因素。

1）工程特点。如果工程场地集中、工程量不大、技术不太复杂，由一家承包单位总包易于管理。但如果工地场面大、工程量大，有特殊技术要求，则应考虑划分为若干标段。

2）对工程造价的影响。通常情况下，一项工程由一家施工单位总承包易于管理，便于劳动力、材料、设备的调配。大型、复杂的工程项目，对承包单位的施工能力、施工经验、施工设备等有较高要求。在这种情况下，如果不划分标段，就可能使有资格参加投标的承包单位大大减少，而竞争对手的减少会导致工程报价的上涨。

3）承包单位专长的发挥。划分施工标段时，既要考虑不会产生各承包单位施工的交叉干扰，又要注意各承包单位之间在空间和时间上的衔接。

4）工地管理。划分施工标段应考虑的因素有工程进度的衔接和工地现场的布置。工程进度的衔接很重要，特别是工程网络计划中关键线路上的项目一定要选择施工水平高、能力强、信誉好的承包单位，以防止影响其他承包单位的进度。从现场布置的角度看，承包单位越少越好。划分施工标段时，要对同时在现场的几个承包单位的施工场地进行细致周密的安排。

5）其他因素。除上述因素外，还有许多其他因素影响施工标段的划分，如建设资金、设计图等。资金不足、设计图分期供应时，可先进行部分工程的招标。

总之，标段的划分是选择招标方式和编制招标文件前的一项非常重要的工作。

2. 合同计价方式与合同类型选择

根据计价方式，施工合同可分为三种，即总价合同、单价合同和成本加酬金合同。合同类型不同，合同双方的义务和责任不同，各自承担的风险也不尽相同。招标人应综合考虑以下因素来选择适合的合同类型：

（1）工程项目复杂程度

建设规模大且技术复杂的工程项目，承包风险较大，各项费用不易准确估算，不宜采用总价合同。对有把握的部分采用总价合同，对估算不准的部分采用单价合同或成本加酬金合同。有时，在同一施工合同中采用不同的计价方式，是建设单位与施工承包单位合理分担施工风险的有效办法。

（2）工程项目设计深度

工程项目设计深度是选择合同类型的重要因素。如果已完成工程项目的施工图设计，施工图和工程量清单详细而明确，则可选择总价合同；如果实际工程量与预计工程量可能有较大出入，则应优先选择单价合同；如果只完成工程项目的初步设计，工程量清单不够明确，则可选择单价合同或成本加酬金合同。

（3）施工技术先进程度

如果工程施工中有较大部分采用新技术、新工艺，建设单位和施工承包单位对此缺乏经验又无国家标准时，为避免投标人盲目地提高承包价款，或由于对施工难度估计不足而导致承包亏损，不宜采用总价合同，而应选用成本加酬金合同。

（4）施工工期紧迫程度

对于一些紧急工程（如灾后恢复工程等），要求尽快开工且工期较紧，可能仅有实施方案而没有施工图，施工承包单位无法报出合理的工程造价，则选择成本加酬金合同较为合适。

采用何种合同类型不是固定不变的。在同一个工程项目中，不同的工程部分或不同阶段可以采用不同类型的合同。在进行招标策划时，必须依据实际情况，权衡各种利弊，做出最佳决策。

不同合同类型的特点比较见表 4-1。

表 4-1　不同合同类型的特点比较

合同类型	总价合同	单价合同	成本加酬金合同
应用范围	广泛	工程量不确定的工程	紧急工程、保密工程等
业主的投资控制工作	容易	工作量较大	难度大
业主的风险	较小	较大	很大
承包商的风险	大	较小	无
设计深度要求	施工图设计	初步设计或施工图设计	各设计阶段

【例题 4-1】　下列情况中，适合采用成本加酬金合同的是（B）。

A. 施工图设计已完成，工程量清单详细而明确

B. 工程施工中有较大部分采用新技术、新工艺

C. 建设规模大且技术复杂的工程中有把握的部分

D. 实际工程量与预计工程量可能有较大出入

［解析］　对有把握的部分采用总价合同，对估算不准的部分采用单价合同或成本加酬金合同。工程量清单详细而明确，选择总价合同；实际工程量与预计工程量可能有较大出入，选择单价合同；工程施工中有较大部分采用新技术、新工艺，选用成本加酬金合同。

【例题 4-2】　关于合同类型的选择，下列说法错误的是（C）。

A. 选择何种合同计价形式，主要依据设计图深度、工期长短、工程规模和复杂程度

B. 总价合同承包商风险大

C. 建设规模较大、技术难度较高、工期较长的建设工程可以采用总价合同

D. 紧急抢险、救灾工程可以采用成本加酬金合同

［解析］　建设规模较小、技术难度较低、工期较短且施工图设计已审查批准的建设工程，可以采用总价合同。

4.1.2　建设工程施工公开招标程序

建设工程施工公开招标一般要经历招标准备阶段、招标阶段和决标成交阶段。施工公开招标程序如图 4-1 所示，各阶段主要工作内容见表 4-2～表 4-4。

建设工程施工公开招标的程序具体包括以下环节：

1. 建设工程项目报建

工程项目建设单位或个人在工程项目确立后的一定期限内向建设行政主管部门（建设工程招标投标管理机构）申报工程项目，办理项目登记手续。凡未报建的工程建设项目，不得

办理招标投标手续和发放施工许可证，施工单位不得承接该项目的施工任务。

（1）建设工程项目报建范围

建设工程项目是指各类房屋建设、土木工程、设备安装、管道线路敷设、装饰装修等新建、扩建、改建、迁建、恢复建设的基本建设及技改项目。属于依法必须招标范围的工程项目都必须报建。

（2）建设工程项目报建内容

建设工程项目报建内容主要包括工程名称、建设地点、建设内容、投资规模、资金来源、当年投资额、工程规模、结构类型、发包方式、计划开工竣工日期、工程筹建情况等。

（3）办理工程报建时应交验的文件资料

办理工程报建时应交验的文件资料有立项批准文件或年度投资计划、固定资产投资许可证、建设工程规划许可证、资金证明等。

2. 审查建设项目和建设单位资质

《工程建设项目施工招标投标办法》(2013 年修改）规定，依法必须招标的工程建设项目，应当具备下列条件才能进行施工招标：

1）招标人已经依法成立。

2）初步设计及概算应当履行审批手续的，已经批准。

3）有相应资金或资金来源已经落实。

4）有招标所需的设计图及技术资料。

3. 招标申请

招标人进行招标，要向招标投标管理机构申报招标申请书，主要包括工程名称、建设地点、招标工程建设规模、结构类型、招标范围、招标方式、要求施工企业等级、施工前期准备情况（土地征用和拆迁情况、勘察设计情况、施工现场条件等)、招标机构组织情况等。招标申请书批准后，招标人就可以编制资格预审文件和招标文件。

建设工程项目报建
↓
审查建设项目和建设单位资质
↓
招标申请
↓
资格预审文件、招标文件编制与送审
↓
标底、招标控制价及工程量清单的编制
↓
刊登资格预审通告、招标公告
↓
资格审查
↓
发售招标文件
↓
踏勘现场
↓
召开投标预备会
↓
投标文件的编制
↓
投标文件的递交
↓
开标
↓
评标
↓
中标
↓
合同签订

图 4-1　施工公开招标程序

4. 资格预审文件、招标文件编制与送审

资格预审文件是招标人根据招标项目本身的要求，阐述自己对资格审查的条件和具体要求的书面表达形式。

招标文件是招标活动中最重要的文件，招标文件详细列出了招标人对招标项目的基本情况描述、投标人须知、工程量清单、技术规范或标准、合同条件、评标标准、投标文件填写格式等，是投标人编制投标文件的基础和依据，也是评标的依据。

表4-2　招标准备阶段主要工作内容

阶段	主要工作步骤	主要工作内容	
		招标人	投标人
招标准备	申请批准、核准招标	将施工招标范围、方式、组织形式报项目审批、核准部门	进行市场调研，组成投标小组，收集招标信息，准备投标资料
	组建招标机构	自行建立或委托招标代理机构	
	策划招标方案	划分施工标段，选择合同计价方式及合同类型	
	招标公告或投标邀请书	发布招标公告或发出投标邀请书	
	编制标底或招标控制价	编制标底或招标控制价，报有关部门审批	
	准备招标文件	准备资格预审文件和招标文件	

表4-3　招标阶段主要工作内容

阶段	主要工作步骤	主要工作内容	
		招标人	投标人
招标	发售资格预审文件	发售资格预审文件	索购资格预审文件 填报资格预审材料
	进行资格预审	分析资格预审材料 提出合格投标人名单 发出资格预审结果通知	接受资格预审通知
	发售招标文件	发售招标文件	购买招标文件 分析招标文件
	踏勘现场、召开标前会议	组织踏勘现场和标前会议	参加现场踏勘和标前会议，提出质疑
	招标文件澄清和补遗	进行招标文件的澄清和补遗	参加标前会议 接收澄清和补遗
	递交和接收投标文件	接收投标文件（包括投标保函）	编制投标文件 递交投标文件（包括投标保函）

表4-4　决标成交阶段主要工作内容

阶段	主要工作步骤	主要工作内容	
		招标人	投标人
决标成交	开标	组织开标会议	参加开标会议
	评标	初步评审投标文件 详细评审投标文件 必要时组织投标人答辩 编写评标报告	按要求进行答辩 按要求提供证明材料

（续）

阶段	主要工作步骤	主要工作内容	
		招标人	投标人
决标成交	授标	发出中标通知书 组织合同谈判	接收中标通知书 参加合同谈判 提交履约保函
	签订合同	签订合同	签订合同

为了规范施工招标资格预审文件、招标文件编制活动，提高编制质量，促进招标投标活动的公开、公平和公正，2007 年，国家发展和改革委员会会同相关部门联合编制了《〈标准施工招标资格预审文件〉和〈标准施工招标文件〉暂行规定》，自 2008 年 5 月 1 日起执行，2013 年和 2017 年分别进行了修正。《标准施工招标文件》结构（2017 年版）见表 4-5。

表 4-5 《标准施工招标文件》(2017 年版) 结构

卷数	章次
第一卷	第一章　招标公告（未进行资格预审）
	第一章　投标邀请书（适用于邀请招标）
	第一章　投标邀请书（代资格预审通过通知书）
	第二章　投标人须知
	第三章　评标办法（经评审的最低投标价法）
	第三章　评标办法（综合评估法）
	第四章　合同条款及格式
	第五章　工程量清单
第二卷	第六章　图纸
第三卷	第七章　技术标准和要求
第四卷	第八章　投标文件格式

（1）施工招标文件的主要内容简介

1）招标公告。

招标公告主要包括招标条件、项目概况与招标范围、投标人资格要求、招标文件的获取、投标文件的递交、发布公告的媒介等。

投标邀请书主要包括招标条件、项目概况与招标范围、投标人资格要求、招标文件的获取、投标文件的递交与确认等。

2）投标人须知前附表及投标人须知。

① 投标人须知前附表。为方便阅读招标文件，在投标人须知的前面附上投标人须知前附表，列出投标的具体内容和要求。

② 投标人须知。投标人须知主要包括项目概况，资金来源和落实情况，招标范围、计划工期和质量要求，投标人资格要求，踏勘现场，投标预备会，招标文件，投标文件，投标，开标，评标，合同授予等。

3）评标办法。

评标是依据招标文件的规定和要求，对投标文件进行审查、评审和比较。在招标文件中列明了评标的标准与办法，目的就是让各潜在的投标人了解这些标准与办法，从而达到公正、公平的原则。评标办法分为经评审的最低投标价法和综合评估法。

4）合同条款及格式。

合同条款主要包括通用合同条款和专用合同条款，合同附件格式包括合同协议书，履约担保格式和预付款担保格式。合同条款是招标文件的重要组成部分，是具有法律约束力的文件。

合同协议条款包括合同文件、双方一般责任、施工组织设计和工期、质量与验收、合同价款与支付、材料和设备供应、设计变更、竣工与结算、争议、违约和索赔。

5）工程量清单。

工程量清单是招标文件的重要组成部分，是对招标工程的全部项目，按统一的工程量计算规则、项目划分和计量单位计算出的工程数量列出的表格。它包括工程量清单封面、总说明，分部分项工程量清单，措施项目清单，其他项目清单，规费和税金清单。

6）图纸。

图纸是指用于招标工程施工用的全部图纸，是进行施工和进行施工管理的基础。招标人应将招标工程的全部图纸编入招标文件，以便编制投标文件。

7）技术标准和要求。

为了保证工程质量，招标人向投标人提出使用工程建设标准的要求。可按现行的国家、地方、行业工程建设标准、技术规范执行。

8）投标文件格式。

由招标人在招标文件中所提供的统一的投标文件格式应平等地对待所有的投标人。若投标人不按此格式进行投标文件的编制，则视为未实质性响应招标文件而被判为投标无效，或称为废标。

（2）招标文件的澄清与修改

当投标人对招标文件有疑问时，可以要求招标人对招标文件予以澄清；招标人可以主动对已发出的招标文件进行必要的澄清和修改。该澄清、修改的内容为招标文件的组成部分。

招标文件澄清或修改的内容可能影响投标文件编制的，招标人应当在招标文件要求提交投标文件的截止时间至少 15 日前，以书面形式通知所有获取招标文件的潜在投标人，不足 15 日的，招标人应当顺延提交投标文件的截止时间。

潜在投标人或者其他利害关系人对招标文件有异议的，应当在投标截止时间 10 日前提出。招标人应当自收到异议之日起 3 日内答复。

5. 标底、招标控制价及工程量清单的编制

（1）标底

标底是招标工程的预期价格。工程施工招标的标底主要反映招标人对工程质量、工期、造价等的预期控制要求。招标人用它来控制工程造价，并以此为尺度来评判投标人的报价是否合理，中标都要按照投标报价签订合同。标底应当在开标时公布。标底只能作为评标的参考，不得规定以是否接近标底为中标条件，也不得规定投标报价超出标底上下浮动范围作为

否决投标的条件。

（2）招标控制价

招标控制价（最高投标限价）是招标人根据国家以及当地有关规定的计价依据和计价办法、招标文件、市场行情，并按工程项目设计施工图等具体条件调整编制的，对招标工程项目限定的最高工程造价。招标人不得规定最低投标限价。

1）国有资金投资的工程建设项目实行工程量清单招标，必须编制招标控制价。

2）招标控制价超过批准的概算时，招标人应将其报原概算审批部门审核。

3）投标人的投标报价高于招标控制价的，其投标应予以拒绝。

4）招标控制价应由具有编制能力的招标人或受其委托工程造价咨询人编制。工程造价咨询人不得同时接受招标人和投标人对同一工程的招标控制价和投标报价的编制。

5）招标控制价应在招标文件中公布，不应上调或下浮。

6）采用工程量清单计价时，招标控制价的编制内容包括分部分项工程费、措施项目费、其他项目费、规费和税金。

7）编制招标控制价，采用的材料价格应是工程造价管理机构通过工程造价信息发布的材料单价，工程造价信息未发布材料单价的材料，其材料价格应通过市场调查确定。

8）施工机具的选型应本着经济实用、先进高效的原则确定。

9）投标人认为招标人的招标控制价不符合规定，应在招标控制价公布后 5 日内向招投标监督机构和工程造价管理机构投诉。工程造价管理机构在受理投诉的 10 日内完成复查。当招标控制价误差大于 3%时，应责成招标人改正。

【例题 4-3】　根据《建设工程工程量清单计价规范》，关于招标控制价的说法，正确的有（ABE）。

A. 招标控制价是对招标工程项目规定的最高工程造价

B. 招标人不得规定最低投标限价

C. 国有或非国有资金投资的建设工程招标，招标人必须编制招标控制价

D. 招标控制价应在招标文件中公布，在招标过程中不应上调，但可适当下浮

E. 投标人的投标报价高于招标控制价时，其投标应按无效投标处理

[解析]　非国有资金投资的建设项目，可以不编制招标控制价；招标控制价不得上浮下调。招标人设有最高投标限价的，应当在招标文件中明确最高投标限价或者最高投标限价的计算方法，招标人不得规定最低投标限价。

【例题 4-4】　关于招标项目标底或投标限价的说法，正确的是（A）。

A. 若招标项目设有标底，开标时应当公布

B. 设有最高投标限价时，应规定最低投标限价

C. 评标时可以投标报价是否接近标底作为中标条件

D. 可以投标报价超过标底上下 15%作为否决投标的条件

[解析]　招标人可以自行决定是否编制标底，一个招标项目只能有一个标底。若招标

项目设有标底，应当在开标时公布。标底只能作为评标的参考，不得以投标报价是否接近标底作为中标条件，也不得以投标报价超过标底上下浮动的某个范围作为否决投标的条件。

(3) 工程量清单

工程量清单是招标文件的组成部分，工程量清单是建设工程的分部分项工程项目、措施项目、其他项目、规费项目和税金项目的名称和相应数量等的明细清单。它由分部分项工程量清单、措施项目清单、其他项目清单、规费税金清单组成。全部使用国有资金投资或者以国有资金投资为主的建筑工程，应当采用工程量清单计价；非国有资金投资的建筑工程，鼓励采用工程量清单计价。工程量清单应当依据国家制定的工程量清单计价规范、工程量计算规范等编制。

工程量清单由招标人提供，并对其准确性和完整性负责。招标工程量清单是工程量清单计价的基础，在招标投标过程中，招标人根据工程量清单编制招标控制价；投标人按照工程量清单，依据企业定额计算投标价格，自主填报工程量清单所列项目的单价与合价。工程量清单是编制招标控制价、投标报价、计算工程量、工程索赔、工程结（决）算的依据之一。

6. 刊登资格预审通告、招标公告

《招标投标法》规定，招标人采用公开招标方式的，应当发布招标公告。依法必须进行招标的项目的招标公告，应当通过国家指定的报刊、信息网络或者其他媒介发布。进行资格预审的，刊登资格预审通告。

依法必须招标项目的资格预审公告和招标公告，应当载明以下内容：①招标项目名称、内容、范围、规模、资金来源；②投标资格能力要求，以及是否接受联合体投标；③获取资格预审文件或招标文件的时间、方式；④递交资格预审文件或投标文件的截止时间、方式；⑤招标人及其招标代理机构的名称、地址、联系人及联系方式；⑥采用电子招标投标方式的，潜在投标人访问电子招标投标交易平台的网址和方法；⑦其他依法应当载明的内容。

7. 资格审查

(1) 资格审查的概念

资格审查是指招标人对申请人或潜在投标人的经营资格、专业资质、财务状况、技术能力、管理能力、业绩、信誉等方面评估审查，以判定其是否具有投标、订立和履行合同的资格及能力。

资格审查分为资格预审和资格后审。资格预审是指在投标前对潜在投标人进行的资格审查。资格后审是指在开标后对投标人进行的资格审查。进行资格预审的，一般不再进行资格后审。采取资格预审的，招标人应当在资格预审文件中载明资格预审的条件、标准和方法；采取资格后审的，招标人应当在招标文件中载明对投标人资格要求的条件、标准和方法。

招标人不得改变载明的资格条件或者以没有载明的资格条件对潜在投标人或者投标人进行资格审查。

经资格预审后，招标人应当向资格预审合格的潜在投标人发出资格预审合格通知书，告知获取招标文件的时间、地点和方法，并同时向资格预审不合格的潜在投标人告知资格预审结果。资格预审不合格的潜在投标人不得参加投标。经资格后审不合格的投标人的投标应予否决。

（2）资格审查的内容

施工招标资格审查应主要审查以下内容：①具有独立订立施工承包合同的权利；②具有履行施工承包合同的能力，包括专业、技术资格和能力，资金、设备和其他物质设施状况，管理能力，经验、信誉和相应的从业人员；③没有处于被责令停业，投标资格被取消，财产被接管、冻结，破产状态；④在最近三年内没有骗取中标和严重违约及重大工程质量问题；⑤法律、行政法规规定的其他资格条件等方面的内容。

（3）资格审查的程序

资格审查分为资格预审和资格后审两种。

1）资格预审。

资格预审是招标人通过发布资格预审公告，向不特定的潜在投标人发出投标邀请，由招标人或者由其依法组建的资格审查委员会按照资格预审文件确定的审查方法、资格条件以及审查标准，对资格预审申请人的经营资格、专业资质、财务状况、类似项目业绩、履约信誉等条件进行评审，以确定通过资格预审的申请人。未通过资格预审的申请人，不具有投标的资格。资格预审的方法包括合格制和有限数量制。一般情况下，应采用合格制，潜在投标人过多的，可采用有限数量制。

① 编制资格预审文件。编制招投标项目的资格预审文件，应当使用国务院发展改革部门会同有关行政监督部门制定的标准文本。资格预审文件包括资格预审公告、申请人须知、资格审查办法、资格预审申请文件格式、项目建设概况，以及对资格预审文件的澄清和对资格预审文件的修改。

② 发布资格预审公告。资格预审公告格式样例如下：

资格预审公告

______________（项目名称）资格预审公告

1. 招标条件

本招标项目____________（项目名称）已由____________（项目审批、核准或备案机关名称）以____________（批文名称及编号）批准建设，项目业主为____________，建设资金来自______________（资金来源），项目出资比例为______________，招标人为____________。项目已具备招标条件，现进行公开招标，特邀请有兴趣的潜在投标人（以下简称申请人）提出资格预审申请。

2. 项目概况与招标范围

________________________________（说明本次招标项目的建设地点、规模、计划工期、招标范围、标段划分等）。

3. 申请人资格要求

3.1　本次资格预审要求申请人具备____________资质，____________业绩，并在人员、设备、资金等方面具备相应能力。

3.2　本次资格预审____________（接受或不接受）联合体资格预审申请。联合体申请资格预审的，应满足下列要求：____________。

3.3　各申请人可就上述标段中的__________(具体数量）标段提出资格预审申请。

4. 资格预审方法

本次资格预审采用__________（合格制/有限数量制）。

5. 资格预审文件的获取

5.1　请申请人于_____年_____月_____日至_____年_____月_____日（法定公休日、法定节假日除外），每日上午______时至______时，下午______时至______时（北京时间，下同），在__________（详细地址）持单位介绍信购买资格预审文件。

5.2　资格预审文件每套售价__________元，售后不退。

5.3　邮购资格预审文件的，需另加手续费（含邮费）__________元。招标人在收到单位介绍信和邮购款（含手续费）后_____日内寄送。

6. 资格预审申请文件的递交

6.1　递交资格预审申请文件截止时间（申请截止时间，下同）为_____年_____月_____日______时______分，地点为______________________________。

6.2　逾期送达或者未送达指定地点的资格预审申请文件，招标人不予受理。

7. 发布公告的媒介

本次资格预审公告同时在__________________________（发布公告的媒介名称）上发布。

8. 联系方式

招　标　人：	招标代理机构：
地　　址：	地　　址：
邮　　编：	邮　　编：
联 系 人：	联 系 人：
电　　话：	电　　话：
电子邮件：	电子邮件：
网　　址：	网　　址：
开户银行：	开户银行：
账　　号：	账　　号：

_____年_____月_____日

③ 发售资格预审文件。资格预审文件的发售期不得少于5日。申请人对资格预审文件有异议的，应当在递交资格预审申请文件截止时间2日前向招标人提出。招标人应当自收到异议之日起3日内做出答复；做出答复前，应当暂停实施招标投标的下一步程序。

④ 资格预审文件的澄清、修改。招标人可以对已发出的资格预审文件进行必要的澄清或者修改。澄清或者修改的内容可能影响资格预审申请文件编制的，招标人应当在提交资格预审申请文件截止时间至少3日前，以书面形式通知所有获取资格预审文件的潜在投标人；

不足 3 日的，招标人应当顺延提交资格预审申请文件的截止时间。

⑤ 编制并递交资格预审申请文件。依法必须进行招标的项目，提交资格预审申请文件的截止时间，自资格预审文件停止发售之日起不得少于 5 日。

⑥ 组建资格审查委员会。政府投资项目招标，其资格审查委员会的构成和产生应参照评标委员会规定。

⑦ 编写资格审查报告。资格审查委员会应当按照资格预审文件载明的标准和方法，对资格预审申请文件进行审查，确定通过资格预审的申请人名单，并向招标人提交书面资格审查报告。

⑧ 确认通过资格预审的申请人。向其发出投标邀请书（代资格预审合格通知书）。招标人应要求通过资格预审的申请人收到通知后，以书面方式确认是否参与投标。同时，招标人还应向未通过资格预审的申请人发出资格预审结果的书面通知，未通过资格预审的申请人不具有投标资格。通过资格预审的申请人少于 3 个的，应当重新招标。

2）资格后审。

资格后审是在开标后由评标委员会对投标人进行的资格审查。采用资格后审时，招标人应当在开标后由评标委员会按照招标文件规定的标准和方法对投标人的资格进行审查。资格后审是评标工作的一个重要内容。对资格后审不合格的投标人，评标委员会应否决其投标。

▶案例 4-1

某群体工程施工招标资格审查标准

某大学扩建项目建安工程投资额 30000 万元。项目地处某城市郊区，在原农用耕地上修建，总建筑面积 126436m²，占地面积 86000m²，包括 8 个单体建筑工程，分别为办公楼、1#~3#教学楼、学生食堂、学生公寓、图书馆、10kV 变电所、大门及门卫室，其中，教学楼和学生公寓为地上 6 层框架结构，学生食堂、图书馆为地上 3 层框架结构，变电所及门卫室为单层混合结构。招标人拟将整个扩建工程作为一个标段发包，组织资格审查，但不接受联合体投标。

【问题】

1. 施工招标资格审查包括哪几方面内容？这些审查内容如何分解为审查因素？

2. 针对本项目实际情况，选择资格审查方法，并设置资格审查因素和审查标准。

3. 如何处理资格预审过程中几个申请人得分相同时的排序？

【分析】

问题 1：

（1）施工招标资格审查应主要审查以下几方面内容：a. 具有独立订立施工承包合同的权利；b. 具有履行施工承包合同的能力，包括专业、技术资格和能力，资金、设备和其他物质设施状况，管理能力、经验，信誉和相应的从业人员；c. 没有处于被责令停业，投标资格被取消，财产被接管、冻结，破产的状态；d. 在最近 3 年内没有骗取中标和严重违约及重大工程质量问题；e. 法律、行政法规规定的其他资格条件。

（2）上述a.~e.对应以下资格审查因素：

1）具有独立订立施工承包合同的权利，分解为：a. 有效营业执照；b. 签订合同的资格证明文件，如施工安全生产许可证、合同签署人的资格等。

2）具有履行施工承包合同的能力，包括专业、技术资格和能力，资金、设备和其他物质设施状况，管理能力，经验、信誉和相应的从业人员，分解为：a. 资质等级；b. 财务状况；c. 项目经理资格；d. 企业及项目经理类似项目业绩；e. 企业信誉；f. 项目经理部人员职业/执业资格；g. 主要施工机具的配备。

3）没有处于被责令停业，投标资格被取消，财产被接管、冻结，破产的状态，分解为：a. 投标资格有效，即招标投标违纪公示中，投标资格没有被取消或暂停；b. 企业经营持续有效，即没有处于被责令停业，财产被接管、冻结，破产的状态。

4）在最近3年内没有骗取中标和严重违约及重大工程质量问题，分解为：a. 近3年投标行为合法，即近3年没有骗取中标行为；b. 近3年合同履约行为合法，即没有严重违约事件发生；c. 近3年工程质量合格，没有因重大工程质量问题受到质量监督部门通报或公示。

问题2：该项目特点是单个建筑工程多、场地宽阔，潜在投标人普遍掌握其施工技术，因此为了降低招标成本，招标人应采用有限数量制办法组织资格预审，择优确定投标人名单。

资格审查标准分为初步审查标准（表4-6）、详细审查标准（表4-7）和评分标准（表4-8）三部分内容。

表4-6　初步审查标准

审查因素	审查标准
申请人、法定代表人名称	与营业执照、资质证书、安全生产许可证一致
申请函	有法定代表人或其委托代理人签字或加盖单位公章，委托代理人签字的，其法定代表人授权委托书须由法定代表人签署
申请文件格式	符合资格预审文件对资格申请文件格式的要求
申请唯一性	只能提交一次有效申请，不接受联合体申请；法定代表人为同一个人的两个及两个以上法人，母公司、全资子公司及其控股公司，都不得同时提出资格预审申请
其他	法律法规规定的其他资格条件

表4-7　详细审查标准

审查因素	审查标准
营业执照	具备有效的营业执照
安全生产许可证	具备有效的安全生产许可证
资质等级	具备房屋建筑工程施工总承包一级及以上资质，且企业注册资本不少于6000万元人民币
财务状况	财务状况良好，上一年度资产负债率小于95%
类似项目业绩	近3年完成过同等规模的群体工程一个以上
信誉	近3年获得过工商管理部门“重合同守信用”荣誉称号，建设行政管理部门颁发的文明工地证书，金融机构颁发的A级以上信誉证书

（续）

审查因素	审查标准	
项目管理机构	项目经理	具有建筑工程专业一级建造师执业资格，近 3 年组织过同等建设规模项目的施工，且承诺仅在本项目上担任项目经理
	技术负责人	具有建筑工程相关专业高级工程师职称，近 3 年组织过同等建设规模的项目施工的技术管理
	其他人员	岗位人员配备齐全，具备相应岗位从业人员职业/执业资格
主要施工机具	满足工程建设需要	
投标资格	有效，投标资格没有被取消或暂停	
企业经营权	有效，没有处于被责令停业，财产被接管、冻结，破产状态	
投标行为	合法，近 3 年内没有骗取中标行为	
合同履约行为	合法，没有严重违约事件发生	
工程质量	近 3 年工程质量合格，没有因重大工程质量问题受到质量监督部门通报或公示	
其他	法律法规规定的其他条件	

表 4-8　评分标准

评分因素	评分标准
财务状况	① 相对比较近 3 年平均净资产额并从高到低排名，1~5 名得 5 分，6~10 名得 4 分，11~15 名得 3 分，16~20 名得 2 分，21~25 名得 1 分，其余 0 分 ② 75%≤资产负债率<85%，得 15 分；85%≤资产负债率<95%的，得 8 分；资产负债率≥95%的，得 3 分；资产负债率<75%的，得 10 分
类似项目业绩	近 3 年承担过 3 个及以上同等建设规模项目的，得 15 分；2 个的，得 8 分；其余 0 分
信誉	① 近 3 年获得过工商管理部门“重合同守信用”荣誉称号 3 个的，得 10 分；2 个的，得 5 分；其余 0 分 ② 近 3 年获得建设行政管理部门颁发文明工地证书 5 个及以上的，得 5 分；2 个及以上的，得 2 分；其余 0 分 ③ 近 3 年获得金融机构颁发的 AAA 级证书的，得 5 分；AA 级证书的，得 3 分；其余 0 分
认证体系	通过了 ISO 9000 质量管理体系认证的，得 5 分；通过了 ISO 14001 环境管理体系认证的，得 3 分；通过了 ISO 45001 职业健康安全体系认证的，得 2 分
项目经理	① 项目经理承担过 3 个及以上同等建设规模项目经理的，得 15 分；2 个的，得 10 分；1 个的，得 5 分；其余 0 分 ② 组织施工的项目获得过 2 个及以上文明工地荣誉称号的，得 10 分；1 个的，得 5 分；其余 0 分
其他主要人员	岗位专业负责人均具备中级以上技术职称的，得 10 分，每缺一个扣 2 分，扣完为止

问题3：对于资格预审过程中几个申请人得分相同的情形，招标人可以增加一些排序因素，以确定申请人得分相同时的排序方法。例如，可以在资格预审文件中规定依次采用以下原则排序：

1）如仍相同，则按照项目经理得分多少确定排名先后。

2）如仍相同，则以技术负责人得分多少确定排名先后。

3）如仍相同，则以近3年完成的建筑面积数多少确定排名先后。

4）如仍相同，则以企业注册资本大小确定排名先后。

5）如仍相同，则由评审委员会经过讨论确定排名先后。

8. 发售招标文件

招标人将招标文件、设计施工图和有关技术资料发售给通过资格预审获得投标资格的投标人。不进行资格预审的，发售给愿意参加投标的单位。投标人收到上述文件资料后，应认真核对，核对无误后应以书面形式予以确认。

招标文件的发售期不得少于5日。招标人应当确定投标人编制投标文件所需要的合理时间。

招标人可以对已发出的资格预审文件或者招标文件进行必要的澄清或者修改。澄清或者修改的内容可能影响投标文件编制的，招标人应当在投标截止时间至少15日前，以书面形式通知所有获取招标文件的潜在投标人；不足15日的，招标人应当顺延投标文件的截止时间。

9. 踏勘现场

招标文件发放后，招标人根据招标项目的具体情况，可以组织潜在投标人踏勘项目现场，向其介绍工程场地和相关环境的有关情况。潜在投标人依据招标人介绍情况做出的判断和决策，由投标人自行负责。

招标人不得单独或者分别组织任何一个投标人进行现场踏勘。

招标人应向投标人介绍有关现场的以下情况：a. 施工现场是否达到招标文件规定的条件；b. 施工现场的地理位置和地形、地貌；c. 施工现场的地质、土质、地下水位、水文等情况；d. 施工现场气候条件，如气温、湿度、风力、年雨雪量等；e. 现场环境，如交通、饮水、污水排放、生活用电、通信等；f. 工程在施工现场中的位置或布置；g. 临时用地、临时设施搭建。

10. 召开投标预备会

投标预备会又称答疑会、标前会议，是指招标人为澄清或解答招标文件或踏勘现场中的问题，以便投标人更好地编制投标文件而组织召开的会议。

1）投标预备会的目的在于澄清招标文件中的疑问，解答投标人对招标文件和踏勘现场中所提出的疑问和问题。

2）投标预备会在招标管理机构监督下，由招标人组织并主持召开，参加会议的人员包括招标人、投标人、代理机构、招标文件的编制人员、招投标管理机构的管理人员等。所有参加投标预备会的投标人应签到登记，以证明出席投标预备会。

3）在预备会上对招标文件和现场情况进行介绍或解释，并解答投标人提出的疑问，包括书面提出的和口头提出的询问。在投标预备会上还应对施工图进行交底和解释。

4）投标预备会结束后，由招标人整理会议记录和解答内容，报招标管理机构核准同意后，尽快以书面形式将问题及解答同时发送到所有获得招标文件的投标人。

5）为了使投标人在编写投标文件时充分考虑招标人对招标文件的修改或补充内容，以及投标预备会会议记录内容，招标人可根据情况延长投标截止时间。

11. 投标文件的编制与递交

招标人应当合理确定投标人编制投标文件所需的时间，自招标文件开始发出之日起到投标截止日止，最短不得少于 20 天。

投标人应当按照招标文件的要求编制投标文件，投标文件应当对招标文件提出的实质性要求和条件做出响应。投标人可以在中标后将中标项目的部分非主体、非关键性工程进行分包的，应当在投标文件中载明。

依照《招标投标法》规定，投标人应当在招标文件要求提交投标文件的截止时间前，将投标文件送达投标地点。招标人收到投标文件后，应当签收保存，不得开启。投标人少于 3 个的，招标人应当依法重新招标。在招标文件要求提交投标文件的截止时间后送达的投标文件，招标人应当拒收。

投标人在招标文件要求提交投标文件的截止时间前，可以补充、修改或者替代或者撤回已提交的投标文件，并书面通知招标人。补充、修改的内容为投标文件的组成部分。

在提交投标文件截止时间后到招标文件规定的投标有效期终止之前，投标人不得撤销其投标文件，否则招标人可以不退还其投标保证金。

12. 开标

开标是指把所有投标人递交的投标文件启封揭晓。开标应遵循以下各项规定：

1）开标应当在招标文件确定的提交投标文件截止时间的同一时间公开进行；开标地点应当为招标文件中预先确定的地点。

2）开标由招标人主持，邀请所有投标人参加。

3）开标时，由投标人或者其推选的代表检查投标文件的密封情况，也可以由招标人委托的公证机构检查并公证；经确认无误后，由工作人员当众拆封，宣读投标人名称、投标价格和投标文件的其他主要内容。招标人在招标文件要求提交投标文件的截止时间之前收到的所有投标文件，开标时都应当当众予以拆封、宣读。开标过程应当记录，并存档备查。

13. 评标

开标会结束后，招标人要组织评标。评标必须在招标投标管理机构的监督下，由招标人依法组建的评标组织进行。

14. 中标

经过评标后，就可确定出中标人。中标人的投标应当符合下列条件之一：

1）能够最大限度地满足招标文件中规定的各项综合评价标准。

2）能够满足招标文件的实质性要求，并且经评审的投标价格最低；但是投标价格低于成本的除外。

评标委员会经评审，认为所有投标都不符合招标文件要求的，可以否决所有投标。依法须进行招标的项目的所有投标被否决的，招标人应当依照《招标投标法》重新招标。在确定中标人前，招标人不得与投标人就投标价格、投标方案等实质性内容谈判。

15. 合同签订

招标人和中标人应当自中标通知书发出之日起 30 日内，按照招标文件和中标人的投标文件订立书面合同。签订合同 5 日内，退还投标保证金及银行同期存款利息。

建设工程招标与投标工作流程如图 4-2 所示。

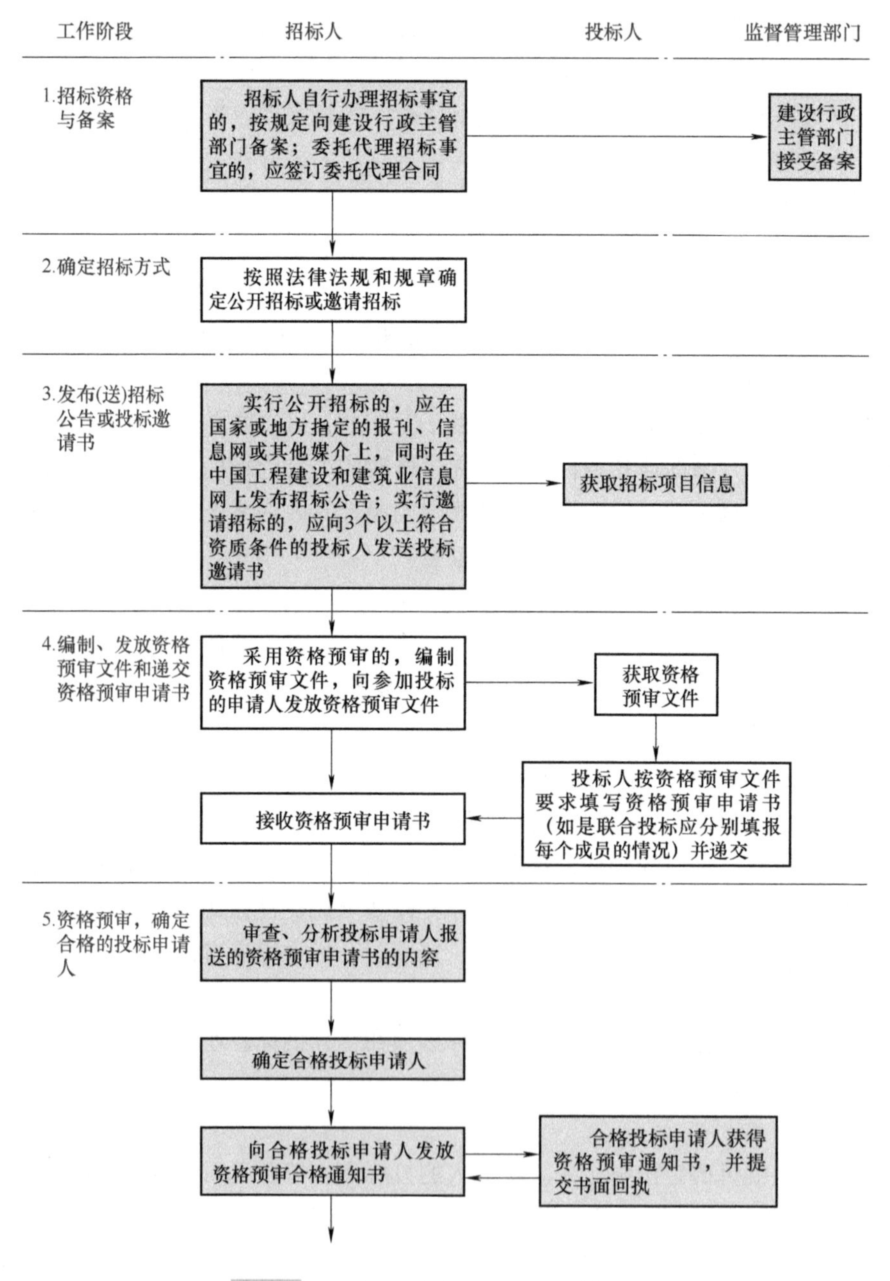

图 4-2　建设工程招标与投标工作流程图

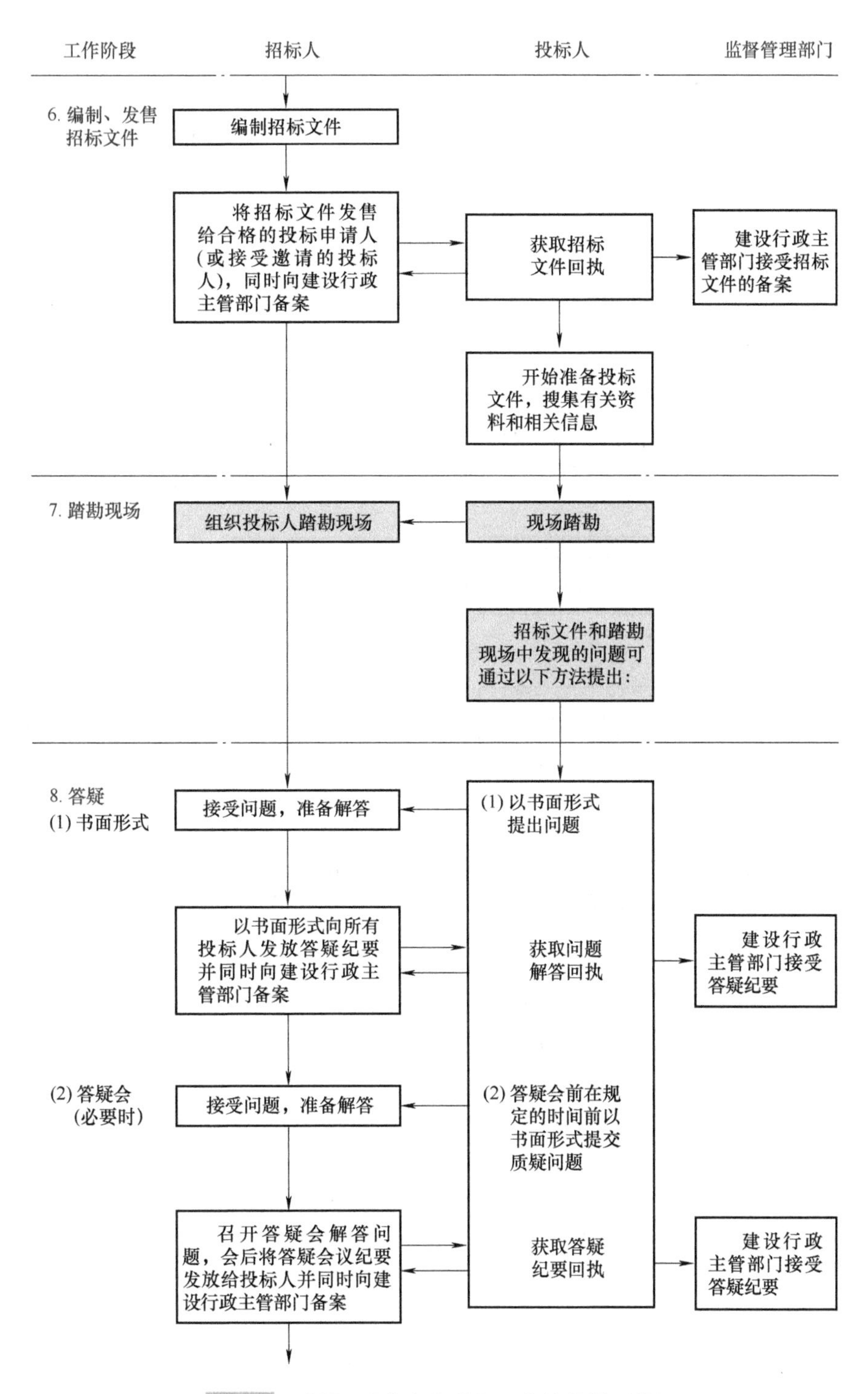

图 4-2　建设工程招标与投标工作流程图（续）

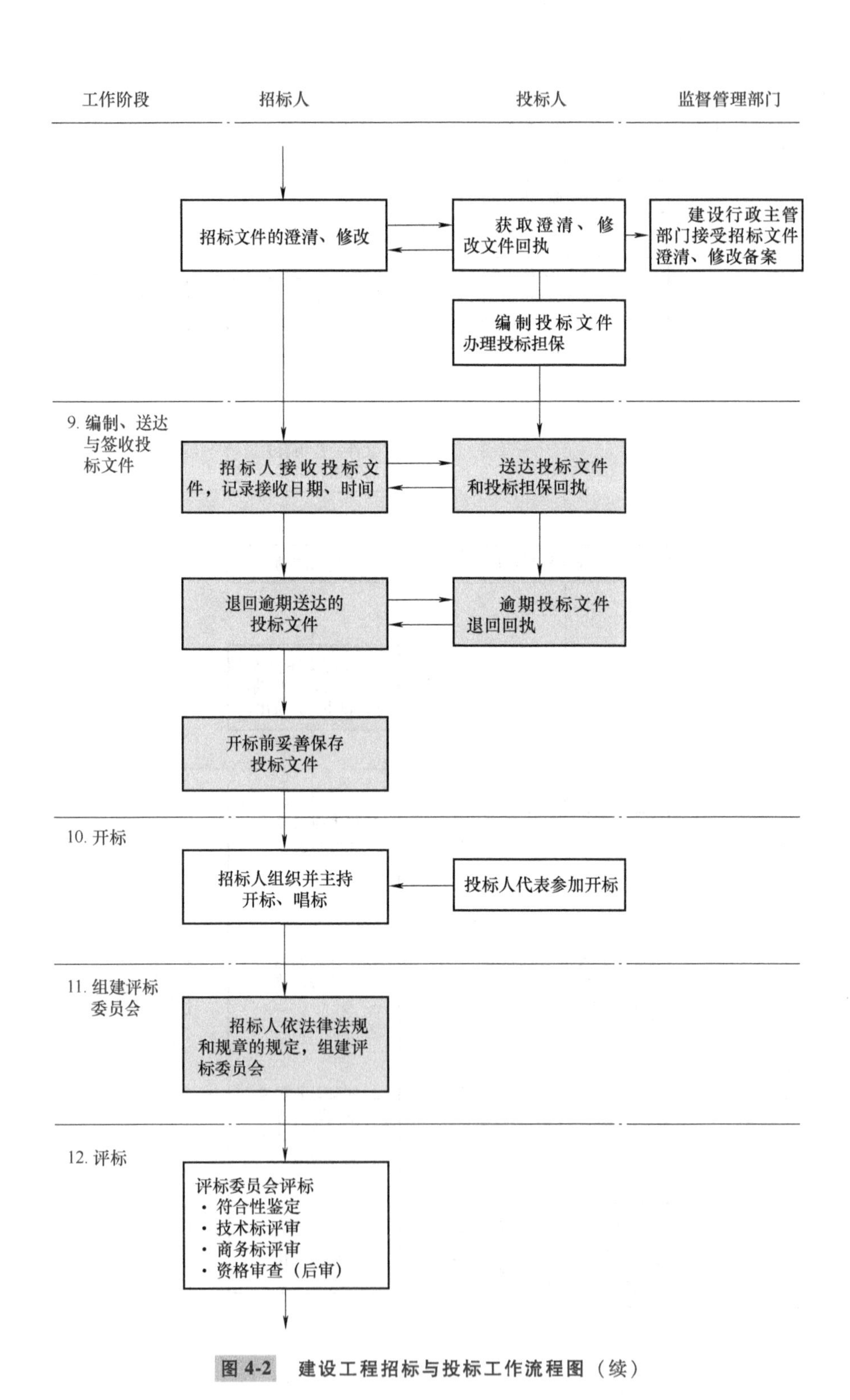

图 4-2 建设工程招标与投标工作流程图（续）

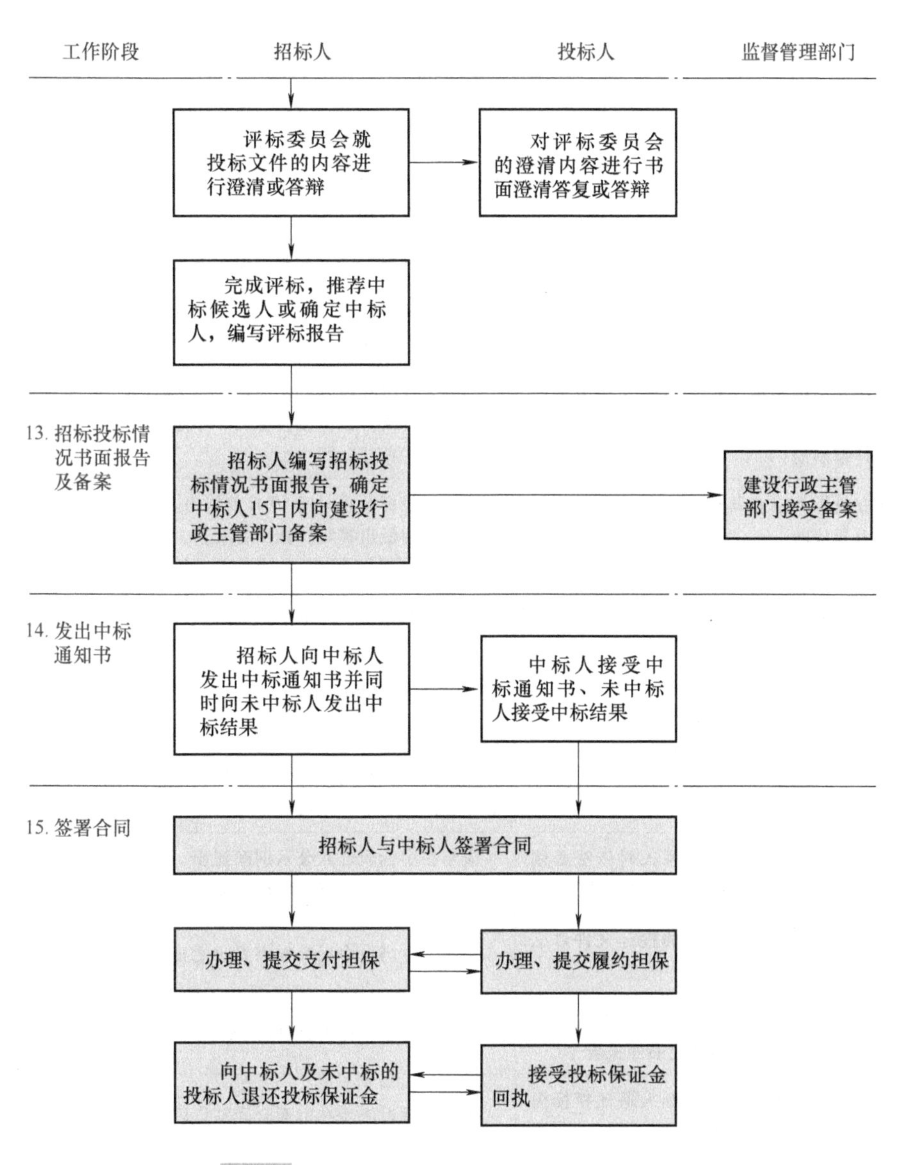

图 4-2　建设工程招标与投标工作流程图（续）

《招标投标法》及《招标投标法实施条例》对招标投标流程的时间节点的规定见表 4-9。

表 4-9　招标投标程序和异议投诉法定时间规定

序号	程序内容	法定时间
1	资格预审文件的发售期	资格预审文件发售之日起不得少于 5 日
2	招标人合理确定提交资格预审申请文件的时间	依法必须进行招标的项目提交资格预审申请文件的时间，自资格预审文件停止发售之日起不得少于 5 日
3	招标人对已发出的资格预审文件进行必要的澄清或者修改。澄清或者修改的内容可能影响资格预审申请文件编制的	应当在提交资格预审申请文件截止时间至少 3 日前，以书面形式通知所有获取资格预审文件潜在投标人；不足 3 日的，招标人应当顺延提交资格预审申请文件的截止时间

（续）

序号	程序内容	法定时间
4	潜在投标人或者其他利害关系人对资格预审文件有异议的	应当在提交资格预审申请文件截止时间 2 日前提出；招标人应当自收到异议之日起 3 日内做出答复；做出答复前，应当暂停招标投标活动
5	招标文件的发售期	招标文件发售之日起不得少于 5 日
6	招标人应当确定投标人编制投标文件的合理时间	依法必须进行招标的项目从招标文件发出之日起至投标人提交投标文件截止之日止，最短不得少于 20 天
7	对已发出的招标文件进行必要的澄清或者修改。澄清或者修改的内容可能影响投标文件编制的	招标人应当在投标截止时间至少 15 日前，以书面形式通知所有获取招标文件的潜在投标人；不足 15 日的，招标人应当顺延投标文件的截止时间
8	潜在投标人或者其他利害关系人对招标文件有异议的	应当在投标截止时间 10 日前提出。招标人应当自收到异议之日起 3 日内做出答复；做出答复前，应当暂停招标投标活动
9	投标人撤回已提交的投标文件，应当在投标截止时间前书面通知招标人。招标人已收取投标保证金的	应当自收到投标人书面撤回通知之日起 5 日内退还
10	投标人对开标有异议的	应当在开标现场提出，招标人应当当场做出答复，并制作记录
11	公示中标候选人	依法必须进行招标的项目，招标人应当自收到评标报告之日起 3 日内公示中标候选人，公示期不得少于 3 日
12	投标人或者其他利害关系人对依法必须进行招标的项目的评标结果有异议的	应当在中标候选人公示期间提出。招标人应当自收到异议之日起 3 日内做出答复；做出答复前，应当暂停招标投标活动
13	按照招标文件和中标人的投标文件订立书面合同	中标人应当自中标通知书发出之日起 30 日内签订
14	依法必须招标的项目招标人向有关行政监督部门提交招标投标情况书面报告	应当自确定中标人之日起 15 日内
15	向中标人和未中标的投标人退还投标保证金及银行同期存款利息	招标人最迟应当在书面合同签订后 5 日内
16	关于对招标投标活动的投诉时效	投标人或者其他利害关系人认为招标投标活动不符合法律、行政法规规定的，可以自知道或者应当知道之日起 10 日内向有关行政监督部门投诉
17	关于对招标投标活动的投诉处理的时间要求	行政监督部门应当自收到投诉之日起 3 个工作日内决定是否受理投诉，并自受理投诉之日起 30 个工作日内做出书面处理决定；需要检验、检测、鉴定、专家评审的，所需时间不计算在内

4.2 建设工程施工投标

工程施工投标是指具有合法资格和能力的投标人根据招标条件，经过初步研究和估算，

在规定期限内填写投标文件，提出报价，并争取中标的经济活动，投标是获取工程施工承包权的主要手段。

4.2.1 施工投标程序

投标是响应招标、参与竞争的一种法律行为。投标人参加依法必须进行招标的项目的投标，不受地区或者部门的限制，任何单位和个人不得非法干涉。

与招标人存在利害关系可能影响招标公正性的法人、其他组织或者个人，不得参加投标。单位负责人为同一人或者存在控股、管理关系的不同单位，不得参加同一标段投标或者未划分标段的同一招标项目投标。违反以上规定的，相关投标均无效。施工企业根据自己的经营状况有权决定参与或拒绝投标竞争。投标需要严格遵守关于招标投标的法律规定及程序进行，施工投标程序如图 4-3 所示。

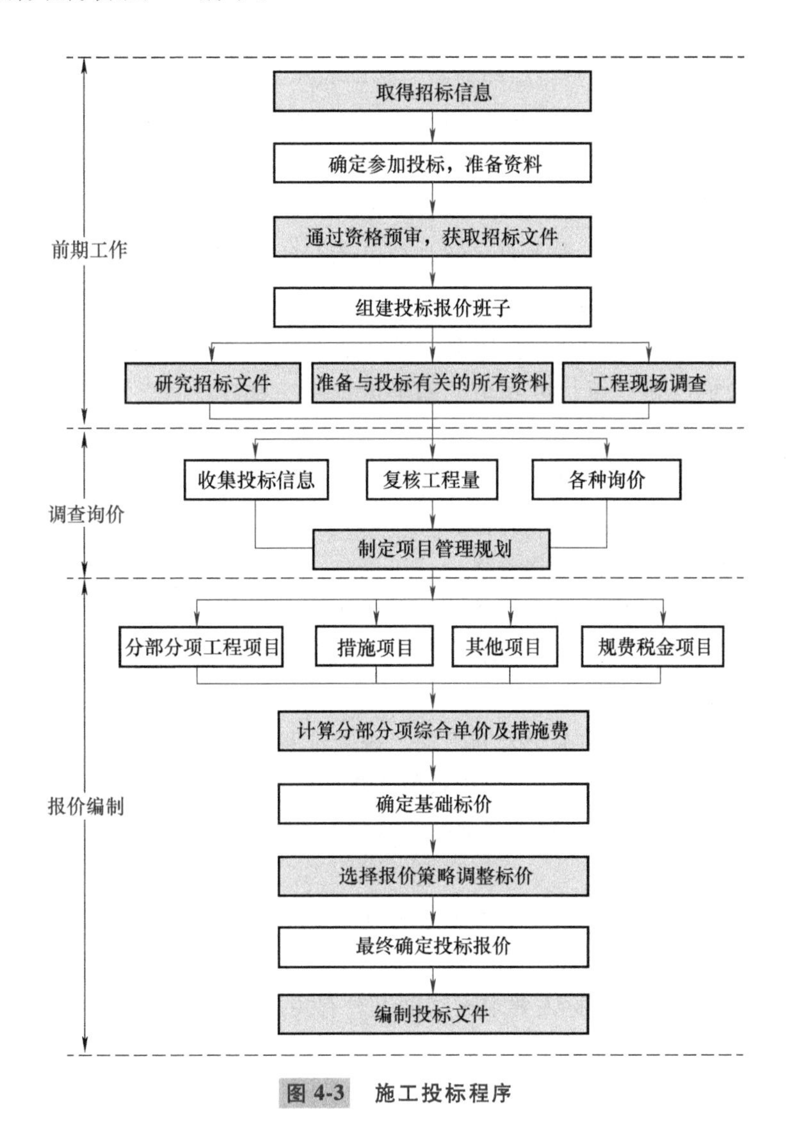

图 4-3 施工投标程序

4.2.2 施工投标前准备

1. 施工投标前期工作

(1) 施工投标决策

投标人取得招标信息后，首先要决定是否参加投标，如果参加投标，即进行前期工作——准备资料、申请并参加资格预审、获取招标文件、组建投标报价班子；然后进入询价与编制投标文件阶段。

(2) 研究招标文件

为保证工程量清单报价的合理性，投标人取得招标文件后，应对投标人须知、合同条款、技术标准（规范）和要求、图纸和工程量清单等重点内容进行分析，正确地理解招标文件和招标人的意图。

1) 投标人须知。

投标人须知反映了招标人对投标的要求，特别要注意项目的资金来源、投标书的编制和递交、投标保证金、更改或备选方案、评标方法等。研究投标人须知的目的在于防止投标被否决。

2) 合同分析。

① 合同背景分析。投标人有必要了解与自己承包的工程内容有关的合同背景，为投标报价和合同实施及索赔提供依据。

② 合同形式分析。合同形式分析主要分析承包方式（如分项承包、施工承包、设计与施工总承包和管理承包等）与计价方式（如单价合同、总价合同、可调合同价格和成本加酬金确定的合同价格等）。

③ 合同条款分析。合同条款分析主要包括：

A. 承包人的任务、工作范围和责任。

B. 工程变更及相应的合同价款调整。

C. 付款方式、时间。应注意合同条款中关于工程预付款、材料预付款的规定。根据这些规定和预计的施工进度计划，计算出占用资金的数额和时间，从而计算出需要支付的利息数额并计入投标报价。

D. 施工工期。合同条款中关于合同工期、竣工日期、部分工程分期交付工期等的规定，是投标人制订施工进度计划的依据，也是报价的重要依据。要注意合同条款中有无工期奖罚的规定，尽可能做到在工期符合要求的前提下报价具有竞争力，或在报价合理的前提下工期具有竞争力。

E. 业主责任。应注意合同条款中关于业主责任措辞的严密性，以及索赔的有关规定。

3) 技术标准（规范）和要求分析。

报价人员应在准确理解招标人要求的基础上对有关工程内容进行报价。

4) 图纸分析。

图纸的详细程度取决于招标人提供的施工图设计所达到的深度和所采用的合同形式，详细的设计图可使投标人比较准确地进行估价。

5）工程量清单。

工程量清单是建设工程计价的依据。投标人按照工程量清单所表述的内容，依据企业定额计算投标价格，自主填报工程量清单所列项目的单价与合价。

2. 询价与复核工程量

（1）询价

投标报价之前，投标人必须对工程所需各种材料、设备等的价格、质量、供应时间、供应数量等进行系统全面的调查，同时还要了解分包范围、分包人报价、分包人履约能力及信誉等，询价是投标报价的基础。

1）生产要素询价。

① 材料询价。材料询价包括调查对比材料价格、供应数量、运输方式、保险、不同买卖条件下的支付方式等。询价人员在施工方案初步确定后，及时发出材料询价单，并催促材料供应商及时报价。收到询价单后，询价人员应进行汇总整理。对所有资料进行比较分析，选择合适、可靠的材料供应商的报价。

② 施工机具询价。在外地施工需用的机具，有时在当地租赁或采购可能更为有利。因此，有必要事前进行施工机具的询价。

③ 劳务询价。劳务询价主要有两种情况：一种是劳务公司；另一种是劳务市场招募零散劳动力。

2）分包询价。

分包询价包括：分包标函是否完整；分包工程单价所包含的内容；分包人的工程质量、信誉及可信赖程度；质量保证措施；分包报价。

（2）复核工程量

工程量清单是招标人提供的，工程量的大小是投标报价最直接的依据。复核工程量的准确程度会影响承包人的经营行为。其主要工作内容有：一是根据复核后的工程量与招标文件提供的工程量之间的差距，考虑相应的投标策略；二是根据工程量的大小采取合适的施工方法，选择适用、经济的施工机具，投入使用相应的劳动力数量等。

1）投标人应认真根据招标说明、图纸、地质资料等招标文件资料，计算主要清单工程量，复核工程量清单。

2）即使工程量有误，投标人也不能修改工程量清单中的工程量，因为修改了清单将导致在评标时被认为投标文件未响应招标文件而被否决。如果发现工程量清单存在错误，则可以向招标人提出，由招标人统一修改并把修改情况通知所有投标人。

3）对工程量清单中工程量的遗漏或错误，是否向招标人提出修改意见取决于投标策略。投标人可以运用一些报价的技巧提高报价的质量，争取在中标后能获得更大的收益。

4）通过复核工程量计算还能准确地确定订货及采购物资的数量，防止由于超量或少购等带来的浪费、积压或停工待料。

【例题 4-5】　对施工投标报价过程中的工程量的复核，下列说法正确的是（C）。

A. 复核的准确程度不会影响施工方法的选用

B. 复核的目的在于修改工程量清单中的工程量

C. 复核有助于防止由于物资少购带来的停工待料

D. 复核中发现的遗漏和错误必须向招标人提出

［解析］ 复核的准确程度会影响施工方法的选用，选项A错误；复核的目的不是修改工程量清单中的工程量，选项B错误；针对工程量清单中工程量的遗漏或错误，是否向招标人提出修改意见取决于投标策略，选项D错误。

3. 工程项目所在地的调查

（1） 自然条件调查

1） 气象资料。气象资料包括年平均气温、年最高气温和年最低气温，年平均降雨（雪）量和最大降雨（雪）量，全年不能和不宜施工的天数。

2） 水文资料。水文资料包括地下水位、潮汐、风浪等。

3） 地震、洪水及其他灾害情况等。

4） 地质情况。地质情况包括地质构造及特征、承载能力等。

（2） 施工条件调查

1） 工程现场地形、地貌、地物、标高，地上或地下障碍物，现场的“三通一平”（通电、通水、通路，地面平整）情况等。

2） 工程现场周围的道路、进出现场条件等规定。

3） 工程现场施工临时设施、大型施工机具、材料堆放场地安排的可能性，是否需要二次搬运。

4） 工程现场邻近建筑物与招标工程的间距、基础埋深、高度等。

5） 市政给水及污水、雨水排放线路位置、标高、管径、压力，废水、污水处理方式等。

6） 当地供电方式、距离、电压等。

7） 工程现场通信线路情况等。

（3） 其他条件调查

1） 建筑构件和半成品的加工、制作和供应条件，商品混凝土的供应能力和价格。

2） 是否可以在工程现场安排工人住宿。

3） 是否可以在工程现场或附近搭建食堂。

4） 工程现场附近治安情况。

4. 踏勘现场和参加投标预备会

（1） 踏勘现场

招标人可以组织所有投标人踏勘现场。参加踏勘现场的人员事先应认真研究招标文件的内容，特别是施工图和技术文件，投标人应派经验丰富的工程技术人员参加踏勘现场，除进行与施工条件和生活条件相关的一般性调查外，主要应根据工程专业特点有重点地结合专业要求进行勘察。

（2） 参加投标预备会

投标预备会又称标前会议，是招标人对所有投标人进行答疑的会议。投标预备会有利于

加深对招标文件的理解，投标人应认真准备和积极参加。

在投标预备会之前，投标人应事先深入研究招标文件，并将发现的各类问题整理成书面文件寄给招标人，要求其给予书面答复，或在标前会议上予以解释和澄清。

招标人或招标代理人在投标预备会上对所有问题的答复均应发出书面文件，并作为招标文件的组成部分。当书面解答与招标文件中的规定不一致时，以函件的解答为准。

5. 联合体投标

对于规模庞大、技术复杂的工程项目，可由几家工程公司联合起来投标，这样可以发挥各自的特长和优势，补充技术力量的不足，增大融资能力，提高整体竞争能力。

1）联合体各方应按照招标文件提供的格式签订联合体协议书，联合体各方应当指定牵头人，授权其代表所有联合体成员负责投标和合同实施阶段的主办、协调工作，并应当向招标人提交由所有联合体成员法定代表人签署的授权书。

2）联合体各方签订共同投标协议后，不得再以自己的名义单独投标，也不得组成新的联合体或参加其他联合体在同一项目中投标。

3）招标人接受联合体投标并进行资格预审的，联合体应当在提交资格预审申请文件前组成。资格预审后联合体增减、更换成员的，其投标无效。

4）由同一专业的单位组成的联合体，按照资质等级较低的单位确定资质等级。

5）联合体投标的，应当以联合体各方或者联合体中牵头人的名义提交投标保证金。以联合体中牵头人的名义提交的投标保证金，对联合体各成员具有约束力。

6）联合体中标的，联合体各方应当共同与招标人签订合同，并就中标项目向招标人承担连带责任。

7）联合体成员的责任承担。

① 内部责任。组成联合体的成员单位投标之前必须要签订共同投标协议，明确约定各方拟承担的工作和责任，并将共同投标协议连同投标文件一并提交招标人。联合体投标未附联合体各方共同投标协议的，由评标委员会初审后按废标处理。

② 外部责任。共同承包的各方对承包合同的履行承担连带责任。负有连带义务的每个债务人都负有清偿全部债务的义务，履行了义务的人有权要求其他负有连带义务的人偿付他应当承担的份额。

【例题 4-6】 关于联合体投标需遵循的规定，下列说法中正确的是（D）。

A. 联合体各方签订共同投标协议后，可以再以自己的名义单独投标

B. 资格预审后联合体增减、更换成员的，其投标有效性待定

C. 由同一专业的单位组成的联合体，按其中较高资质确定联合体资质等级

D. 联合体投标的，可以联合体牵头人的名义提交投标保证金

▶案例 4-2

甲建筑公司与乙建筑公司组成了一个联合体去投标，它们在共同投标协议中约定如果

在施工的过程中出现质量问题而遭遇建设单位的索赔，各自承担索赔额的50%。后来在施工的过程中果然由于甲建筑公司的施工技术问题出现了质量问题并因此遭到了建设单位的索赔，索赔额是10万元。但是建设单位却仅仅要求乙建筑公司赔付这笔索赔款。乙建筑公司拒绝了建设单位的请求，理由有两点：

（1）因甲建筑公司的施工技术问题导致质量事故的出现，因此应该由甲建筑公司承担责任。

（2）共同投标协议中约定了各自承担50%的索赔责任，因此，这项索赔即使不由甲建筑公司独自承担，甲建筑公司也应该承担50%的索赔额，而不应该由自己全部承担。

【问题】

乙建筑公司的理由成立吗？

【分析】

理由不成立。联合体中共同承包的各方对承包合同的履行承担连带责任。建设单位可以要求甲建筑公司承担赔偿责任，也可以要求乙建筑公司承担赔偿责任。已经承担责任的一方，可以就超出自己应该承担的部分向对方追偿，但是不可以拒绝先行赔付。

【例题4-7】 在某工程项目的招标中，甲公司以工程总承包的方式承揽了某大型工程的设计和施工任务。根据工程总承包合同的约定，甲公司将其中的一项单位工程分包给了乙公司。甲乙双方在分包合同中约定的利润及责任分担比例：甲为20%，乙为80%。最后，乙公司工程质量发生问题，对建设单位造成了50万元的经济损失。根据我国有关法律的规定，下列关于建设单位要求赔偿损失的说法正确的是（BCD）。

A. 建设单位只能向甲公司要求赔偿全部损失

B. 建设单位可以只要求乙公司赔偿全部损失

C. 建设单位可以要求甲乙各赔偿25万元的损失

D. 建设单位可以要求甲公司承担40万元、乙公司承担10万元的损失

E. 建设单位只能要求甲公司承担10万元、乙公司承担40万元的损失

［解析］ 选项A不正确，连带责任可以向任何一方要求赔偿；选项B正确，可以只向连带责任一方要求全部赔偿，一方向建设单位承担的责任超过其应承担份额的，有权向另一方追偿；选项C正确，甲乙双方在分包合同中约定的责任分担比例（20%，80%）只约束总分包双方，建设单位可要求双方承担任何比例，若一方向建设单位承担的责任超过其应承担份额的，有权向另一方追偿；选项D正确，选项E不正确，理由同选项C。

【例题4-8】 甲公司与乙公司组成联合体投标，共同投标协议中约定：如果因工程质量遭遇业主索赔，各自承担索赔金额的50%。在施工过程中果然因质量问题遭遇业主索赔，索赔额为10万元，则下面说法不正确的是（D）。

A. 如果业主要求甲公司全部支付 10 万元，甲公司不能以与乙公司有协议为理由拒绝支付

B. 如果业主要求乙公司全部支付 10 万元，乙公司不能以与甲公司有协议为理由拒绝支付

C. 如果甲公司支付了 10 万元，则业主不能再要求乙公司赔偿

D. 甲公司与乙公司必须各支付 5 万元

6. 禁止投标人不正当竞争行为

在建设工程招标投标活动中，投标人的不正当竞争行为包括投标人相互串通投标、投标人与招标人串通投标、投标人以行贿手段谋取中标、投标人以低于成本的报价竞标、投标人以他人名义投标或者以其他方式弄虚作假骗取中标。

（1）投标人相互串通投标

1）投标人之间协商投标报价等投标文件的实质性内容。

2）投标人之间约定中标人。

3）投标人之间约定部分投标人放弃投标或者中标。

4）属于同一集团、协会、商会等组织成员的投标人按照该组织要求协同投标。

5）投标人之间为谋取中标或者排斥特定投标人而采取的其他联合行动。

（2）视为投标人相互串通投标

1）不同投标人的投标文件由同一单位或者个人编制。

2）不同投标人委托同一单位或者个人办理投标事宜。

3）不同投标人的投标文件载明的项目管理成员为同一人。

4）不同投标人的投标文件异常一致或者投标报价呈规律性差异。

5）不同投标人的投标文件相互混装。

6）不同投标人的投标保证金从同一单位或者个人的账户转出。

（3）招标人与投标人串通投标

1）招标人在开标前开启投标文件并将有关信息泄露给其他投标人。

2）招标人直接或者间接向投标人泄露标底、评标委员会成员等信息。

3）招标人明示或者暗示投标人压低或者抬高投标报价。

4）招标人授意投标人撤换、修改投标文件。

5）招标人明示或者暗示投标人为特定投标人中标提供方便。

6）招标人与投标人为谋求特定投标人中标而采取的其他串通行为。

（4）投标人以行贿手段谋取中标

在账外暗中给予对方单位或个人回扣的，以行贿论处。对方单位或个人在账外暗中收受回扣的，以受贿论处。

（5）投标人以低于成本的报价竞标

这里的“成本”是指投标人的个别成本，是以投标人的企业定额计算的成本，而不是社会平均成本，也不是行业平均成本。评标过程中，如果评标委员会发现投标人的报价明显低于其他投标报价或者在设有标底时明显低于标底，使得可能低于其个别成本的，应当启动澄清程序，要求该投标人做出书面说明并提供相关证明材料。投标人不能合理说明或者不能提供相关证明材料的，评标委员会应当认定该投标人以低于成本报价竞标，否决其投标。

（6）投标人以他人名义投标

根据《工程建设项目施工招标投标办法》，以他人名义投标是指投标人挂靠其他施工单位，或从其他单位通过受让或租借的方式获取资格或资质证书，或者由其他单位及其法定代表人在自己编制的投标文件上加盖印章和签字等行为。

（7）以其他方式弄虚作假的行为

1）使用伪造、变造的许可证件。

2）提供虚假的财务状况或者业绩。

3）提供虚假的项目负责人或者主要技术人员简历、劳动关系证明。

4）提供虚假的信用状况。

5）其他弄虚作假的行为。

【例题4-9】　下列情形中，属于不同投标人之间相互串通投标情形的是（A）。

A. 约定部分投标人放弃投标或者中标

B. 投标文件相互混装

C. 投标文件载明的项目经理为同一人

D. 委托同一单位或个人办理投标事宜

[解析]　选项B、C、D都是视为不同投标人相互串通投标的情形。

【例题4-10】　有（A）情形的，不属于招标人与投标人串通投标。

A. 招标人在开标前将评标办法泄露给其他投标人

B. 招标人直接或者间接向投标人泄露标底、评标委员会成员等信息

C. 招标人明示或者暗示投标人压低或者抬高投标报价

D. 招标人明示或者暗示投标人为特定投标人中标提供方便

4.2.3　投标报价与投标文件的编制

投标的基本前提是响应招标文件的实质性要求。实质性要求和条件主要是指招标文件中有关招标项目的价格、期限、技术规范、合同的主要条款等内容。

1. 施工投标文件的组成

《标准施工招标文件》规定，施工投标文件一般由下列内容组成：

1）投标函及投标函附录。

2）法定代表人身份证明或附有法定代表人身份证明的授权委托书。

3）联合体协议书。

4）投标保证金。

5）已标价工程量清单。

6）施工组织设计。

7）项目管理机构。

8）拟分包项目情况表。

9）资格审查资料。

10）投标人须知前附表规定的其他材料。

投标函格式

____________（招标人名称）：

1. 我方已仔细研究了____________（项目名称）____________标段施工招标文件的全部内容，愿意以人民币（大写）________________元（¥________）的投标总报价，工期______日历天，按合同约定实施和完成承包工程，修补工程中的任何缺陷，工程质量达到____________。

2. 我方承诺在投标有效期内不修改、撤销投标文件。

3. 随同本投标函提交投标保证金一份，金额为人民币（大写）________________元（¥________）。

4. 如我方中标：

（1）我方承诺在收到中标通知书后，在中标通知书规定的期限内与你方签订合同。

（2）随同本投标函递交的投标函附录属于合同文件的组成部分。

（3）我方承诺按照招标文件规定向你方递交履约担保。

（4）我方承诺在合同约定的期限内完成并移交全部合同工程。

5. 我方在此声明，所递交的投标文件及有关资料内容完整、真实和准确。

6. 其他补充说明________________________________。

投标人：________________________（盖单位章）

法定代表人或其委托代理人：__________________（签字）

地址：______________________________

网址：______________________________

电话：______________________________

邮政编码：______________________________

______年______月______日

授权委托书格式

本人____________（姓名）系____________（投标人名称）的法定代表人，现委托____________（姓名）为我方代理人。代理人根据授权，以我方名义签署、澄清、说明、补正、递交、撤回、修改____________________（项目名称）____________________标段施工投标文件、签订合同和处理有关事宜，其法律后果由我方承担。

委托期限：________________。

代理人无转委托权。

附：法定代表人身份证明

投标人：________________（盖单位章）

法定代表人：________________（签字）

身份证号码：________________

委托代理人：________________（签字）

身份证号码：________________

______年______月______日

2. 投标文件编制应遵循的规定

投标文件由投标人或工程造价咨询单位编制，注意以下几点：投标人自主报价、必须按招标工程量清单填报、不得低于成本、不得高于招标控制价。

1）投标文件应按“投标文件格式”进行编写，如有必要，可以增加附页，作为投标文件的组成部分。

2）投标文件应当对招标文件有关工期、投标有效期、质量要求、技术标准和要求、招标范围等实质性内容做出响应。

3）投标文件应由投标人的法定代表人或其委托代理人签字或盖单位公章。委托代理人签字的，投标文件应附法定代表人签署的授权委托书。投标文件应尽量避免涂改、行间插字或删除。如果出现上述情况，改动之处应加盖单位公章或由投标人的法定代表人或其授权的代理人签字确认。

4）投标文件正本一份，副本份数按招标文件有关规定。正本和副本的封面上应清楚地标记“正本”或“副本”的字样。投标文件的正本与副本应分别装订成册，并编制目录。当副本和正本不一致时，以正本为准。

3. 投标报价的组成

根据《住房城乡建设部　财政部关于印发〈建筑安装工程费用项目组成〉的通知》（建标〔2013〕44号）及GB 50500—2013《建设工程工程量清单计价规范》的规定，建筑安装工程费用按费用构成要素划分为人工费、材料费、施工机具使用费、企业管理费、利润、规费和税金；按工程造价形成划分为分部分项工程费、措施项目费、其他项目费、规费和税金。

（1）按费用构成要素划分

按费用构成要素划分，建筑安装工程费由人工费、材料费（包含工程设备，下同）、施工机具使用费、企业管理费、利润、规费和税金组成。

建筑安装工程费=人工费+材料费+施工机具使用费+企业管理费+利润+规费+税金

1）人工费。

人工费是指按工资总额构成规定，支付给从事建筑安装工程施工的生产工人和附属生产

单位工人的各项费用。内容包括计时工资或计件工资、奖金、津贴补贴、加班加点工资等。

2）材料费。

材料费是指施工过程中耗费的原材料、辅助材料、构配件、零件、半成品或成品、工程设备的费用。内容包括材料原价、运杂费、运输损耗费、采购及保管费。工程设备是指构成或计划构成永久工程一部分的机电设备、金属结构设备、仪器装置及其他类似的设备和装置。

3）施工机具使用费。

施工机具使用费是指施工作业所发生的施工机械、仪器仪表使用费或其租赁费。

① 施工机械使用费。施工机械台班单价由下列七项费用组成：折旧费、大修理费、经常修理费、安拆费及场外运费、人工费［即机上司机（司炉）和其他操作人员的人工费］、燃料动力费、税费（车船使用税、保险费及年检费等）。

② 仪器仪表使用费。工程施工所需使用的仪器仪表的摊销及维修费用。

4）企业管理费。

企业管理费是指建筑安装企业组织施工生产和经营管理所需的费用。内容包括管理人员工资、办公费、差旅交通费、固定资产使用费、工具用具使用费、劳动保险和职工福利费、劳动保护费、检验试验费、工会经费、职工教育经费、财产保险费（施工管理用财产、车辆等的保险费用）、财务费（企业为施工生产筹集资金或提供预付款担保、履约担保、职工工资支付担保等所发生的各种费用）、税金（按规定缴纳的房产税、车船使用税、土地使用税、印花税等）、其他费用（包括技术转让费、技术开发费、投标费、业务招待费、绿化费、广告费、公证费、法律顾问费、审计费、咨询费等）。

5）利润。

利润是指施工企业完成承包工程获得的盈利。

6）规费。

按国家法律法规规定，由省级政府和省级有关权力部门规定必须缴纳计取的费用。内容包括社会保险费（养老保险费、失业保险费、医疗保险费、生育保险费、工伤保险费）、住房公积金、工程排污费（2018 年起停征），其他应列入而未列入的规费，按实际发生计取。

7）税金。

税金是指国家税法规定的应计入建筑安装工程造价的增值税。

（2）按工程造价形成划分

按工程造价形成划分，建筑安装工程费由分部分项工程费、措施项目费、其他项目费、规费和税金组成。

建筑安装工程费=分部分项工程费+措施项目费+其他项目费+规费+税金

1）分部分项工程费。

分部分项工程费是指各专业工程的分部分项工程应予列支的各项费用。

① 专业工程。按现行国家计量规范划分的房屋建筑与装饰工程、仿古建筑工程、通用安装工程、市政工程、园林绿化工程、矿山工程、构筑物工程、城市轨道交通工程、爆破工程等各类工程。

② 分部分项工程。按现行国家计量规范对各专业工程划分的项目，如房屋建筑与装饰工程划分的土石方工程、地基处理与桩基工程、砌筑工程、钢筋及钢筋混凝土工程等。

2）措施项目费。

措施项目费是指为完成建设工程施工，发生于该工程施工前和施工过程中的技术、生活、安全、环境保护等方面的费用。其内容包括：a. 安全文明施工费：包括环境保护费、文明施工费、安全施工费、临时设施费；b. 夜间施工增加费；c. 二次搬运费；d. 冬雨季施工增加费；e. 已完工程及设备保护费；f. 工程定位复测费；g. 特殊地区施工增加费；h. 大型机械设备进出场及安拆费；i. 脚手架工程费。

3）其他项目费。

① 暂列金额。建设单位在工程量清单中暂定并包括在工程合同价款中的一笔款项。用于施工合同签订时尚未确定或者不可预见的所需材料、工程设备、服务的采购，施工中可能发生的工程变更、合同约定调整因素出现时的工程价款调整以及发生的索赔、现场签证确认等的费用。

② 计日工。在施工过程中，施工企业完成建设单位提出的施工图以外的零星项目或工作所需的费用。

③ 总承包服务费。总承包人为配合、协调建设单位进行的专业工程发包，对建设单位自行采购的材料、工程设备等进行保管以及施工现场管理、竣工资料汇总整理等服务所需的费用。

④ 暂估价。招标人在工程量清单中提供的用于支付必然发生但暂时不能确定价格的材料、工程设备的单价以及专业工程的金额。

4）规费。

同按费用构成要素划分规定。

5）税金。

同按费用构成要素划分规定。

4. 投标报价的编制与审核

投标报价是投标人参与工程项目投标时报出的工程造价。投标报价不能高于招标人设定的招标控制价（最高投标限价）。投标报价的编制是指投标人对拟承建工程项目所要发生的各种费用的计算过程，投标人报价必须按招标工程量清单填报价格。

（1）编制原则

1）投标报价由投标人自主确定，严格执行 GB 50500—2013《建设工程工程量清单计价规范》，自行或委托造价咨询人编制。

2）不低于成本原则。严格遵守投标报价不低于成本：明显低于其他报价或标底，可能低于个别成本，评标委员会应当要求该投标人做出书面说明并提供证明材料，投标人应予以配合。评标委员会认定该投标人以低于成本报价竞标，应当否决该投标人的投标。

3）风险分担原则。投标报价以招标文件中设定的发承包双方责任划分，作为考虑投标报价费用项目和费用计算的基础。

4）发挥自身优势原则。以施工方案、技术措施作为投标报价计算的基本条件，以企业定额作为计算人、材、机消耗量的基本依据。

5）科学严谨原则。报价计算方法科学严谨，简明适用。

（2）编制依据

1）GB 50500—2013《建设工程工程量清单计价规范》。

2）国家或省级、行业建设主管部门颁发的计价办法。

3）企业定额，国家或省级、行业建设主管部门颁发的计价定额和计价办法。

4）招标文件、招标工程量清单及其补充通知、答疑纪要。

5）建设工程设计文件及相关资料。

6）施工现场情况、工程特点及投标时拟定的施工组织设计或施工方案。

7）与建设项目相关的标准、规范等技术资料。

8）市场价格信息或工程造价管理机构发布的工程造价信息。

9）其他的相关资料。

【例题 4-11】 根据 GB 50500—2013《建设工程工程量清单计价规范》，关于企业投标报价编制原则的说法，正确的有（ACDE）。

A. 投标报价由投标人自主确定

B. 为了鼓励竞争，投标报价可以略低于成本

C. 投标人必须按照招标工程量清单填报价格

D. 投标人的投标报价高于招标控制价的属于无效投标

E. 投标人应以施工方案、技术措施等作为投标报价计算的基本条件

[解析] 选项 B 错误，投标报价不得低于工程成本。

【例题 4-12】 投标人在投标报价时，应优先被采用作为综合单价编制依据的是（A）。

A. 企业定额　　B. 地区定额　　C. 行业定额　　D. 国家定额

[解析] 在投标报价确定分部分项工程综合单价时，应根据本企业的实际消耗量水平并结合拟定的施工方案，确定完成清单项目需要消耗的各种人工、材料、施工机械台班的数量。

（3）投标报价的编制方法

1）分部分项工程和措施项目中的单价项目，应根据招标文件和招标工程量清单项目中的特征描述确定综合单价计算。综合单价包括完成一个规定清单项目所需的人工费、材料和工程设备费、施工机具使用费、企业管理费、利润，并考虑风险费用的分摊。

综合单价=人工费+材料和工程设备费+施工机具使用费+企业管理费+利润

在施工过程中，当出现的风险内容及其范围（幅度）在合同约定的范围内时，合同价款不做调整。风险分担规定如下：

① 对于主要由市场价格波动导致的价格风险，发承包双方应当在招标文件中或在合同中对此类风险的范围和幅度予以明确约定，进行合理分摊。

② 对于法律、法规、规章或有关政策出台导致工程税金、规费、人工费发生变化，并

由省级、行业建设行政主管部门或其授权的工程造价管理机构根据上述变化发布的政策性调整，承包人不应承担此类风险，应按照有关调整规定执行。

③ 对于承包人根据自身技术水平、管理、经营状况能够自主控制的风险，如承包人的管理费、利润的风险，承包人应结合市场情况，根据企业自身的实际合理确定、自主报价，该部分风险由承包人全部承担。

2）措施项目中的总价项目金额应根据招标文件及投标时拟定的施工组织设计或施工方案，措施项目中的安全文明施工费必须按国家或省级、行业建设主管部门的规定计算，不得作为竞争性费用。安全文明施工费应按照不低于国家或省级、行业建设主管部门规定标准的90%计价。

3）其他项目清单与计价表的编制。

① 暂列金额。按招标人提供的金额填写，不得变动。

② 暂估价。材料、工程设备暂估价必须按照招标人提供的单价计入清单项目综合单价报价中，专业工程暂估价必须按照招标人提供的金额填写。

③ 计日工。按招标人提供的其他项目清单中的暂估数量，单价由投标人自主报价。

④ 总承包服务费。按照招标文件列出分包专业工程内容和供应材料、设备情况，由投标人自主报价。

4）规费、税金项目计价表的编制。规费和税金应按国家或省级、行业建设主管部门的规定计算，不得作为竞争性费用。

5）投标价的汇总。总价与各部分合计金额应一致，不能进行投标总价的优惠，投标人对投标报价的任何优惠均应反映在相应清单项目的综合单价中。

【例题4-13】 实行工程量清单计价的招标工程，投标人可以完全自主报价的是（B）。

A. 暂列金额　　B. 总承包服务费

C. 专业工程暂估价　　D. 安全文明施工费

[解析] 暂列金额应按照招标工程量清单中列出的金额填写，不得变动。总承包服务费应根据招标工程量列出的专业工程暂估价内容和供应材料、设备情况，按照招标人提出协调、配合与服务要求和施工现场管理需要自主确定。措施项目中的安全文明施工费应按照国家或省级、行业主管部门的规定计算确定。

【例题4-14】 工程量清单招标，投标人编制投标报价前应复核工程量清单中的分部分项工程量，因为该工程量会影响（ACDE）。

A. 投标总价的计算　　B. 结算工程量的确定

C. 施工方法选择　　D. 劳动力和机具安排

E. 投标综合单价报价

[解析] 投标人在编制投标报价之前，需要先对清单工程量进行复核。因为工程量的多少是选择施工方法、安排人力和机具、准备材料必须考虑的因素，也会影响分项工程的单价。

【例题 4-15】　施工投标报价的主要工作有：①复核工程量；②研究招标文件；③确定基础标价；④编制投标文件。其正确的工作流程是（D）。

A. ①②③④　　B. ②③①④　　C. ①②④③　　D. ②①③④

【例题 4-16】　按工程造价的形成划分，工程量清单计价的投标报价由（ABC）构成。

A. 分部分项工程费　　B. 措施项目费

C. 其他项目费用　　D. 暂列金额

E. 安装费用

【例题 4-17】　投标人编制投标报价时，分部分项工程量清单综合单价包括（B）。

A. 人工费、材料费、施工机具使用费

B. 人工费、材料费、施工机具使用费、企业管理费、利润，并考虑风险费用的分摊

C. 人工费、材料费、施工机具使用费、企业管理费、利润

D. 人工费、材料费、施工机具使用费、企业管理费、规费

[解析]　分部分项工程量清单综合单价，包括完成单位分部分项工程所需的人工费、材料费、施工机具使用费、企业管理费、利润，并考虑风险费用的分摊。

5. 投标报价策略

投标报价策略是指投标人在投标竞争中的系统工作部署及参与投标竞争的方式和手段。投标报价策略可分为基本策略和报价技巧两个层面。

（1）基本策略

投标报价的基本策略主要是指投标人应根据招标项目的不同特点，并考虑自身的优势和劣势，选择不同的报价。

1）选择报高价的情形。

投标人在下列情形中报价可以高一些：施工条件差的工程（如条件艰苦、场地狭小或地处交通要道等）；专业要求高的技术密集型工程，投标人在这方面有专长，声望较高；总价低的小工程，以及投标人不愿做而被邀请投标，又不便不投标的工程；特殊工程；投标对手少的工程；工期要求紧的工程；支付条件不理想的工程。

2）选择报低价的情形。

投标人在下列情形中报价可以低一些：施工条件好的工程，工作简单、工程量大而其他投标人都可以做的工程；投标人急于打入某一市场、某一地区，或虽已在某一地区经营多年，但即将面临没有工程的情况；投标对手多，竞争激烈的工程；支付条件好的工程。

（2）报价技巧

1）不平衡报价法。

不平衡报价法是指在不影响工程总报价的前提下，通过调整内部各个项目的报价，以达到既不提高总报价、不影响中标，又能在结算时得到更理想的经济效益的报价方法。不平衡

报价法适用于以下几种情况：

① 能够早日结算的项目（如基础工程、土石方工程等）可以适当提高报价，以利于资金周转，提高资金时间价值。后期工程项目（如设备安装、装饰工程等）的报价可适当降低。

② 预计今后工程量会增加的项目，适当提高单价，这样在最终结算时可多盈利；对于将来工程量有可能减少的项目，适当降低单价。

③ 设计图不明确、估计修改后工程量要增加的，可以提高单价；工程内容说明不清楚的，可降低单价，在实施阶段通过索赔再寻求提高单价的机会。

④ 没有工程量而只需填报单价的项目（如疏浚工程中的开挖淤泥工作等），其单价宜报高一些，这样既不影响总的投标价，又可多获利。

⑤ 对于暂定项目，其实施可能性大的可定高价，估计该工程不一定实施的则可定低价。

⑥ 零星用工一般可稍高于工程单价表中的工资单价。因为零星用工实报实销，可多获利。

2）多方案报价法。

多方案报价法是指在投标文件中报两个价：一个是按招标文件的条件报一个价；另一个是加注解的报价，即如果某条款做某些改动，报价可降低多少，这样可降低总报价，吸引招标人。

多方案报价法适用于招标文件中的工程范围不是很明确，条款不是很清楚或很不公正，或技术规范要求过于苛刻的工程。采用多方案报价法，可降低投标风险，但投标工作量较大。

3）无利润报价法。

无利润报价法通常在下列情形中采用：

① 有可能在中标后，将大部分工程分包给索价较低的一些分包商。

② 对于分期建设的工程，先以低价获得首期工程，而后赢得机会创造第二期工程中的竞争优势，并在以后的工程实施中获得盈利。

③ 较长时期内投标人没有在建工程项目，采用无利润报价获得一定的管理费维持公司的日常运转，而不要求利润，这也是克服企业经营暂时困难的策略。

4）增加建议方案。

招标文件中有时规定，可以提一个建议方案，即可以修改原设计方案，提出投标人的方案。仔细研究招标文件中的设计和施工方案，提出更为合理的方案以吸引招标单位，促成自己的方案中标。这种新建议方案可以是降低总造价或是缩短工期，或使工程实施方案更为合理。同时要强调，建议方案一定要具有较强的可操作性。

5）突然降价法。

突然降价法是指先按一般情况报价，快到投标截止时，再突然降价。

6）许诺优惠条件。

附带优惠条件是一种行之有效的投标报价手段。招标人在评标时，除主要考虑报价和技术方案外，还要分析其他条件，如工期、支付条件等。若投标人在投标时主动提出提前竣

工、低息贷款、免费技术协作、代为培训人员等，可以吸引招标人，有利于中标。

4.2.4　投标文件的递交

投标人应当在招标文件规定的提交投标文件的截止时间前，将投标文件密封送达投标地点。招标人收到招标文件后，应当向投标人出具标明签收人和签收时间的凭证，在开标前任何单位和个人不得开启投标文件。招标人规定的投标截止日是提交投标文件的最后期限。投标人在投标截止日之前所提交的投标是有效的，超过该日期就会被视为无效投标。投标文件的递交应注意以下问题：

（1）投标保证金

投标人在递交投标文件的同时，应按规定的金额、担保形式和投标保证金格式递交投标保证金，并作为其投标文件的组成部分。投标人不按招标文件要求提交投标保证金的，该投标文件将被拒绝，按废标处理。

联合体投标的，其投标保证金由牵头人递交，并应符合规定。投标保证金除现金外，可以是银行出具的银行保函、保兑支票、银行汇票或现金支票。《招标投标法实施条例》规定，投标保证金不得超过招标项目估算价的 2%，投标保证金有效期应当与投标有效期一致。依法必须进行招标的项目的境内投标单位，以现金或者支票形式提交的投标保证金应当从其基本账户转出。出现下列情况的，投标保证金将不予退还：

1）投标人在规定的投标有效期内撤销或修改其投标文件。

2）中标人在收到中标通知书后，无正当理由拒签合同协议书或未按招标文件规定提交履约担保。

招标人与中标人签订合同后 5 日内，应当向中标人和未中标的投标人退还投标保证金。

（2）投标有效期

招标文件应当规定一个适当的投标有效期，以保证招标人有足够的时间完成评标和与中标人签订合同。投标有效期从投标人提交投标文件截止之日起计算。一般项目投标有效期为 60~90 天，大型项目 120 天左右。

在原投标有效期结束前，出现特殊情况的，招标人可以书面形式要求所有投标人延长投标有效期。投标人同意延长的，不得要求或被允许修改其投标文件的实质性内容，但应当相应延长其投标保证金的有效期；投标人拒绝延长的，其投标失效，但投标人有权收回其投标保证金。因延长投标有效期造成投标人损失的，招标人应当给予补偿，但因不可抗力需要延长投标有效期的除外。

（3）投标文件的密封和标识

投标文件的正本与副本应分开包装，加贴封条，并在封套上清楚标记“正本”或“副本”字样，于封口处加盖投标人单位公章。

（4）投标文件的修改与撤回

在规定的投标截止时间前，投标人可以修改或撤回已递交的投标文件，应以书面形式通知招标人。补充、修改的内容为投标文件的组成部分。在招标文件规定的投标有效期内（投标截止时间之后），投标人不得要求撤销或修改其投标文件。

招标人收到投标文件后，应当签收保存，不得开启。投标人少于3个的，招标人应当依照《招标投标法》重新招标。

投标人撤回已提交的投标文件，应当在投标截止时间前书面通知招标人。招标人已收取投标保证金的，应当自收到投标人书面撤回通知之日起5日内退还。投标截止后投标人撤销投标文件的，招标人可以不退还投标保证金。

（5）投标文件的拒收

未通过资格预审的申请人提交的投标文件，以及逾期送达或者不按照招标文件要求密封的投标文件，招标人应当拒收。

【例题4-18】 工程投标时，投标保证金对投标人具有约束力的期限是（D）。

A. 申请资格预审日起，到开标日止

B. 购买招标文件日起，至开标日止

C. 投标截止日起，至招标人确定中标人止

D. 投标截止日起，至招标人与中标人签订合同日止

［解析］ 投标保证金有效期应当与投标有效期一致。投标有效期是对招标和投标人均有约束力的时间期限，从投标截止日期开始起算。招标人应在投标有效期内完成评标、定标、签订合同的全部工作。

【例题4-19】 在投标有效期内出现特殊情况，招标人以书面形式通知投标人延长投标有效期，投标人的正确做法是（A）。

A. 同意延长，并相应延长投标保证金的有效期

B. 同意延长，并要求修改投标文件

C. 同意延长，但拒绝延长投标保证金的有效期

D. 拒绝延长，但无权收回投标保证金

［解析］ 需要延长投标有效期时，招标人应以书面形式通知所有投标人延长投标有效期。投标人同意延长，应相应延长其投标保证金的有效期，但不得要求或被允许修改或撤销其投标文件；投标人拒绝延长，则失去竞争资格，但有权收回其投标保证金。

【例题4-20】 投标人投标，可以（D）。

A. 投标人之间先进行内部议价，内定中标人，然后再参加投标

B. 投标人之间相互约定在招标项目中分别以高、中、低价位报价投标

C. 投标人以低于成本价报价竞标

D. 联合体投标且附有联合体各方共同投标协议

【例题4-21】 投标人在（B）可以补充，修改或者撤回已提交的投标文件，并书面通知招标人。

A. 招标文件要求提交投标文件截止时间后

B. 招标文件要求提交投标文件截止时间前

C. 提交投标文件截止时间后到招标文件规定的投标有效期终止之前

D. 招标文件规定的投标有效期终止之前

【例题 4-22】 建设工程施工招标投标过程中，可以没收投标保证金的情形有(BCD)。

A. 招标截止日期前，投标人撤回投标文件的

B. 投标人在投标有效期内撤销投标文件的

C. 收到中标通知书后，中标人无正当理由拒绝签订合同的

D. 收到中标通知书后，未按招标文件规定提交履约担保的

E. 未中标投标人在中标公示期满对评标结果有异议的

[解析] 没收投标保证金的情况有：投标人在投标有效期内撤销或修改其投标文件；中标人在收到中标通知书后，无正当理由拒绝签合同协议书或未按招标文件规定提交履约担保。

4.3 施工招标投标的开标、评标与定标

4.3.1 开标

开标应当在招标文件规定提交投标文件截止时间的同一时间公开进行。地点应为招标文件中预先确定的地点。

开标由招标人的代表或其代理人主持。开标时，由投标人或者其推选的代表检查投标文件的密封情况，也可以由招标人委托的公证机构检查并公证。经确认无误后，由工作人员当众拆封，宣读投标人名称、投标价格和投标文件的其他主要内容。

4.3.2 评标

1. 评标委员会

评标由评标委员会负责。评标委员会由招标人负责组建。评标委员会成员名单一般应于开标前确定，并应在中标结果确定前保密。

评标委员会由招标人的代表和有关技术、经济等方面的专家组成，成员为 5 人以上单数，其中技术、经济等方面的专家不得少于成员总数的 2/3。评标委员会的专家成员应当从依法组建的专家库的相关专家名单中确定。确定评标专家时，一般项目，可以采取随机抽取的方式；技术复杂、专业性强或者国家有特殊要求的招标项目，采取随机抽取方式确定的专家难以保证胜任的，可以由招标人直接确定。

评标委员会的评标工作受有关行政监督部门监督。有下列情形之一的，不得担任评标委员会成员：

1）招标人或投标人主要负责人的近亲属。

2）项目主管部门或者行政监督部门的人员。

3）与投标人有经济利益关系，可能影响对投标公正评审的。

4）曾因在招标、评标以及其他与招标投标有关活动中从事违法行为而受过行政处罚或刑事处罚的。

【例题4-23】　某建设项目招标，评标委员会由2名招标人代表和3名技术、经济等方面的专家组成，这一组成不符合《招标投标法》的规定，则下列关于评标委员会重新组成的做法中，正确的有（BD）。

A. 减少1名招标人代表，专家不再增加

B. 减少1名招标人代表，再从专家库中抽取1名专家

C. 不减少招标人代表，再从专家库中抽取1名专家

D. 不减少招标人代表，再从专家库中抽取2名专家

E. 不减少招标人代表，再从专家库中抽取3名专家

【例题4-24】　不应作为评标委员会专家的人员有（BCD）。

A. 招标人代表

B. 项目主管部门代表

C. 行政监督部门代表

D. 投标人参股公司的代表

E. 总监理工程师

2. 评标原则

评标工作应按照严肃认真、公平公正、科学合理、客观全面、竞争优选、严格保密的原则进行，保证所有投标人的合法权益。

招标人应当采取必要的措施，保证评标秘密进行，在宣布中标人之前，凡属于投标书的审查、澄清、评价和比较及有关授予合同的信息，都不应向投标人或与该过程无关的其他人泄露。

任何单位和个人不得非法干预、影响评标的过程和结果。如果投标人试图对评标过程或授标决定施加影响，则会导致其投标被拒绝；如果投标人以他人名义投标或者以其他方式弄虚作假、骗取中标的，则中标无效，并将依法受到惩处；如果招标人与投标人串通投标，损害国家利益、社会公共利益或者他人合法权益，则中标无效，并将依法受到惩处。

3. 评标程序

（1）评标准备

招标人或其委托的招标代理机构应当向评标委员会提供评标所需的重要信息和数据。招标项目设有标底的，标底应保密，并在开标时公布。评标时，标底仅作为参考，不得以投标报价是否接近标底作为中标条件，也不得以投标报价超过标底上下浮动范围作为否决投标的条件。

清标是指招标人或工程造价咨询人在开标后且评标前，对投标人的投标报价是否响应招标文件、违反国家有关规定，以及报价的合理性、算术性错误等进行审查并出具意见的活

动。清标主要包含下列内容：

1）对招标文件的实质性响应。

2）错漏项分析。

3）分部分项工程项目清单综合单价的合理性分析。

4）措施项目清单的完整性和合理性分析，以及不可竞争性费用正确分析。

5）其他项目清单完整性和合理性分析。

6）暂列金额、暂估价正确性复核。

7）其他应分析和澄清的问题。

评标委员会应根据招标文件规定的评标标准和方法，对投标文件进行系统的评审和比较，招标文件没有规定的标准和方法不得作为评标的依据。

（2）初步评审

初步评审是对投标文件的合格审查，包括以下内容：

1）形式审查。

① 提交的营业执照、资质证书、安全生产许可证是否与投标单位的名称一致。

② 投标函是否经过法定代表人或其委托代理人签字并加盖单位公章。

③ 投标文件的格式是否符合招标文件的要求。

④ 联合体投标人是否提交了联合体协议书；联合体的成员组成与资格预审的成员组成有无变化；联合体协议书的内容是否与招标文件要求一致。

⑤ 报价的唯一性。

2）资格审查。

对于未进行资格预审的，需要进行资格后审，资格后审的内容和方法与资格预审相同，包括营业执照、资质证书、安全生产许可证等资格证明文件的有效性；企业财务状况；类似项目业绩；信誉；项目经理；正在施工和承接的项目情况；近年发生的诉讼及仲裁情况；联合体投标的申请人提交联合体协议书的情况等。

3）响应性审查。

① 投标内容是否与投标人须知中的工程或标段一致。

② 投标工期是否满足投标人须知中的要求，承诺的工期可以比招标文件规定的工期短，但不得超过要求的时间。

③ 工程质量的承诺和质量管理体系是否满足要求。

④ 提交的投标保证金形式和金额是否符合投标人须知的规定。

⑤ 投标人是否完全接受招标文件中的合同条款。

⑥ 核查已标价的工程量清单。如果有计算错误，除单价金额小数点有明显错误的以外，当总价金额与依据单价计算出的结果不一致时，以单价金额为准修正总价；当投标文件中的大写金额与小写金额不一致时，以大写金额为准。评标委员会对投标报价的错误予以修正后，请投标人书面确认，作为投标报价的金额。投标人不接受修正价格的，其投标做废标处理。

4）施工组织设计和项目管理机构设置的合理性审查。

① 施工组织的合理性。它包括施工方案与技术措施、质量管理体系与措施、安全生产

管理体系与措施、环境保护管理体系与措施等的合理性和有效性。

② 施工进度计划的合理性。它包括总体工程进度计划和关键部位里程碑工期的合理性及施工措施的可靠性，以及机械和人力资源配备计划的有效性及均衡施工程度。

③ 项目组织机构的合理性。它包括技术负责人的经验和组织管理能力，以及其他主要人员的配置是否满足实施招标工程的需要及技术和管理能力。

④ 拟投入施工的机械和设备。它包括施工设备的数量、型号能否满足施工的需要，以及试验、检测仪器设备是否能够满足招标文件的要求等。

初步评审中发现，投标文件有一项不符合规定的评审标准时，即做废标处理。

评标初步评审内容见表4-10。

表4-10 评标初步评审内容

评审内容	评审因素	评审标准
形式评审	投标人名称	与营业执照、资质证书、安全生产许可证一致
	投标函签字盖章	有法定代表人或其委托代理人签字或加盖单位公章
	投标文件格式	符合“投标文件格式”的要求
	联合体投标人	提交联合体协议书，并明确联合体牵头人（如有）
	报价唯一	只能有一个有效报价
	……	……
资格评审	营业执照	具备有效的营业执照
	安全生产许可证	具备有效的安全生产许可证
	资质等级	符合“投标人须知”规定
	财务状况	符合“投标人须知”规定
	类似项目业绩	符合“投标人须知”规定
	信誉	符合“投标人须知”规定
	项目经理	符合“投标人须知”规定
	投标人名称或组织机构	应与资格预审时一致
	联合体投标人	应附联合体共同投标协议
	……	……
响应性评审	投标报价	符合“投标人须知”规定
	投标内容	符合“投标人须知”规定
	工期	符合“投标人须知”规定
	工程质量	符合“投标人须知”规定
	投标有效期	符合“投标人须知”规定
	投标保证金	符合“投标人须知”规定
	权利义务	符合“合同条款及格式”规定
	已标价工程量清单	符合“工程量清单”给出的范围及数量
	技术标准和要求	符合“技术标准和要求”规定
	……	……

5）经初步评审后否决投标的情况。

未能在实质上响应的投标，评标委员会应当否决其投标。《招标投标法实施条例》规定，有下列情形之一的，评标委员会应当否决其投标：

① 投标文件未经投标单位盖章和单位负责人签字。

② 投标联合体没有提交共同投标协议。

③ 投标人不符合国家或者招标文件规定的资格条件。

④ 同一投标人提交两个以上不同的投标文件或者投标报价，但招标文件要求提交备选投标的除外。

⑤ 投标报价低于成本或者高于招标文件设定的最高投标限价。

⑥ 投标文件没有对招标文件的实质性要求和条件做出响应。

⑦ 投标人有串通投标、弄虚作假、行贿等违法行为。

（3）详细评审的标准与方法

经初步评审合格的投标文件，评标委员会根据招标文件确定的评标标准和方法，对其技术标和商务标做进一步评审、比较。

1）技术标评审。

技术标评审的目的是确认和比较投标人完成本工程的技术能力，以及他们的施工方案的可靠性。技术标评审的主要内容如下：

① 施工方案的可行性。对各类分部分项工程的施工方法、施工人员和施工机具的配备、施工现场的布置和临时设施的安排、施工顺序及其相互衔接等方面的评审，特别是对该项目的关键工序的施工方法进行可行性论证，应审查其技术的难点或先进性和可靠性。

② 施工进度计划的可靠性。审查施工进度计划是否满足对竣工时间的要求，是否科学合理、切实可行，还要审查保证施工进度计划的措施。

③ 施工质量保证措施。审查投标文件中提出的质量控制和管理措施，包括质量管理人员的配备、质量检验仪器的配置和质量管理制度。

④ 工程材料和机械设备的技术性能。审查投标文件中关于主要材料和设备的样本、型号、规格和制造厂家名称、地址等，判断其技术性能是否达到设计标准。

⑤ 分包商的技术能力和施工经验。如果投标人拟在中标后将中标项目的部分工作分包给他人完成，应当在投标文件中载明。应审查确定拟分包的工作必须是非主体、非关键性工作；审查分包人应当具备的资格条件，完成相应工作的能力和经验。

⑥ 技术建议和替换方案。如果招标文件中规定可以提交技术建议和替换方案，应对投标文件中的建议方案的技术可靠性与优缺点进行评估，并与原招标方案进行对比分析。

2）商务标评审。

商务标评审的目的是从工程成本、财务和经验分析等方面评审投标报价的准确性、合理性、经济效益和风险等，比较授标给不同的投标人产生的不同后果。商务标评审在整个评标工作中通常占有重要地位。商务标评审的主要内容如下：

① 审查全部报价数据计算的正确性。通过对投标报价数据的全面审核，看是否有计算错误。

② 分析报价构成的合理性。通过分析工程报价中主体工程各专业工程价格的比例关系等，判断报价是否合理，注意审查工程量清单中的单价有无脱离实际的不平衡报价，计日工劳务和机械台班报价是否合理等。

4. 投标文件的澄清、说明和补正

澄清、说明和补正是指评标委员会在评审投标文件的过程中，遇到投标文件中有含义不明确的内容、明显文字或者计算错误时，要求投标人做出书面澄清、说明或补正，但投标人不得借此改变投标文件的实质性内容。投标人不得主动提出澄清、说明或补正的要求。

评标委员会发现投标人的投标价或主要单项工程报价明显低于同标段其他投标人报价，或者在设有参考标底时明显低于参考标底价时，应要求该投标人做出书面说明并提供相关证明材料。如果投标人不能提供相关证明材料证明该报价能够按招标文件规定的质量标准和工期完成招标项目，评标委员会应当认定该投标人以低于成本价竞标，做废标处理。如果投标人提供了有说服力的证明材料，评标委员会也没有充分的证据证明投标人低于成本价竞标，评标委员会应当接受该投标人的投标报价。

投标人在评标过程中根据评标委员会要求提供的澄清文件对投标人具有约束力。如果中标，澄清文件可以作为签订合同的依据，澄清文件可作为合同的组成部分。但是，评标委员会没有要求而投标人主动提供的澄清文件应当不予接受。

投标人资格条件不符合国家有关规定和招标文件要求的，或者拒不按照要求对投标文件进行澄清、说明或者补正的，评标委员会可以否决其投标。

【例题4-25】　关于评标中对投标文件质疑的说法，正确的是（D）。

A. 投标人可以主动要求进行说明

B. 投标人的说明可以改变投标文件的实质性内容

C. 评标委员会可以口头通知投标人进行说明

D. 投标人的说明应当采用书面形式

[解析]　选项A错误，评标委员会不得暗示或者诱导投标人做出澄清、说明，也不接受投标人主动提出的澄清、说明；选项B错误，投标人书面回答的澄清、说明不得超出投标文件的范围或者改变投标文件的实质性内容；选项C错误，评审中对投标文件质疑的内容，应以书面形式通知投标人。

5. 投标偏差和废标

（1）投标偏差

投标偏差分为重大偏差和细微偏差。

1）重大偏差。

① 没有按照招标文件要求提供投标担保或所提供的担保有瑕疵。

② 投标文件没有投标人授权代表签字和加盖单位公章。

③ 投标文件载明的招标项目完成期限超过招标文件规定的期限。

④ 明显不符合技术规格、技术标准的要求。

⑤ 投标文件载明的货物包装方式、检验标准和方法等不符合招标文件的要求。

⑥ 投标文件附有招标人不能接受的条件。

⑦ 不符合招标文件中规定的其他实质性要求。

投标文件有上述情形之一的，为未能对招标文件做出实质性响应，应做否决投标处理。招标文件对重大偏差另有规定的，从其规定。

2）细微偏差。

细微偏差是指投标文件在实质上响应招标文件要求，但在个别地方存在漏项或者提供了不完整的技术信息和数据等情况，并且补正这些遗漏或者不完整不会对其他投标人造成不公平的结果。细微偏差不影响投标文件的有效性。评标委员会应当书面要求存在细微偏差的投标人在评标结束前予以补正。拒不补正的，在详细评审时可以对细微偏差做不利于该投标人的量化，量化标准应当在招标文件中明确规定。

（2）废标

1）在评标过程中，评标委员会发现投标人以他人的名义投标、串通投标、以行贿手段谋取中标或者以其他弄虚作假方式投标的，该投标人的投标应按废标处理。

2）评标委员会发现投标人的报价明显低于其他投标报价，或者在设有标底时明显低于标底，使得其投标报价可能低于其个别成本的，应当要求该投标人做出书面说明并提供相应的证明材料。投标人不能合理说明或者不能提供相应证明材料的，由评标委员会认定该投标人以低于成本报价竞标，其投标按废标处理。

3）如果否决为不合格投标或者界定为无效投标后，因有效投标不足 3 个使得投标明显缺乏竞争的，评标委员会可以否决全部投标。投标人少于 3 个或者所有投标被否决的，招标人应当依法重新招标。

【例题 4-26】　下列投标文件对招标文件响应的偏差中，属于细微偏差的是（B）。

A. 资格证明文件不全

B. 总价金额和单价与工程量乘积之和的金额不一致

C. 业绩不满足招标文件要求

D. 投标文件无法人代表签字，或签字人无法人代表有效授权委托书

【例题 4-27】　对招标文件的响应存在细微偏差的投标书，（B）。

A. 不予淘汰，在订立合同前予以澄清、补正即可

B. 不予淘汰，在评标结束前予以澄清、补正即可

C. 不予淘汰，允许投标人重新投标

D. 初评阶段予以淘汰

6. 综合评价与比较

综合评价与比较是在以上工作的基础上，根据事先拟定好的评标原则、评价指标和评标办法，对筛选出来的若干个具有实质性响应的投标文件综合评价与比较，最后选定中标人。中标人的投标应当符合下列条件之一：

1）能最大限度地满足招标文件中规定的各项综合评价标准。

2）能满足招标文件各项要求，并且经评审的投标价格最低，但投标价格低于成本的除外。

7. 评标方法

评标方法主要有两种，即经评审的最低投标价法和综合评估法。

（1）经评审的最低投标价法

经评审的最低投标价法是指评标委员会对满足招标文件实质要求的投标文件，根据详细评审标准规定的量化因素及量化标准进行价格折算，按照经评审的投标价由低到高的顺序推荐中标候选人，或根据招标人授权直接确定中标人，但投标报价低于其成本的除外。评标委员会拟定“价格比较一览表”，经评审的投标价相等时，投标报价低的优先；投标报价也相等的，由招标人自行确定。

该方法主要适用于具有通用技术、性能标准或者招标人对其技术、性能没有特殊要求的招标项目。

【例题4-28】 我国某世界银行贷款项目采用经评审的最低投标价法评标，招标文件规定对借款国国内投标人有7.5%的评标优惠，若投标工期提前，则按每月25万美元进行报价修正。现有国内投标人甲报价5000万美元，承诺比招标文件要求的工期提前2个月完工，则投标人甲评价标为（D）万美元。

A. 5000　　B. 4625　　C. 4600　　D. 4575

［解析］ 5000万美元×(1−7.5%)−2×25万美元=4575万美元。

（2）综合评估法

不宜采用经评审的最低投标价法的招标项目，一般应当采取综合评估法进行评审。综合评估法适用于对项目的技术、性能有特殊要求的招标项目，将技术和经济因素综合在一起决定投标文件的质量优劣。

综合评估法是指将各个评审因素以打分的方法进行量化，并在招标文件中明确规定需量化的因素及其权重，然后由评标委员会计算出每一投标的综合评估价或综合评估分，并按得分由高到低顺序推荐中标候选人。将最大限度地满足招标文件中规定的各项综合评价标准的投标人，推荐为中标候选人。

综合评估法评标分值构成分为四个方面，即投标报价、施工组织设计、项目管理机构、其他评分因素。综合评分相等时，以投标报价低的优先；投标报价也相等的，由招标人自行确定。完成评标后，评标委员会应当拟定一份“综合评估比较表”，连同书面评标报告提交招标人。

“综合评估比较表”应当载明投标单位的投标报价、所做的任何修正、对商务偏差的调整、对技术偏差的调整、对各评审因素的评估以及对每一投标的最终评审结果。

1）投标报价。

投标报价的评审包括评标价计算和价格得分计算。评标价计算的办法和要求与经评审的最低投标价法相同，投标价格得分计算通常采用基准价得分法。常见的评标基准价的计算方

式为：有效的投标报价去掉一个最高值和一个最低值后的算术平均值（在投标人数量较少时，也可以不去掉最高值和最低值），或该平均值再乘以一个合理系数，作为评标基准价，然后按规定的办法计算各投标人评标价的评分。

2）施工组织设计。

施工组织设计的各项评审因素通常为主观评审，由评标委员会成员独立评审判分。

3）项目管理机构。

由评标委员会成员按照评标办法的规定独立评审判分。

4）其他评分因素。

其他评分因素包括投标人的财务能力、业绩与信誉等。财务能力的评分因素包括投标人注册资本、总资产、净资产收益率、资产负债率等财务指标。业绩与信誉的评分因素包括投标人在规定时间内已有类似项目业绩的数量、规模和成效、政府或行业组织建立的诚信评价系统对投标人的诚信进行的评价等。

【例题 4-29】 采用经评审的最低投标价法评标时，下列说法正确的是（D）。

A. 经评审的最低投标价法通常采用百分制

B. 具有通用技术的招标项目不宜采用经评审的最低投标价法

C. 当出现经评审的投标价相等且报价也相等时，中标人由招标监管机构确定

D. 采用经评审的最低投标价法工作结束时，应拟定“价格比较一览表”提交招标人

［解析］ 选项 A 错误，综合评估法通常采用百分制；选项 B 错误，具有通用技术的招标项目采用经评审的最低投标价法；选项 C 错误，经评审的投标价相等时，报价低的优先，投标报价也相等的，优先条件由招标人事先在招标文件中确定。

【例题 4-30】 某工程施工招标采用综合评估法评标，报价越低的得分越高。评分因素、权重及各投标人得分情况见表 4-11。则推荐的第一中标候选人应为（A）。

表 4-11　评分因素、权重及各投标人得分情况

评分因素	权重	投标人得分		
		甲	乙	丙
施工组织设计	30%	90	100	80
项目管理机构	20%	80	90	100
投标报价	50%	100	90	80

A. 甲　　B. 乙　　C. 丙　　D. 甲或乙

［解析］ 投标人甲得分＝90×30%＋80×20%＋100×50%＝93；投标人乙得分＝100×30%＋90×20%＋90×50%＝93；投标人丙得分＝80×30%＋100×20%＋80×50%＝84。得分相等情况下，由于投标人甲的报价低，报价得分高，所以第一中标候选人应为甲。

▶案例 4-3

综合评估法应用案例

某工程施工项目采用资格预审方式招标，并采用综合评估法进行评标，满分 100 分，其中，投标报价占 60 分，技术评审占 40 分。共有 5 个投标人投标，且均通过了初步评审，评标委员会按照招标文件规定的评标办法对施工组织设计、项目管理机构、设备配置、财务能力、业绩与信誉进行了详细评审打分。其中，施工组织设计 10 分，项目管理机构 10 分，设备配置 5 分，财务能力 5 分，业绩与信誉 10 分。

（1）投标报价评审

除开标现场被宣布为废标的投标报价之外，将所有投标人的投标报价去掉一个最高值和一个最低值后的算术平均值即为评标基准价（如果有效投标人少于 5 个，则计算投标报价平均值时不去掉最高值和最低值）。

评标办法规定的评标因素、分值和评标标准见表 4-12。

表 4-12　评标因素、分值和评标标准

评标因素	分值（分）	评标标准
投标报价	60	当投标人的投标报价等于评标基准价时，得 60 分；投标报价每高于评标基准价 1 个百分点扣 2 分，每低于 1 个百分点扣 1 分
施工组织设计	10	施工总平面布置基本合理，组织机构图较清晰，施工方案基本合理，施工方法基本可行，有安全措施及雨季施工措施，并具有一定的操作性和针对性，施工重点、难点分析较突出、较清晰，得基本分 6 分 施工总平面布置合理，组织机构图清晰，施工方案合理，施工方法可行，安全措施及雨季施工措施齐全，并具有较强的操作性和针对性，施工重点、难点分析突出、清晰，得 7~8 分 施工总平面布置合理且周密细致，组织机构图很清晰，施工方案具体、详细、科学，施工方法先进，施工工序安排合理，安全措施及雨季施工措施齐全，操作性和针对性强，施工重点、难点分析突出、清晰，对项目有很好的针对性和指导作用，得 9~10 分
项目管理机构	10	项目管理机构设置基本合理，项目经理、技术负责人、其他主要技术人员的任职资格与业绩满足招标文件的最低要求，得 6 分 项目管理机构设置合理，项目经理、技术负责人、其他主要技术人员的任职资格与业绩高于招标文件的最低要求，评标委员会酌情加 1~4 分
设备配置	5	设备配置满足招标文件最低要求，得 3 分；设备配置超出招标文件最低要求，评标委员会酌情考虑加 1~2 分
财务能力	5	财务能力满足招标文件最低要求，得 3 分；财务能力超出招标文件最低要求，评标委员会酌情考虑加 1~2 分
业绩与信誉	10	业绩与信誉满足招标文件最低要求，得 6 分；业绩与信誉超出招标文件最低要求，评标委员会酌情考虑加 1~4 分

各投标人投标报价得分见表 4-13。

表 4-13　投标报价得分

投标人	投标报价（万元）	评标基准价（万元）	投标报价得分
投标人 A	1000	1000	60－0＝60
投标人 B	950		60－5×1＝55
投标人 C	980		60－2×1＝58
投标人 D	1050		60－5×2＝50
投标人 E	1020		60－2×2＝56

（2）技术评审

各投标人技术评审得分见表 4-14。

表 4-14　技术评审得分

序号	评标因素	满分	投标人 A	投标人 B	投标人 C	投标人 D	投标人 E
			评分	评分	评分	评分	评分
1	施工组织设计	10	8	9	8	7	8
2	项目管理机构	10	7	9	6	8	8
3	设备配置	5	4	4	3	3	4
4	财务能力	5	3	4	4	5	3
5	业绩与信誉	10	7	10	9	6	8
合计		40	29	36	30	29	31

各投标人综合评分排序见表 4-15。

表 4-15　综合评分排序

投标人	投标报价得分	技术评审得分	总分	排序
投标人 A	60	29	89	2
投标人 B	55	36	91	1
投标人 C	58	30	88	3
投标人 D	50	29	79	5
投标人 E	56	31	87	4

根据综合评分排序，评标委员会依次推荐投标人 B、A、C 为中标候选人。

▶案例 4-4

某建设项目是国有资金投资项目，依法必须公开招标，该项目采用工程量清单计价方式，招标控制价定为 3568 万元，招标文件中规定：

1）投标有效期 90 天，投标保证金有效期与其一致。

2）投标报价不得低于企业平均成本。

3）合同履行期间，综合单价在任何市场波动和政策变化下均不得调整。

经评审，有效投标共 3 家单位，投标报价分别为投标人 A 3489 万元、投标人 B 3358 万元、投标人 C 3209 万元。招标文件中规定的评分标准如下：商务标的总报价评分占 60 分，有效报价的算术平均数为评标基准价，报价等于评标基准价者得满分（60 分），在此基础上，报价比评标基准价每下降 1%，扣 1 分；每上升 1%，扣 2 分。

【问题】

1. 请逐一分析招标文件中规定的第 1)～3）项内容是否妥当，并对不妥之处分别说明理由。

2. 计算各有效报价投标人的总报价得分（计算结果保留两位小数）。

【分析】

问题 1：招标文件中规定的第 1）项内容妥当。

第 2）项内容不妥。根据相关法律法规，投标人的投标报价不得低于工程成本，但并非不得低于企业平均成本。

第 3）项内容不妥。根据相关法律法规，对于主要由市场价格波动导致的价格风险，发承包双方应当在招标文件或合同中对此类风险的范围和幅度明确约定，进行合理分摊。法律、法规、规章或有关政策性变化，承包人不应承担此类风险，综合单价应按照有关调整规定执行。

问题 2：有效报价的算数平均数＝(3489+3358+3209）万元/3＝3352 万元

投标人 A 报价得分：(3489−3352）万元/3352 万元＝4.09%，(60−4.09×2）分＝51.82 分

投标人 B 报价得分：(3358−3352）万元/3352 万元＝0.18%，(60−0.18×2）分＝59.64 分

投标人 C 报价得分：(3352−3209）万元/3352 万元＝4.27%，(60−4.27×1）分＝55.73 分

8. 编写评标报告

评标委员会完成评标后，应当向招标人出具书面评标报告，推荐合格的中标候选人。招标人根据评标委员会提出的评标报告和推荐的中标候选人确定中标人。招标人也可以授权评标委员会直接确定中标人。评标报告应报有关行政监督部门审查。

评标报告应当如实记载以下内容：

1）基本情况和数据表。

2）评标委员会成员名单。

3）开标记录。

4）符合要求的投标一览表。

5）废标情况说明。

6）评标标准、评标方法或者评标因素一览表。

7）经评审的价格或者评分比较一览表。

8）经评审的投标人排序。

9）推荐的中标候选人名单与签订合同前要处理的事宜。

10）澄清、说明、补正事项纪要。

评标报告由评标委员会全体成员签字。对评标结论持有异议的评标委员会成员可以书面方式阐述其不同意见和理由。评标委员会成员拒绝在评标报告上签字且不陈述其不同意见和理由的，视为同意评标结论。评标委员会应当对此做出书面说明并记录在案。

4.3.3　定标

1. 中标人的确定

国有资金占控股或者主导地位、依法必须进行招标的项目，招标人应当确定排名第一的中标候选人为中标人。排名第一的中标候选人放弃中标、因不可抗力提出不能履行合同、不按照招标文件的要求提交履约保证金，或者被查实存在影响中标结果的违法行为等情形，不符合中标条件的，招标人可以按照评标委员会提出的中标候选人名单排序依次确定其他中标候选人为中标人。依次确定其他中标候选人与招标人预期差距较大，或者对招标人明显不利的，招标人可以重新招标。

招标人可以授权评标委员会直接确定中标人。

2. 公示中标候选人

依法必须进行招标的项目，招标人应当自收到评标报告之日起 3 日内公示中标候选人，公示期不得少于 3 日。公示期间，投标人及其他利害关系人应当先向招标人提出异议，经核查后发现在招标投标过程中确有违反相关法律法规且影响评标结果公正性的，招标人应当重新组织评标或招标。招标人拒绝自行纠正或无法自行纠正的，可以向行政监督部门提出投诉。

中标候选人公示应当载明以下内容：

1）中标候选人排序、名称、投标报价、质量、工期（交货期）以及评标情况。

2）中标候选人按照招标文件要求承诺的项目负责人姓名及其相关证书名称和编号。

3）中标候选人响应招标文件要求的资格能力条件。

4）提出异议的渠道和方式。

5）招标文件规定公示的其他内容。依法必须招标项目的中标结果公示应当载明中标人名称。

3. 中标通知书

招标人不得向中标人提出压低报价、增加工作量、缩短工期或其他违背中标人意愿的要求，以此作为发出中标通知书和签订合同的条件。

中标人确定后，招标人应向中标人发出中标通知书，并同时将中标结果通知所有未中标的投标人。中标通知书对招标人和中标人具有法律效力。中标通知书发出后，招标人改变中标结果，或者中标人放弃中标项目的，应当依法承担法律责任。

4. 签订施工合同

（1）提交履约担保

在签订合同前，中标人应当按照招标文件规定的金额、担保形式和履约担保格式，向招标人提交履约担保。履约保证金一般为中标合同金额的10%。招标人要求中标人提供履约保证金或其他形式履约担保的，招标人应当同时向中标人提供工程款支付担保。中标人不能按要求提交履约担保的，视为放弃中标，其投标保证金不予退还，给招标人造成的损失超过投标保证金数额的，中标人还应对超过部分予以赔偿。

（2）签订合同

招标人和中标人应当自中标通知书发出之日起30日内，根据招标文件和中标人的投标文件订立书面合同。一般情况下，中标人的报价就是合同价。招标人与中标人不得再行订立背离合同实质性内容的其他协议。

中标人无正当理由拒签合同的，招标人取消其中标资格，其投标保证金不予退还；给招标人造成的损失超过投标保证金数额的，中标人还应对超过部分予以赔偿。

招标人与中标人签订合同后5日内，应当向中标人和未中标的投标人退还投标保证金及银行同期存款利息。

中标人确定后，招标人应于15日内向有关行政监督部门提交招标投标情况的书面报告。

【例题4-31】 关于施工招标项目标底的说法，正确的是（B）。

A. 施工招标项目必须有标底　　B. 标底应当在开标时公布

C. 标底应当作为评标的依据　　D. 一个项目可以有几个不同的标底

[解析] 招标人可以自行决定是否编制标底，一个招标项目只能有一个标底。若招标项目设有标底，应当在开标时公布。标底只能作为评标的参考，不得以投标报价是否接近标底作为中标条件，也不得以投标报价超过标底上下浮动的某一范围作为否决投标的条件。

【例题4-32】 依法必须招标的工程，关于其投标保证金的退还，下列说法正确的有（AD）。

A. 中标人无正当理由拒签合同的，投标保证金不予退还

B. 投标人无正当理由拒签合同的，应向中标人退还投标保证金

C. 招标人与中标人签订合同的，应在合同签订后向中标人退还投标保证金

D. 招标人与中标人签订合同的，应向未中标人退还投标保证金及利息

E. 未中标人的投标保证金，应在中标通知书发出后同时退还

[解析] 招标人最迟应当在与中标人签订合同后5日内，向中标人和未中标的投标人退还投标保证金及银行同期存款利息。因此，选项C和选项E错误。

【例题 4-33】　下列关于建设工程施工评标的说法，正确的有（ABE）。

A. 评标过程可分为初步评审和详细评审两个阶段

B. 初步评审检查投标文件是否对招标文件做出实质性响应

C. 初步评审有不符合评审标准的，在进行详细评审后再处理

D. 评标委员会不得主动提出对投标文件澄清和补正要求

E. 招标文件没有说明的评标标准和方法不得作为评标依据

[解析]　选项 C 错误，初步评审中有一项不符合评审标准的，作为废标处理，不再进行详细评审；选项 D 错误，评标委员会可以要求投标人对投标文件进行澄清、说明或补正。

【例题 4-34】　建设工程项目招标人与中标人签订合同前，可就投标文件中的（A）进行协商谈判。

A. 细微偏差　　B. 投标价格　　C. 质量要求　　D. 工期要求

[解析]　招标人与依据评标报告的推荐投标人名单排序第一的候选中标人进行签约前的谈判，主要针对评标报告中提出的签订合同前要处理的事宜进行协商，通常为投标文件中存在的细微偏差，招标人不得就投标价格、投标方案、质量、履行期限等实质性内容进行谈判。

【例题 4-35】　采用经评审的最低投标价法进行评标时，关于评标价和投标价的说法，正确的是（B）。

A. 按评标价确定中标人，按评标价订立合同

B. 按评标价确定中标人，按投标价订立合同

C. 按投标价确定中标人，按投标价订立合同

D. 按投标价确定中标人，按评标价订立合同

[解析]　投标价即投标人投标时报出的工程合同价，评标价是“按照招标文件中规定的权数或量化方法，将这些因素折算为一定的货币额，并加入投标报价中，最终得出的价格”。因此，评标价既不是投标价，也不是中标价，只是用价格指标作为评审投标文件优劣的衡量方法，评标价最低的投标书为最优，以投标价作为中标的合同价。

【例题 4-36】　某工程施工项目招标，采用经评审的最低投标价法评标，工期 10 个月以内每提前 1 个月可给建设单位带来收益 30 万元。某投标人报价 1800 万元，工期 9 个月，仅考虑工期因素，该投标人的合同价格和评标价格分别是（B）。

A. 1800 万元，1800 万元　　B. 1800 万元，1770 万元

C. 1830 万元，1800 万元　　D. 1830 万元，1770 万元

[解析]　经评审的最低投标价法，合同价格是投标人报价 1800 万元，评标价 = (1800-30) 万元 = 1770 万元。

▶案例 4-5

某国企单位将某宾馆建设工程项目的施工招标和施工阶段监理任务委托给某一监理公司，并签订了建设工程监理合同。该监理公司建议建设单位采取公开招标方式，并在招标公告中要求投标人应具有一级资质等级。招标文件中公布的招标控制价为 1989 万元。采用资格后审，参加投标的施工单位与施工联合体共有 9 家。

在开标会上，与会人员除参与投标的施工单位与施工联合体的有关人员外，还有市招标办公室、市公证处法律顾问以及建设单位的招标委员会全体成员和监理单位的有关人员。

开标后对各投标单位的资质进行审查。对投标人 A 的资质提出了质疑，A 的资质材料齐全，但投标文件中缺少投标保函，而有一封盖有公章和公司法定代表人章的承诺信，承诺评标结束前会递交符合要求的投标保函。投标人 B 是由三家建筑公司联合组成的施工联合体，其中甲、乙建筑公司为一级施工企业，丙建筑公司为二级施工企业。该施工联合体也被认定为不符合投标资格要求。投标人 C 投标价格为 1990 万元，但在其投标文件中声明，如果中标，可以从总价中让利 64 万元。

最后，招标人选择投标人 E 中标。招标人宣布中标结果，并当场发出中标通知书。未中标单位接到中标结果通知书后都要求 5 日内退还投标保证金。

【问题】

1. 投标人 A 公司是否应被取消投标资格？为什么？

2. 为什么投标人 B 被认定为不符合投标资格？

3. 对于投标人 C，评标委员会应如何处理？

4. 未中标单位接到中标结果通知书后，要求 5 日内退还投标保证金是否正确？请说明理由。

【分析】

问题 1：投标人 A 的投标资格应被取消。因为投标人 A 没有投标保函。投标保函是投标文件的组成部分，按规定投标截止日前，投标人要将投标保函递交给招标人。

问题 2：两个以上不同资质等级的单位实行联合共同承包的，应当按照资质等级低的单位的业务许可范围承揽工程，即应将投标人 B 视为二级施工企业，这就不符合招标文件中“一级资质等级”的规定。

问题 3：对于投标人 C，应予以废标。因为投标人 C 的投标报价超出了招标控制价；投标人 C 提出的事后谈判不符合《招标投标法》的相关规定，中标后不能就实质性内容进行谈判。

问题 4：未中标单位要求 5 日内退还投标保证金不正确。招标人最迟应在签订合同后 5 日内向中标人和未中标的投标人退还投标保证金及银行同期存款利息。

▶案例 4-6

某国有资金投资建设项目，采用公开招标方式进行施工招标。业主委托招标代理和造价咨询中介机构编制了招标文件和招标控制价。该项目招标文件包括以下规定：

1）招标人不组织项目现场踏勘活动。

2）投标人对招标文件有异议的，应当在投标截止时间 10 日前提出，否则招标人拒绝回复。

3）投标人报价时必须采用当地建设行政管理部门造价管理机构发布的计价定额中分部分项工程人工、材料、机械台班消耗量标准。

4）投标人报价低于招标控制价幅度超过 30%的，投标人在评标时须向评标委员会说明报价较低的理由，并提供证据；投标人不能说明理由、提供证据的，将认定为废标。

在项目的投标及评标过程中发生了以下事件：

事件 1：投标人 A 为外地企业，对项目所在区域不熟悉，向招标人申请希望招标人安排一名工作人员陪同踏勘现场，招标人同意安排一名普通工作人员陪同投标人踏勘现场。

事件 2：清标发现，投标人 A 和投标人 B 的总价和所有分部分项工程综合单价相差相同的比例。

事件 3：评标委员会某成员认为投标人 D 与招标人曾经在多个项目上合作过，从有利于招标人的角度出发，建议优先选择投标人 D 为中标候选人。

【问题】

1. 请逐一分析该项目招标文件包括的 1)~4）项规定是否妥当，并分别说明理由。

2. 事件 1 中，招标人的做法是否妥当？说明理由。

3. 针对事件 2，评标委员会应该如何处理？说明理由。

4. 事件 3 中，该评标委员会成员的做法是否妥当？说明理由。

【分析】

问题 1：该项目招标文件中的第 1）项规定妥当。根据相关法律法规，招标人根据招标项目的具体情况，可以组织潜在投标人踏勘项目现场，所以，招标人可以不组织项目现场踏勘。

第 2）项规定妥当。根据相关法律法规，对招标文件有异议的，应当在投标截止时间 10 日前提出。招标人应当自收到异议之日起 3 日内做出答复；做出答复前，应当暂停招标投标活动。

第 3）项规定不妥。根据相关法律法规，投标报价由投标人自主确定。

第 4）项规定不妥。根据相关法律法规，招标人不得规定最低投标限价。在评标过程中，评标委员会发现投标人的报价明显低于其他投标报价或者在设有标底时明显低于标底的，使得其投标报价可能低于其个别成本的，应当要求该投标人做出书面说明并提供相关证明材料。投标人不能合理说明或者不能提供相关证明材料的，由评标委员会认定该投标人以低于成本报价竞标，应当否决该投标人的投标。

问题2：事件1中，招标人的做法不妥。根据相关法律法规，招标人不得组织单个或部分潜在投标人踏勘项目现场。

问题3：评标委员会应该认定投标人A和投标人B的投标行为无效。根据相关法律法规，不同投标人的投标文件异常一致或者投标报价呈规律性差异，视为投标人相互串通投标，可以认定该行为无效。

问题4：该评标委员会成员的做法不妥。根据相关法律法规，评标委员会成员应当按照招标文件规定的评标标准和方法，客观、公正地对投标文件提出评审意见。招标文件没有规定的评标标准和方法不得作为评标的依据。

▶案例4-7

某市政府投资的一建设工程项目，招标人单位委托某招标代理机构采用公开招标方式代理项目施工招标，并委托工程造价咨询企业编制了招标控制价。招标过程中发生以下事件：

事件1：招标信息在招标信息网上发布后，招标人考虑到该项目建设工期紧，为缩短招标时间，改用邀请招标方式。

事件2：资格预审时，招标代理机构审查了各个潜在投标人的专业、技术资格和技术能力。

事件3：招标代理机构设定招标文件出售的起止时间为3日。评标委员会由技术专家2人、经济专家3人、招标人代表1人，该项目主管部门主要负责人1人组成。

事件4：招标人向中标人发出中标通知书后，向其提出降价要求，双方经过多次谈判，签订了书面合同，合同价比中标价降低2%。招标人在与中标人签订合同3周后，退还了未中标的其他投标人的投标保证金。

【问题】

1. 指出事件1中招标人行为的不妥之处，并说明理由。
2. 事件2中招标代理机构在资格预审时还应审查哪些内容？
3. 指出事件3中不妥之处，并说明理由。
4. 指出事件4中招标人行为的不妥之处，并说明理由。

【分析】

问题1：事件1中招标人行为的不妥之处及理由。

不妥之处：改用邀请招标方式进行招标。理由：该建设工程项目为政府投资项目，按规定应该进行公开招标。

问题2：事件2中招标代理机构在资格预审时还应审查的内容有：

1）是否具有独立订立合同的权利。

2）资金、设备和其他物质设施状况，管理能力，经验、信誉和相应的从业人员。

3）是否处于被责令停业，投标资格被取消，财产被接管、冻结，破产状态。

4）在最近 3 年内是否有骗取中标和严重违约及重大工程质量问题。

5）是否符合法律、行政法规规定的其他资格条件。

问题 3：事件 3 中不妥之处及理由。

1）不妥之处：规定招标文件出售的起止时间为 3 日。理由：自招标文件出售之日起至停止出售之日止，最短不得少于 5 日。

2）不妥之处：评标委员会中包括该项目主管部门主要负责人。理由：项目主管部门或者行政监督部门的人员不得担任评标委员会成员。

问题 4：事件 4 中招标人行为的不妥之处及理由。

1）不妥之处：招标人向中标人提出降价要求。理由：确定中标人后，招标人不得就报价、工期等实质性内容进行谈判。

2）不妥之处：签订的书面合同的合同价比中标价降低 2%。理由：招标人向中标人发出中标通知书后，招标人与中标人依据招标文件和中标人的投标文件签订合同，不得再行订立背离合同实质内容的其他协议。

3）不妥之处：招标人在与中标人签订合同 3 周后，退还了未中标的其他投标人的投标保证金。理由：招标人最迟应在与中标人签订合同后 5 日内向中标人和未中标的投标人退还投标保证金及银行同期存款利息。

▶案例 4-8

某国有资金投资的大型建设项目，建设单位采用工程量清单以公开招标方式进行招标。建设单位委托招标代理机构编制了招标文件，招标文件包括以下规定：

1）招标人设有最高投标限价和最低投标限价，高于最高投标限价或低于最低投标限价的投标人报价均按废标处理。

2）投标人应对工程量清单进行复核，招标人不对工程量清单的准确性和完整性负责。

投标过程中发生以下事件：

事件 1：投标人 A 对工程量清单中某分项工程工程量的准确性有异议，并于投标截止日期 15 日前向招标人书面提交了澄清申请。

事件 2：投标人 B 在投标截止时间前 10 分钟以书面形式通知招标人撤回已递交的投标文件，并要求招标人 5 日内退还已递交的投标保证金。

事件 3：在评标过程中，投标人 D 主动对自己的投标文件向评标委员会提出书面澄清、说明。

事件 4：在评标过程中，评标委员会发现投标人 E 和投标人 F 的投标文件中载明的项目管理成员中有一人为同一人。

【问题】

1. 招标文件中除了投标人须知、图纸、技术标准和要求、投标文件格式外，还包括哪些内容？

2. 分析招标代理机构编制的招标文件中的两项规定是否妥当。

3. 针对事件1和事件2，招标人应如何处理？

4. 针对事件3和事件4，评标委员会应如何处理？

【分析】

问题1：招标文件还应包括合同条款及格式、工程量清单、评标标准和办法、规定的其他资料。

问题2：第1）项规定中的“招标人设有最高投标限价，高于最高投标限价的投标人报价按废标处理”妥当。理由：招标人可以设定最高投标限价。国有投资建设项目必须编制招标控制价，即最高投标限价，高于最高投标限价的投标人报价按废标处理。

“招标人设有最低投标限价”不妥。理由：招标人不得规定最低投标限价。

第2）项规定中的“投标人应对工程量清单进行复核”妥当。理由：投标人复核招标人提供的工程量清单的准确性和完整性是投标人科学投标的基础。

“招标人不对工程量清单的准确性和完整性负责”不妥。理由：招标工程量清单必须作为招标文件的组成部分，其准确性和完整性由招标人负责。

问题3：事件1，招标人应当自收到异议之日起3日内对有异议的工程量清单进行复核，并做出书面答复，同时将书面答复送达所有投标人。做出答复前，应当暂停招标投标活动。

事件2，招标人应允许其撤回投标文件，已收取投标保证金的，应当自收到投标人书面撤回通知之日起5日内退还。

问题4：事件3，评标委员会不接受投标人主动提出的澄清、说明和补正，仍应按照原投标文件进行评标。

事件4，不同投标人的投标文件载明的项目管理成员为同一人，应视为投标人相互串通投标，为废标。

4.4 电子招标投标

随着电子商务和信息化迅速发展，电子招标投标已成为招标投标行业发展的趋势。为了规范电子招标投标活动，促进电子招标投标健康发展，国家发改委等8部委联合制定了《电子招标投标办法》及相关附件，确立了电子招标投标的程序性法律规范框架。该办法包括总则，电子招标投标交易平台，电子招标，电子投标，电子开标、评标和中标，信息共享与公共服务，监督管理，法律责任，附则。该办法自2013年5月1日起施行。

电子招标投标活动是指以数据电文形式，依托电子招标投标系统完成的全部或者部分招标投标交易、公共服务和行政监督活动。数据电文形式与纸质形式的招标投标活动具有同等法律效力。电子招标投标系统根据功能的不同，分为交易平台、公共服务平台和行政监督平台。

4.4.1　电子招标

1）招标人或者其委托的招标代理机构应当在其使用的电子招标投标交易平台注册登记，选择使用除招标人或招标代理机构之外第三方运营的电子招标投标交易平台的，还应当与电子招标投标交易平台运营机构签订使用合同，明确服务内容、服务质量、服务费用等权利和义务，并对服务过程中相关信息的产权归属、保密责任、存档等依法做出约定。

电子招标投标交易平台运营机构不得以技术和数据接口配套为由，要求潜在投标人购买指定的工具软件。

2）招标人或者其委托的招标代理机构应当在资格预审公告、招标公告或者投标邀请书中载明潜在投标人访问电子招标投标交易平台的网络地址和方法。依法必须进行公开招标项目的上述相关公告应当在电子招标投标交易平台和国家指定的招标公告媒介同步发布。

招标人或者其委托的招标代理机构应当及时将数据电文形式的资格预审文件、招标文件加载至电子招标投标交易平台，供潜在投标人下载或者查阅。

数据电文形式的资格预审公告、招标公告、资格预审文件、招标文件等应当标准化、格式化，并符合有关法律法规以及国家有关部门颁发的标准文本的要求。

3）在投标截止时间前，电子招标投标交易平台运营机构不得向招标人或者其委托的招标代理机构以外的任何单位和个人泄露下载资格预审文件、招标文件的潜在投标人名称、数量以及可能影响公平竞争的其他信息。

4）招标人对资格预审文件、招标文件进行澄清或者修改的，应当通过电子招标投标交易平台以醒目的方式公告澄清或者修改的内容，并以有效方式通知所有已下载资格预审文件或者招标文件的潜在投标人。

4.4.2　电子投标

1）投标人应当在资格预审公告、招标公告或者投标邀请书载明的电子招标投标交易平台注册登记，如实递交有关信息，并经电子招标投标交易平台运营机构验证。

电子投标的路径是电子招标投标交易平台。投标人编制投标文件可以在线进行，也可以离线进行。在线编制投标文件的主要问题是不利于投标文件的信息保密。交易平台应当提供离线编制功能，允许投标人离线编制投标文件，并且具备分段或者整体加密、解密功能。

2）投标人应当按照招标文件和电子招标投标交易平台的要求编制并加密投标文件。

招标文件一般对投标文件的组成、格式和表单等进行规定。电子招标投标情形下，尤其需要对各投标人的投标文件进行格式化处理，以便交易平台自动生成开标记录表，也便于评标环节自动生成各类表单，方便评标委员会评审时的比对阅读，从而提高开标、评标的工作效率。

投标人应当根据招标文件和交易平台的要求来编制投标文件，不能擅自制作投标文件，否则交易平台在对主要数据项内容和格式进行校验时将不予通过，从而导致投标失败。

3）投标人未按规定加密的投标文件，电子招标投标交易平台应当拒收并提示。数据电文形式的投标文件的加密相当于纸质投标文件的密封。电子招标投标交易平台的设计和开发者可根据实际情况采取不同的加密方法。

4）投标人应当在投标截止时间前完成投标文件的传输递交，并可以补充、修改或者撤回投标文件。投标截止时间前未完成投标文件传输的，视为撤回投标文件。投标截止时间后送达的投标文件，电子招标投标交易平台应当拒收。

投标人在递交投标文件时要充分考虑到传输所需的时间和网络传输中可能出现的各种延迟或中断。

5）电子招标投标交易平台收到投标人送达的投标文件，应当即时向投标人发出确认回执通知，并妥善保存投标文件。在投标截止时间前，除投标人补充、修改或者撤回投标文件外，任何单位和个人不得解密、提取投标文件。

4.4.3　电子开标、评标和中标

1）电子开标应当按照招标文件确定的时间，在电子招标投标交易平台上公开进行，所有投标人均应当准时在线参加开标。

开标时，电子招标投标交易平台自动提取所有投标文件，提示招标人和投标人按招标文件规定方式按时在线解密。解密全部完成后，应当向所有投标人公布投标人名称、投标价格和招标文件规定的其他内容。

2）因投标人原因造成投标文件未解密的，视为撤销其投标文件；因投标人之外的原因造成投标文件未解密的，视为撤回其投标文件，投标人有权要求责任方赔偿因此遭受的直接损失。部分投标文件未解密的，其他投标文件的开标可以继续进行。

招标人可以在招标文件中明确投标文件解密失败的补救方案，投标文件应按照招标文件的要求做出响应。

3）电子招标投标交易平台应当生成开标记录并向社会公众公布，但依法应当保密的除外。电子评标应当在有效监控和保密的环境下在线进行。

4）评标中需要投标人对投标文件澄清或者说明的，招标人和投标人应当通过电子招标投标交易平台交换数据电文。

评标委员会完成评标后，应当通过电子招标投标交易平台向招标人提交数据电文形式的评标报告。

5）依法必须进行招标的项目，中标候选人和中标结果应当在电子招标投标交易平台进行公示和公布。

招标人确定中标人后，应当通过电子招标投标交易平台以数据电文形式向中标人发出中标通知书，并向未中标人发出中标结果通知书。

6）招标人应当通过电子招标投标交易平台，以数据电文形式与中标人签订合同。

投标人或者其他利害关系人依法对资格预审文件、招标文件、开标和评标结果提出异议，以及招标人答复，均应当通过电子招标投标交易平台进行。

7）电子招标投标某些环节需要同时使用纸质文件的，应当在招标文件中明确约定；当纸质文件与数据电文不一致时，除招标文件特别约定外，以数据电文为准。

4.5　某工程施工招标文件实例

本节以某工程施工招标文件为例介绍建设工程施工招标文件的具体内容和编写体例，以及投标、开标、评标等流程环节的注意事项。

- 封面（略）
- 目录

第Ⅰ部分　招标公告
第Ⅱ部分　投标人须知前附表及投标人须知
第Ⅲ部分　合同条款
第Ⅳ部分　工程内容、建设标准及技术要求
第Ⅴ部分　图纸
第Ⅵ部分　投标文件参考格式
第Ⅶ部分　工程量清单

第Ⅰ部分　招标公告

××招标有限责任公司受招标人的委托，对××项目施工招标进行公开招标，现将有关事宜公布如下。

Ⅰ.1　项目概况

（1）招标人：×××有限公司

（2）计划文件：××（2020××号）

（3）工程建设地点：（略）

（4）资金来源：自筹资金

（5）建设规模：（略）

（6）概算投资：（略）

（7）招标范围：（略）

（8）工期：　　天

Ⅰ.2　投标人资格要求

投标人必须符合下列要求：

（1）投标单位资质：投标人必须具备房屋建筑工程施工总承包一级及以上资质。

（2）项目经理要求：拟派项目经理具有房建专业一级注册建造师证书，安全生产考核合格证有效。

（3）其他要求：投标单位和项目经理必须在××市建设工程交易中心诚信档案备案且均无不良记录。

Ⅰ.3　报名携带资料

报名须携带下列资料：①企业法人授权委托书原件和被授权人有效身份证件；②营业执照；③组织机构代码证；④税务登记证（注：可以提供三证合一的营业执照，下同）；⑤企

业资质证书；⑥注册建造师证；⑦安全生产考核合格证；⑧安全生产许可证；⑨外地企业入××省/××市备案登记证；⑩企业及拟投入本项目的项目经理在“××市建设工程交易中心”信用档案备案截图；⑪企业2018年1月1日以来类似工程业绩（以施工合同或中标通知书为准）。

报名时应提供以上资料原件及复印件壹套，复印件装订成册并每页加盖公章，原件查阅后退回。

Ⅰ.4　报名时间和地点

招标代理机构：××招标有限责任公司

报名时间：2021年4月19日至2021年4月23日，每日9：30—12：00，14：00—17：00（节假日除外）

报名地点：××市建设工程交易中心四楼

联系人：

电话：

传真：

邮政编码：

电子邮箱：

第Ⅱ部分　投标人须知前附表及投标人须知

Ⅱ.1　投标人须知前附表

投标人须知前附表见下表。

投标人须知前附表

序号	内容	说明与要求
1	工程名称	××项目
2	建设地点	××市××路
3	建设规模	
4	承包方式	固定综合单价承包
5	质量标准	承包人出具合格等级的各项资料需符合GB 50300—2013《建筑工程施工质量统一验收标准》及其配套的规范要求，并达到合格标准
6	工期要求	××日历天，实际开工时间以招标人批准之日为准
7	资金来源	自筹资金
8	投标人资质等级要求	1. 具有企业独立法人资格，必须具备房屋建筑工程施工总承包一级及以上资质 2. 项目经理要求：拟派项目经理具有房建专业一级注册建造师证书，安全生产考核合格证有效、无在建工程 3. 其他要求：投标单位和项目经理必须在××市建设工程交易中心诚信档案备案且均无不良记录
9	资格审查方式	资格后审

（续）

序号	内容	说明与要求
10	工程计价方式	固定综合单价法，按《××年××省建设工程工程量清单计价规则》计价
11	投标有效期	90日历天（从投标截止之日算起）
12	投标保证金	投标保证金的形式：银行转账 投标保证金的数额：××万元 户　名： 开户银行： 账号： 转账事由：××项目投标保证金
13	踏勘现场	踏勘现场时间：各投标单位自行踏勘 地点： 招标人不集中组织踏勘现场，由投标人自行组织踏勘现场
14	答疑	方式：书面答疑 投标人质疑期限：在投标截止日期前10日 招标人澄清、修补或答疑期限：在投标截止日期前15日
15	投标文件的组成	投标文件由资格审查文件、商务标、技术标三部分组成
16	投标文件份数	
17	投标文件提交方式	电子版投标文件：××市建设工程信息网提交，在开标前1小时外网停止上传 纸质版投标文件及电子光盘版：开标现场提交
18	投标文件递交时间	投标开始时间：2021年5月15日9：00 投标截止时间：2021年5月20日9：30
19	投标文件递交地点	××市建设工程交易中心
20	开标	开标时间：2021年5月20日9：30 地点：××市建设工程交易中心 地址：
21	评标方法	综合评估法
22	履约保证金	中标人提供的履约保证金为中标价款的10%
23	招标最高限价	××万元
24	评标委员会组建	评标委员会人数：7名 评标专家确定方式：从××市建设工程交易中心专家库中随机抽取产生

Ⅱ.2　投标人须知

Ⅱ.2.1　总则

1. 工程说明

1.1　本工程项目说明详见投标人须知前附表第1~4项。

1.2　本工程发包人（即招标人）为×××有限公司，委托××招标有限责任公司进行招标代理活动；按照《招标投标法》《建筑法》等有关法律、行政法规和部门规章，通过公开招标方式选定本工程施工承包人。中标价包工、包料、包工期、包质量、包安全文明施工、包质保期服务，即固定综合单价承包。

2. 质量等级及工期

2.1　本工程质量等级需符合 GB 50300—2013《建筑工程施工质量统一验收标准》及其配套的规范要求，并达到合格标准。

2.2　本工程的工期要求详见投标人须知前附表第6项。

3. 资金来源

本工程资金来源详见投标人须知前附表第7项。

4. 投标人资质等级要求

4.1　投标人资质等级要求详见投标人须知前附表第8项。

4.2　本招标工程不接受联合体投标。

5. 踏勘现场

5.1　招标人不组织投标人对现场进行踏勘，由投标人自行踏勘现场，以便投标人获取有关编制投标文件和签署合同所涉及现场的资料。投标人承担踏勘现场所发生的自身费用。

5.2　招标人向投标人提供的有关现场的数据和资料，是招标人现有的能被投标人利用的资料，招标人对投标人做出的任何推论、理解和结论均不负责任。

5.3　经招标人允许，投标人可以踏勘目的进入招标人的项目现场，但投标人不得因此使招标人承担有关的责任和蒙受损失。投标人应承担踏勘现场的责任和风险。

6. 投标费用

投标人应承担其参加本招标工作自身所发生的费用。

Ⅱ.2.2　招标文件

7. 招标文件的有关说明

7.1　招标文件包括以下内容：

第（1）部分　招标公告

第（2）部分　投标人须知前附表及投标人须知

第（3）部分　合同条款

第（4）部分　工程内容、建设标准及技术要求

第（5）部分　图纸

第（6）部分　投标文件参考格式

第（7）部分　工程量清单

7.2　除7.1内容外，招标人有权在提交投标文件截止时间15日前，以书面形式发出对招标文件的澄清、确认或修改，此部分内容均为招标文件的组成部分，对招标人和投标人起约束作用。

7.3　投标人获取招标文件后，应仔细检查招标文件的所有内容（包括电子光盘的工程量清单内容），如有残缺、漏项等问题应在获得招标文件10日内向招标人书面提出。投标人同时应认真审阅招标文件中所有的事项、格式、条款和规范要求等，若投标人的投标文件没有按招标文件要求提交全部资料，或投标文件没有对招标文件做出实质性响应，其风险由投标人自行承担，并根据本招标文件有关条款规定，该投标将被拒绝。

7.4　发标时，随招标文件一并发给投标人一套招标文件电子光盘，盘中已刻录了招标文件中的第Ⅷ部分的全部内容，其中，招标人提供的清单数量及指定材料价已在相应表格中锁定。各投标人应无条件地使用投标文件电子版中设定的格式。凡投标人擅自改变其顺序、编号、计量单位、工程量、指定价及电子文件编制模式等招标人既定内容的，将视为没有实质性响应招标文件。

8. 招标答疑

8.1　本招标工程不召开现场答疑会，采用书面答疑方式。

8.2　投标人对招标文件、工程量清单、施工图以及施工现场条件的所有疑问的内容，以书面方式在投标截止时间 10 日前通过信函、送交或传真的方式提交招标代理机构。

8.3　招标人和代理机构对投标人所提问题做出统一解答和必要澄清后，在投标截止时间 7 日前以书面的招标答疑纪要发送给所有投标人。

投标人若对招标文件及图纸有疑问，应按投标人须知前附表第 14 项规定要求告知招标代理机构；招标代理机构将按投标人须知前附表第 14 项规定告知所有投标人。

9. 招标文件的澄清和修改

9.1　招标文件发出后，在递交投标文件截止时间 15 日前，招标人可对招标文件进行必要的澄清或修改。

9.2　招标文件的澄清、修改及有关补充通知在××建设工程信息网站发布。招标文件的澄清、修改及有关补充通知一经在××建设工程信息网站发布，视为已发放给所有投标人。

9.3　招标文件的修改补充作为招标文件的组成部分，具有约束作用。

9.4　招标文件的澄清或修改均以××建设工程信息网站发布的内容为准。当招标文件的澄清、修改、补充等对同一内容的表述不一致时，以××建设工程信息网站最后发布的内容为准。

9.5　为使投标人在编制投标文件时有充分的时间将对招标文件的澄清或修改等内容考虑进去，招标人将酌情延长递交投标文件的截止时间，具体时间将在招标文件的澄清或修改中予以明确。若澄清或修改中没有明确延长时间，即表示投标时间不延长。

Ⅱ.2.3　投标文件的编制

10. 投标文件的语言及度量衡单位

10.1　除专用术语外，与招标投标有关的语言均使用中文。必要时专用术语应附有中文注释。

10.2　除工程技术规范另有规定外，投标文件使用的度量衡单位，均采用中华人民共和国法定计量单位。

11. 投标文件的组成

11.1　投标文件由资格审查文件、商务标、技术标三部分组成。

11.2　资格审查文件的主要内容：

（1）法定代表人授权书及被授权人有效身份证件。

（2）企业营业执照。

（3）税务登记证。

(4) 组织机构代码证。

(5) 企业资质证书。

(6) 安全生产许可证。

(7) 外地企业入××省许可证。

(8) 外地企业入××市许可证。

(9) 企业及项目经理备案资料信息截图。

(10) 项目经理的建造师职业证书及安全生产考核合格证。

(11) 2018年1月1日以来企业类似工程施工合同业绩证明材料。

说明：上述资格审查文件原件应单独封装在一个标袋内（标袋封面须标注“资格审查文件原件”“投标人公司名称”及“投标日期”等相关信息，并加盖投标人公章），随投标文件一同提交，待评标委员会审查核对后在开标会议结束前予以退还。

11.3　商务标包括的主要内容：

11.3.1　法定代表人身份证明书。

11.3.2　法定代表人授权委托书。

11.3.3　投标文件签署授权委托书。

11.3.4　投标函。

11.3.5　投标函附录。

11.3.6　投标保证金缴存凭证（复印件）。

11.3.7　对招标文件及合同条款的承诺。

11.3.8　商务报价。

(1) 工程量清单计价表（封面）。

(2) 投标报价说明。

(3) 报价表统一为以下格式：

1) 投标总价。

2) 工程项目总造价表。

3) 投标报价汇总表。

4) 单位工程造价汇总表。

5) 分部分项工程工程量清单计价表。

6) 措施项目清单计价表。

7) 其他项目清单计价表。

8) 计日工计价表。

9) 总承包服务费计价表。

10) 规费、税金项目清单计价表。

11) 分部分项工程工程量清单综合单价分析表（只提供电子版，由中标单位后期提供）。

12) 措施项目费（综合单价）分析表（只提供电子版，由中标单位后期提供）。

13) 主要材料价格表。

以上2)~13)项的表格格式以专业软件生成格式为准。

11.3.9　工程量清单的组成、编制、计价、格式、项目编码、项目名称、工程内容、计量单位和工程量计算规则按照招标人给出的工程量清单、《建设工程量清单计价规范》及××省相关定额及清单规范执行。

11.4　技术标主要包括下列内容：

1）项目经理和项目部组成。

2）施工方案。

3）确保工期的技术组织措施。

4）确保工程质量的技术措施。

5）确保安全生产的技术组织措施。

6）施工部署及施工总平面布置图。

7）确保文明施工的技术组织措施及环境保护措施。

8）主要机具、设备和劳动力配备情况。

9）进度计划和工期目标。

10）质保期服务措施。

11.5　投标人应使用符合《××市工程造价文件数据交换标准（电子评标部分）交易中心实施细则》的计价软件制作工程量清单报价表和单价分析表（如本招标文件要求单价分析表）。

11.6　投标人应使用××市建设工程交易中心的投标文件管理软件进行投标文件的合成、电子签名工作。电子投标文件介质使用只读光盘 CD-R 光盘，所有电子投标文件不能采用压缩处理。

11.7　投标人应使用依法设立的电子认证服务提供者签发的电子签名认证证书对电子投标文件进行电子签名。该电子签名与手写签名或者盖章具有同等的法律效力。

11.8　除工程量清单报价表相关的内容外，投标文件的其他内容均以电子文件编制，其格式要求详见第六部分投标文件参考格式。

11.9　投标文件应按上述编排的要求编制。如果不按上述编排要求编制，导致系统无法检索、读取相关信息时，其结果将由投标人自行承担。

12. 投标文件格式

12.1　投标人提交的投标文件应当使用招标文件所提供的投标文件全部格式（表格可以按同样格式扩展）。

12.2　投标人在提交投标文件时，应同时提供其投标文件电子版，投标文件电子版是投标文件重要组成部分。投标文件商务标电子版光盘贰份装入商务投标文件正本袋内，随投标文件一同递交（注：电子文件须标注公司名称）。

13. 投标报价

13.1　本工程的投标报价采用投标人须知前附表第 10 项所规定的方式。

13.2　投标报价为投标人在投标文件中提出的各项支付金额的总和，包括已报价的工程各项费用，但不限于已报价的工程各项费用：凡因投标人的疏忽或失误未报、漏报，事实上将发生的工程费用和潜在风险金，招标人都认为已包含在投标报价内。

13.3 投标人的投标报价，应是完成合同条款上所列招标工程范围及工期、质量要求的全部，不得以任何理由予以重复，作为投标人计算单价或总价的依据。投标报价为投标人充分考虑招标文件的各项条款和所掌握的市场情况及本工程的实际，根据自身情况自主报价。

13.4 除非招标人对招标文件予以修改，投标人应按招标人提供的工程量清单中列出的工程项目和工程量填报单价和合价。每一项目只允许有一个报价，任何有选择的报价将不予接受，并按废标处理。投标人未填单价或合价的工程项目，在实施后，招标人将不予支付，并视为该项费用已包括在其他有价款的单价或合价内。

13.5 凡本招标文件要求（或允许）及投标人认为需要进行报价的各项费用项目，（不论是否要求进入报价）若投标时未报或未在投标文件中予以说明，招标人将认为这些费用投标人已计取，并包含在投标报价中。

13.6 本招标工程的施工地点见投标人须知前附表第2项所述，除非合同中另有规定，投标人在报价中所报的单价和合价，以及投标报价汇总表中的价格均包括完成该工程项目的成本、利润、税金、技术措施费、大型机械进出场费、保险费、安全措施费和投标单位必须支付的其他费用及合同明示或暗示的所有风险、责任和义务等全部费用。投标人应充分考虑相关风险，如各种政策性调整和施工条件的变化，停水、停电、设备、材料、二次倒运、材料价差及材料代用的量差及价差等其他各种因素造成的工程费用的增加。

为保证工程顺利进行和项目目标实现，当招标人认为需要调整工序或加大资源投入而赶工时，不再另行支付赶工费用。

中标单位应对自主填报的综合单价承担风险责任。

13.7 工程配合费（略）。

13.8 劳保统筹及定额测定费计税后扣除（略）。

13.9 有关材料、设备要求：

本工程有关材料要求投标人不得擅自改动，应据此列入投标报价；否则将视为不能实质性响应招标文件要求，可能产生的后果自负。

（1）承包人须按要求选择材料和产品并自主报价；采购前，事先征得发包人认质（认质时，承包人必须提供拟购商品生产厂家的生产许可证、一年内同类产品质量检测证明书、生产企业ISO 9000质量管理体系证书、营业执照等文件的复印件，并加盖厂家法人印章）同意后，由承包人签订供货合同；采购提货时，承包人与发包人共同派员前往，以保证供货商与确认的一致。

（2）对发包人招标时给定暂定价的材料、设备，承包人采购时，由发包人认质、认价，结算时按甲方认价置换暂定价。

13.10 投标人可先到工地现场踏勘以充分了解工地位置、情况、道路、交通、空间、装卸限制及任何其他足以影响承包价的情况，任何因忽视或误解工地现场情况而导致的索赔或工期延长申请将不被批准。凡因投标人对招标文件阅读疏忽或误解，或因对施工现场、施工环境、市场行情等了解不清而造成的后果和风险，均由投标人负责。

13.11 任何有选择的投标报价将不予接受。

14. 投标货币

本工程投标报价采用的币种为人民币。

15. 投标有效期

15.1 投标有效期见投标人须知前附表第 11 项所规定的期限，在此期限内，凡符合本招标文件要求的投标文件均保持有效。

15.2 在特殊情况下，招标人在原定投标有效期内，可以根据需要以书面形式向投标人提出延长投标有效期的要求，对此要求投标人须以书面形式予以答复。投标人可以拒绝招标人的这种要求，而不被没收投标保证金。同意延长投标有效期的投标人既不能要求也不允许修改其投标文件，但需要相应地延长投标担保的有效期，在延长的投标有效期内投标人须知第 16 条关于投标担保的退还与没收的规定仍然适用。

16. 投标保证

16.1 投标人应按投标人须知前附表第 12 项所述金额和时间递交投标保证金。××市建设工程交易中心具体实施保证金的收取和退还工作。

16.2 投标人向交易中心缴纳投标保证金后，交易中心将出具收讫证明。投标人凭收讫证明进入××市建设工程交易中心可参加工程的投标工作。

16.3 ××市建设工程交易中心代收投标保证金的，其缴纳情况以××市建设工程交易中心数据库记录的信息为准。

16.4 “网银”缴费的操作详见招标公告附件《网上银行缴费操作指南》或请自行咨询××市建设工程交易中心。

16.5 投标人未能按要求递交投标保证金的，招标人将视为不响应投标而拒绝其投标文件。

16.6 由××市建设工程交易中心代收投标保证金，在中标人与招标人签订合同后的 5 日内，交易中心办理未中标人的投标保证金退还手续。

16.7 如有下列情况之一的，将没收投标保证金：

（1）投标人在投标有效期内撤回投标书。

（2）中标人未能在规定期限内按要求递交履约担保。

（3）中标人未能在规定期限内签署合同协议。

17. 投标文件的份数和签署

17.1 投标文件的份数（略）。

17.2 投标文件的签署：

17.2.1 投标文件纸质版的签署：

（1）投标人应填写全称，同时加盖投标单位印章。

（2）投标文件必须由法定代表人或授权代表签字或盖章。

（3）投标文件正副本须用 A4 幅面打印或用不褪色的蓝（黑）墨水填写，并清楚标明“正本”“副本”字样，并各自装订成册。如果正本与副本不符，则以正本为准。

（4）除投标人对错误处须修改外，全套投标文件应无涂改或行间插字和增删。如有修改，修改处应由投标人加盖投标人的印章或由投标文件签字人签字或盖章。

(5) 由字迹潦草或表达不清所引起的后果由投标人负责。

17.2.2　投标文件电子光盘版的签署：

(1) 投标文件电子光盘须标注“[工程名称] 项目投标文件”字样、投标人公司名称。

(2) 投标人提交的电子光盘投标文件若未标注17.2.2中第(1)项所述相关信息，因此导致的投标文件电子版丢失或信息误认等不利后果由投标人自行承担。

17.2.3　投标文件电子文件的签署：投标文件封面须按规定加盖投标单位电子公章。

Ⅱ.2.4　投标文件的提交

18. 投标文件的装订、密封和标记

18.1　投标文件的装订要求：

投标文件纸质版应采用胶状方式装订，装订应牢固、不易拆散和换页，不得采用活页装订。

投标文件的电子光盘应采用CD-R光盘刻制，有并保证所刻录信息真实、可读。

18.2　投标文件的密封要求：

18.2.1　投标人应将投标文件资格审查文件、商务标、技术标各用两个标袋予以封装，分别内装投标文件纸质版（正本和副本）。电子光盘版封装在商务标纸质版文件正本袋内。

18.2.2　投标文件封面须按规定加盖投标单位公章和法定代表人或委托代理人印鉴。标书装袋后应在标书袋封口处用密封条妥善密封，并加盖骑缝章（单位公章和法定代表人或委托代理人印鉴）。密封必须完整，否则未密封完整的投标文件将不予签收。

18.3　投标文件的标记要求：

18.3.1　投标文件纸质版外包封上标记要求：

(1) 招标人的名称和地址。

(2) “[工程名称] 项目投标文件”字样、投标人名称及加盖投标人公章。

18.3.2　电子文件标记要求：

“[工程名称] 项目投标文件”字样、投标人名称及加盖投标人电子公章。

18.4　接收投标文件时，如果包封没有按上述规定密封或加写标志，则招标人予以拒绝，并退还投标人。

19. 投标文件的递交、接收和封存

19.1　投标人代表应按投标人须知前附表规定的时间和地点向招标人递交投标文件。

19.2　投标文件的递交方式：

电子文件投标文件：××市建设工程信息网网上提交。

纸质版投标文件及电子光盘：开标现场提交。

19.3　投标人应凭以下资料递交投标文件（纸质版投标文件及电子光盘）：

法定代表人授权委托书及本人身份证原件（法定代表人参加时不需要提供）。

19.4　若出现以下情况，招标人将拒绝接收投标文件：

(1) 在投标截止期后逾期或未在指定地点递交投标文件的。

(2) 投标文件未按招标文件要求密封和标识的。

(3) 投标人代表未准时出席开标会或未按要求签到的。

(4) 在投标截止时，投标人代表未凭法定代表人授权委托书原件（非法定代表人参加时提供）、本人身份证原件递交投标文件的。

19.5　投标截止前，招标人拒绝接收符合条件的投标文件，投标人可向招标监督机构投诉。

19.6　如投标文件不能在接收标书当天开启，则须按机密件集中封存在××市建设工程交易中心封标室，开标前再从中心封标室解封、取出。

19.7　全体投标人应见证封标及标书的解封、取出过程，如投标人不参加见证封标及标书的解封、取出过程，则视同认可投标文件封存的解封、取出过程与结果。

20. 投标文件提交的截止时间

20.1　投标文件的截止时间见投标人须知前附表第17项规定。

20.2　招标人可按本须知第9.5条规定以修改补充通知的方式，酌情延长提交投标文件的截止时间。在此情况下，投标人的所有权利和义务以及投标人受制约的截止时间，均以延长后新的投标截止时间为准。

21. 迟交的投标文件

招标人在规定的投标截止时间以后收到的投标文件及相关资料，将被拒绝并退回给投标人。

22. 投标文件的补充、修改与撤回

22.1　投标人在提交投标文件以后，在规定的投标截止时间之前，可以书面形式补充修改或撤回已提交的投标文件，并以书面形式通知招标人。补充、修改的内容为投标文件的组成部分。

22.2　投标人对投标文件的补充、修改，应按投标人须知第18.2条有关规定密封、标记和提交，并在投标文件密封袋上清楚标明“补充、修改”字样。

22.3　在投标截止时间之后，投标人不得补充、修改投标文件。

22.4　在投标截止时间至投标有效期满之前，投标人不得撤回其投标文件，否则其投标保证金将被没收。

Ⅱ.2.5　开标

23. 开标时间及要求

23.1　招标人按投标人须知前附表第18项所规定的时间和地点公开开标，并邀请所有投标人参加。投标人须持下列资料的原件接受核查：

23.1.1　投标人法定代表人授权书及被授权人身份证（法定代表人直接投标时只需提供身份证）。

23.2　按规定提交合格的撤回通知的投标文件不予开封，并退还投标人；按投标人须知第26条规定确定为无效的投标文件，不予送交评审。

23.3　开标程序：

23.3.1　开标由××招标有限责任公司主持。

23.3.2　开标时由招标人、监标人和监督单位共同审验核查本招标文件所规定投标人开标时须持的原件。

23.3.3　由投标人代表或委托代理人检查投标文件的密封情况，并对密封情况签字确认。

23.3.4　经确认无误后，先开启技术标，交评标委员会评审，待技术标评审结果公布后再开启商务标。由开标有关工作人员当众拆封，宣读投标人名称、投标报价和投标文件的其他主要内容，投标人应对唱标结果签字确认。

23.4　招标人在招标文件要求提交投标文件的截止时间前收到的投标文件，开标时都应当众予以拆封、宣读。

23.5　在开标阶段，如投标人无法成功递交有效的电子投标文件而造成无法满足资格审查及评标需要的，其投标文件的投标报价不参与计算评标参考价，也不再对其资格及评标审查进行排序，并由评标委员会审查做资格审查不合格处理。

23.6　招标人应对开标过程进行记录，并存档备查。

24. 投标文件的有效性

24.1　开标时，投标文件出现下列情形之一的，应当作为无效投标文件，不得进入评标：

24.1.1　投标文件未按照投标人须知第18.1、18.2条的要求装订、密封的；

24.1.2　投标人须知第11.1~11.3条规定的投标文件有关内容未按投标人须知第18.2条规定加盖投标人印章或未经法定代表人或其委托代理人签字或盖章的，由委托代理人签字或盖章的，但未随投标文件一起提交有效的“授权委托书”原件的；或商务标未在指定位置加盖造价师或中级造价员印章的。

24.1.3　投标文件的关键内容字迹模糊、无法辨认的。

24.1.4　未提交招标文件要求提供的投标相应电子文件（仅指招标文件要求的涉及工程量清单计价的电子文件，下同）的；或因投标人原因造成电子投标文件无法读取的；或电子投标文件与相关的文字投标文件不一致的。

24.1.5　投标人未按照招标文件的要求提供投标保证金的。

24.1.6　投标人未承诺投标报价不低于企业自身成本价的。

24.1.7　投标人实质性地不响应本招标文件中的施工合同及专用条款的。

24.1.8　投标人在投标文件中提出与招标文件相抵触的要求或对招标文件有重大保留，包括重新划定风险范围，改变各方的权利和义务，提出不同的质量标准、验收方法、计量方法和纠纷处理办法。

24.1.9　投标人未按本招标文件规定的全部内容携带齐全部有效原件的。

24.1.10　投标人擅自改变工程量清单数据及材料暂定价的。

24.2　招标人将有效投标文件送评标委员会进行评审。

Ⅱ.2.6　评标

25. 评标委员会与评标

25.1　评标委员会由招标人依法组建，在××市招标办专家库中随机抽取负责本次工程的评标活动。

25.2　开标结束后，开始评标，评标采用保密方式进行。

26. 评标过程的保密

26.1　开标后，直至宣布中标人为止，凡属于对投标文件的审查、澄清、评价和比较有关的资料以及中标候选人的推荐情况，与评标有关的其他任何情况均属严格保密范围。

26.2　在投标文件的评审和比较、中标候选人推荐以及授予合同的过程中，投标人向招标人和评标委员会施加影响的任何行为，都将会导致其投标被拒绝。

26.3　中标人确定后，招标人不对未中标人就评标过程以及未能中标原因做出任何解释，也不退回投标文件。未中标人不得向评标委员会组成人员或其他有关人员询问评标过程的情况和材料。

27. 投标文件的澄清

为有助于投标文件的审查、评价和比较，评标委员会可以书面形式要求投标人对投标文件含义不明确的内容作必要的澄清或说明，投标人应采用书面形式进行澄清或说明，并经法定代表人或委托代理人签字盖章，但不得超出投标文件的范围或改变投标文件的实质性内容。凡属于评标委员会在评标中发现的计算错误并进行核实的修改不在此列。

28. 投标文件的初步评审

28.1　开标后，经招标人审查符合有关规定的投标文件，才能提交评标委员会进行评审。

28.2　评标时，评标委员会将首先评定每份投标文件是否在实质上响应了招标文件的要求。所谓实质上响应，是指投标文件应与招标文件的所有实质性条款、条件和要求相符，无显著差异或保留，或者对合同中约定的招标人的权利和投标人的义务方面造成重大的限制，纠正这些显著差异或保留其重大的限制将会对其他实质上响应招标文件要求的投标文件的投标人的竞争地位产生不公正的影响。

28.3　如果投标文件实质上不响应招标文件的各项要求，或投标文件的编制、内容及责任与招标文件的要求有重大偏差，经评标委员会 2/3 以上成员确认后，评标委员会将予以拒绝投标，并且不允许投标人通过修改或撤销其不符合要求的差异或保留，使之成为具有响应性的投标。

29. 投标文件计算错误的修正

29.1　评标委员会将对确定为实质上响应招标文件要求的投标文件进行校核，看其是否有计算或表达上的错误，修正错误的原则如下：

29.1.1　当单价与数量的乘积与合价不一致时，以单价为准，除非评标委员会认为单价有明显的小数点错误，此时应以标出的合价为准，并修改单价；大写与小写不一致时，以大写为准。

29.1.2　不可竞争的规费、税费等必须按规定标准填报，否则按实质性不响应招标文件按无效标处理。

29.2　按上述修正错误的原则及方法调整或修正投标文件的投标报价，投标人同意后，调整后的投标报价对投标人起约束作用。如果投标人不接受修正后的报价，则其投标将被拒绝并且其投标担保金也将被没收；评标工作继续进行。

30. 投标文件的评审、比较和否决

30.1　评标委员会将按照投标人须知第28条的规定，仅对在实质上响应招标文件要求的投标文件进行评估和比较。

30.2　在评审过程中，评标委员会可以书面形式要求投标人就投标文件中含义不明确的内容进行书面说明并提供相关材料。

30.3　评标委员会依据规定的评标标准和方法，对投标文件进行评审和比较，向招标人提出书面评标报告，并推荐合格的中标候选人。招标人根据评标委员会提出的书面评标报告和推荐的中标候选人确定中标人。

30.4　评标方法：

30.4.1　本次招标采用综合评分法。在满足招标文件的实质性要求（工期、质量、安全和合理低价）条件下，评标委员会选择综合得分由高到低排序前三名的投标人作为中标候选人，并向招标人推荐。

30.4.2　评标原则：

（1）公平、公正、科学择优。

（2）投标质量符合国家各项施工验收规范标准，投标工期低于或等于招标文件要求，施工方案合理可行。

（3）投标报价为合理低价，且不低于成本价；本工程不保证最低投标报价人中标。

（4）禁止不正当竞争。

30.4.3　评审内容及步骤：

（1）评审内容。

1）综合评分法的评审内容为资格审查文件（投标人资格能力审查）、技术标、商务标的评审。

2）评标顺序：

① 资格审查文件评审：由评标委员会对投标人资格审查文件进行符合性评审。

② 公布资格审查文件评审结果。

③ 评审技术标：由评标委员会对投标人的技术标进行评审打分。

④ 公布技术标评审结果。

⑤ 商务标评审：对投标人的商务标进行评审打分。

⑥ 确定中标候选人：汇总资审合格的投标人的技术标及商务标的各项得分按由高到低进行排序，推荐前三名的投标人作为中标候选人。

（2）评审步骤：

1）评审资格审查文件（采用符合性审查，结论为合格或不合格）；

2）评审技术标。

3）开标时间3日前公布本工程上限控制价。投标人的投标总价大于或等于上限控制价时，则视为无效标，不再参与评标；当2/3以上投标人的投标报价均超出上限控制价时，重新组织招标。凡投标总价小于上限控制价的投标人进入评标阶段。当进入评标阶段的投标人数量少于3家时，重新组织招标。

4）公布投标单位总报价、措施费、工期、质量等级和承诺。

5）按照招标文件规定的办法复核投标文件并清标；若投标人的投标报价、分部分项工程量清单综合单价、措施项目费等有算术性计算错误时应予以纠正，并公布纠正结果。若投标人拒绝或不同意纠正结果的，不再参与商务标评标。

6）确定入评单位。

30.4.4　技术标评审办法：

（1）项目经理和项目部组成：1.5~2.0分。

（2）施工方案：1.5~2.0分。

（3）确保工期的技术组织措施：1.5~2.0分。

（4）确保工程质量的技术措施：1.5~2.0分。

（5）确保安全生产的技术组织措施：1.5~2.0分。

（6）施工部署及施工总平面布置图：1.5~2.0分。

（7）确保文明施工的技术组织措施及环境保护措施：1.5~2.0分。

（8）主要机具、设备和劳动力配备情况：1.5~2.0分。

（9）进度计划和工期目标（投标人提供施工计划网络图和横道图）：1.5~2.0分。

（10）采用新技术、新工艺对提供工程质量、缩短工期、降低造价的可行性：1.5~2.0分。

30.4.5　入评单位的条件及确定。

（1）入评单位条件：

1）投标工期小于或等于招标要求工期。

2）投标工程质量符合招标质量要求。

3）投标人完全响应招标文件和合同条款的全部内容。

（2）入评单位确定：全部符合入评单位条件的投标人才能成为入评单位；未成为入评单位的投标人，不得进入商务标评审。

30.4.6　商务标评审（满分80分）。

（1）投标总报价评审（30分）。

以入评单位投标人的投标总报价的算术平均值的97%作为评审项基准价。当投标人大于或等于5个时，去掉一个最高值和一个最低值；少于5个时，投标总报价的算术平均值的97%作为评审项基准价。投标报价等于基准价的投标人得满分30分；投标报价与该基准价比较，每增加1%扣1.0分，每减少1%扣0.5分，扣完为止。

（2）投标措施项目费总价评审（15分）。

以入评单位投标人的措施项目费总报价的算术平均值的97%作为评审项基准价。各项措施项目费报价等于评审项基准价的投标人得满分15分；其余措施项目费投标报价与该基准价比较，每增加1%扣0.5分，每减少1%扣0.25分，扣完为止。

（3）投标分部分项工程量清单综合单价评审（35分）。

分部分项工程量综合单价的评审按照招标人招标最高限价中的综合单价由高到低的前70项中（其中，土建50项，安装20项），由计算机随机抽取35项进行综合单价评审（其中，土建25项，安装10项）。每个单项满分为1分（分部分项清单不足35项的，则全部抽取，每个单项满分为35/n分，n代表分部分项清单项数）。以入评单位所有投标人的该项综合单价的算术平均值的97%为该项综合单价的基准价。该项综合单价报价等于该项基准价的投标人，此单项得满分；其余该项综合单价的报价与该项基准价比较，每增加1%扣0.1分，每减少1%扣0.05分，单项分值扣完为止。

（4）汇总上述投标人各项综合有效得分，按由高到低排序，前三名为中标候选人。招标人依法从中确定中标人。

（5）中标人的最终投标总价为中标价，中标价即合同价。

30.4.7　评标过程中，中间值按插入法计算，数字计算精确至小数点后两位，第三位“四舍五入”。

30.4.8　若出现综合得分并列第一时，比较投标报价，此项得分高者为第一名。若投标报价得分相同，则依次比较综合单价、措施项目费用、施工组织设计等分项得分。

30.4.9　评标过程中，若出现本评标办法以外的特殊情况时，将暂停评标，有关情况待评标委员会确定后，再进行评定。

30.4.10　投标人出现某评分分项未报、漏报或零报价时，该分项得0分，并不参与评标标准价的计算。

30.4.11　未尽事宜以现行招标有关规定为准。

Ⅱ.2.7　合同的授予

31. 合同授予标准

招标人将把合同授予其投标文件在实质上响应招标文件要求和按本招标文件评标办法规定评选出的候选中标单位。

32. 招标人拒绝投标的权力

招标人在发出中标通知书前，有权依据评标委员会的评标报告拒绝不合格的投标。

33. 中标通知书

33.1　中标结果公示3日后，对招标人确定的中标候选人无异议时，则该中标候选人即为中标人；招标人将向中标人发出中标通知书。

33.2　排名第一的中标候选人放弃中标、因不可抗力提出不能履行合同，或者招标文件规定应当提交履约保证金而在规定的期限内未能提交的，招标人确定排名第二的中标候选人为中标人。排名第二的中标候选人因前款规定的同样原因不能签订合同的，招标人确定排名第三的中标候选人为中标人。

34. 合同协议书的签订

34.1　招标人与中标人将于中标通知书发出之日起15日内，按照招标文件和中标人的投标文件订立书面工程施工合同。

34.2　中标人如不按本投标人须知的规定与招标人订立合同，则招标人将废除授标，投标担保不予退还，给招标人造成的损失超过投标担保数额的，还应当对超过部分予以赔偿，同时依法承担相应法律责任。

34.3　中标人应当按照合同约定履行义务，完成中标项目施工，不得将中标的主体工程

施工转让（转包）给他人。当发现中标人转包项目（本招标文件约定的专业分包例外）或更换项目经理时，则甲方有权单方中止与中标人签订的施工合同，由此而造成的损失及后果，均由该中标人承担全部责任。

34.4　本次承包范围内的工程，中标人若不具备专业资质，必须分包给具备相应资质的专业施工单位进行施工。

34.5　中标人必须全力配合消防工程验收工作，并确保顺利通过行政主管部门的验收。

35. 履约担保

35.1　合同协议书签署前3日内，中标人应当按投标人须知前附表第20项规定的金额以银行支票或现金的方式向招标人提交履约保证金。

35.2　若中标人不按本投标人须知的规定执行，招标人将有充分的理由解除合同，并没收其投标保证金，给招标人造成的损失超过投标担保数额的，还应当对超过部分予以赔偿。

第Ⅲ部分　合同条款

Ⅲ.1　第1部分　协　议　书

发包人（全称）：________________________

承包人（全称）：________________________

依照有关法律、行政法规，遵循平等、自愿、公平和诚实信用的原则，双方就本建设工程施工协商一致，订立本合同。

一、工程概况

工程名称：____

工程地点：____

结构形式：__________　层数：_____　建筑面积：__________

群体工程应附承包人承揽工程项目一览表（附件1）

工程立项文号：________________________

资金来源：________________________

二、工程承包范围

承包范围：____

____

不包括的工程范围：________________________________

____

三、合同工期：

总日历天数____________天

开工日期：____________

竣工日期：____________

四、质量标准

工程质量标准：____________________

五、合同价款

1. 合同总价（大写）：__________（人民币）元（小写）¥：__________元（其中：工程预留金__________元，零星工作费__________元，安全防护、文明施工措施费__________元，工程分包和材料购置费__________元，总承包服务费__________元）。

2. 综合单价：详见承包人的报价书。

六、组成合同的文件

组成本合同的文件包括：

1. 本合同协议书
2. 本合同专用条款
3. 本合同通用条款
4. 中标通知书
5. 投标文件、工程报价单或预算书及其附件
6. 招标文件、答疑纪要及工程量清单
7. 图纸
8. 标准、规范及有关技术文件

双方为履行本合同的有关洽商、变更等书面协议、文件，视为本合同的组成部分。

七、本协议书中有关词语含义与本合同第二节“通用条款”中赋予的定义相同。

八、承包人按照合同约定进行施工、竣工并在质量保修期内承担工程质量保修责任。

九、发包人按照合同约定的期限和方式支付合同价款及其他应当支付的款项。

十、合同生效

合同订立时间：______年______月______日

合同订立地点：______________________________

本合同双方约定______________________________后生效。

发包人：（公章）______________	承包人：（公章）______________
地址：______________	地址：______________
邮政编码：______________	邮政编码：______________
法定代表人：______________	法定代表人：______________
委托代理人：______________	委托代理人：______________
电话：______________	电话：______________
传真：______________	传真：______________
开户银行：______________	开户银行：______________
账号：______________	账号：______________

第2部分　通用条款（略）

第3部分　专用条款（略）

第4部分　工程内容、建设标准及技术要求（略）

第 5 部分　图纸（略）

第 6 部分　投标文件格式

（1）投标函及投标函附录（略）

（2）法定代表人身份证明（略）

（3）授权委托书（略）

（4）联合体协议书（略）

（5）投标保证金（略）

（6）已标价工程量清单（略）

（7）施工组织设计（略）

（8）项目管理机构（略）

（9）拟分包项目情况表（略）

（10）资格审查资料（略）

（11）其他材料（略）

第 7 部分　工程量清单（略）

练习题

一、单选题

1. 对招标人和投标人均有法律约束力的投标有效期，应从（　　）起算。

A. 发布招标公告日　　B. 开始资格预审日

C. 发售招标文件日　　D. 投标截止日

2. 施工招标文件的内容一般不包括（　　）。

A. 工程量清单　　B. 资格预审条件　　C. 合同条款　　D. 投标人须知

3. 投标文件中总价金额与单价金额不一致的，应（　　）。

A. 以单价金额为准　　B. 以总价金额为准

C. 由投标人确认　　D. 由招标人确认

4. 甲、乙两个工程承包单位组成施工联合体投标，参与竞标某房地产开发商开发的住宅工程，下列说法错误的是（　　）。

A. 甲、乙两个单位以一个投标人身份参与投标

B. 如果中标，甲、乙两个单位应就中标项目向该房地产开发商承担连带责任

C. 如果中标，甲、乙两个单位应就各自承担部分与该房地产开发商签订合同

D. 如在履行合同中乙单位破产，则甲单位应当承担原由乙单位承担的工程任务

5. 开标应当在招标文件确定的提交投标文件截止时间的（　　）进行。

A. 当天公开　　B. 当天不公开　　C. 同一时间公开　　D. 同一时间不公开

6. 投标人应当按照（　　）的要求编制投标文件。

A. 资格预审文件　　B. 合同文件

C. 招标文件　　D. 招标文件的实质性条款

7. 某建设单位就某工程项目向社会公开招标，2019 年 3 月 1 日确定某承包单位为中标人并于当日向其发出中标通知书，下列说法正确的是（　　）。

A. 中标通知书就是正式的合同

B. 双方应在2019年3月15日前订立书面合同

C. 双方应在2019年3月31日前订立书面合同

D. 建设单位应在2019年3月31日前向行政监督部门提交招标投标情况的书面报告

8. 招标人明确地将定标的权利授予评标委员会时，决定中标人的应是（　　）。

A. 招标人　B. 评标委员会　C. 招标代理机构　D. 建设行政主管部门

9. 关于细微偏差的说法，不正确的是（　　）。

A. 细微偏差不影响投标文件的有效性

B. 在实质上响应了招标文件的要求，但提供了不完整的技术信息和数据

C. 补正遗漏不会对其他投标人造成不公平的结果

D. 细微偏差将导致投标文件成为废标

10. 某施工项目招标，招标文件开始出售的时间为3月20日，停止出售的时间为3月30日，招标文件规定提交投标文件的截止时间为4月25日，评标结束的时间为4月30日，则投标有效期开始的时间为（　　）。

A. 3月20日　B. 3月30日　C. 4月25日　D. 4月30日

11. 某工程项目的投标截止时间为6月12日，某投标人于6月8日提交了投标文件。6月10日，该投标人又提交了一份修改投标报价的函件。关于这份修改投标报价的函件，下列说法正确的是（　　）。

A. 该投标文件不能修改，该函件有效

B. 该投标文件可以修改，修改后的投标报价有效

C. 该投标文件的其他内容可以修改，但投标报价不能修改

D. 该投标文件不能修改，但在招标人同意接受的情况下有效

12. 关于建设工程施工招标投标的程序，在发布招标公告后接受投标书前，招标投标的程序依次为（　　）。

A. 招标文件发放→投标人资格预审→踏勘现场→标前会议

B. 踏勘现场→标前会议→投标人资格预审→招标文件发放

C. 投标人资格预审→招标文件发放→踏勘现场→标前会议

D. 标前会议→踏勘现场→投标人资格预审→招标文件发放

13. 通过招标投标订立的建设工程施工合同，合同价应为（　　）。

A. 评标价　B. 投标报价　C. 招标控制价　D. 标底价

14. 下列关于评标报告的说法中，错误的是（　　）。

A. 评标委员会完成评标后，应当向招标人提出书面评标报告

B. 评标委员会完成评标后，应当向投标人提出书面评标报告

C. 评标报告由评标委员会全体成员签字

D. 评标委员会成员拒绝在评标报告上签字且不陈述其不同意见和理由的，视为同意评标结论

15. 下列关于中标通知书的表述，正确的是（　　）。

A. 中标通知书对招标人具有法律效力，而对中标人无法律效力

B. 招标人和中标人应当自中标通知书发出之日起15日内订立书面合同

C. 招标人不得向中标人提出任何不合理要求作为订立合同的条件，双方也不得私下订立背离合同实质性内容的协议

D. 依法必须进行招标的项目，招标人应当自确定中标人之日起30日内，向有关行政监督部门提交招标投标情况的书面报告

16. 关于联合体投标，下列表述正确的是（　　）。

A. 联合体中应当至少有一方具备承担招标项目的相应能力

B. 由同一专业的单位组成的联合体，按照资质等级较高的单位确定资质等级

C. 联合体内部应当签订共同投标协议，并将共同投标协议连同投标文件一并提交招标人

D. 联合体中标的，联合体应当指定一方与招标人签订合同

17. 审查投标人分为资格预审和资格后审两种方式。资格预审对潜在投标人的资格审查是在（　　）进行。

A. 评标前　　B. 投标前　　C. 开标前　　D. 开标后

18. 关于投标文件的撤回，说法不正确的是（　　）。

A. 投标截止时间之前，投标人有权撤回已递交的投标文件

B. 投标人撤回已递交的投标文件必须以书面形式通知招标人

C. 投标人撤回投标文件的，应没收其投标保证金

D. 投标截止时间之后，投标人不得再撤回已递交的投标文件

19. 下列排序符合法律规定的招标程序的是（　　）。

① 发布招标公告　② 资质审查　③ 接受投标书　④ 开标、评标

A. ①②③④　　B. ②①③④　　C. ①③④②　　D. ①③②④

20. 关于订立合同的要求，下列说法错误的是（　　）。

A. 招标人和中标人应该按招标文件和投标文件的内容确定合同内容

B. 订立合同时，中标人在投标文件中提出的工期比招标文件中的工期短的，以招标文件为准签订合同

C. 书面合同订立后，招标人和中标人不得再订立背离合同实质性内容的其他协议

D. 招标人和中标人应当自中标通知书发出之日起 30 日内订立书面合同

21. A、B 两公司联合承包了某大型工程的施工总承包任务。双方在联合承包协议中约定，如果在施工过程中出现质量问题而遭建设单位索赔，A、B 双方各承担索赔额的 50%。在工程施工中，由于 A 公司施工技术的原因出现了工程质量问题并因此遭到建设单位 10 万元的索赔。关于建设单位的索赔，下列说法不正确的是（　　）。

A. 建设单位只能向 A 公司索赔 10 万元

B. 建设单位可以仅要求 B 公司赔偿 10 万元损失

C. 建设单位可以仅要求 A 公司赔偿 10 万元损失

D. 建设单位可以要求 A、B 两公司各赔偿 5 万元损失

22.（　　）可以不进行招标，采用直接发包的方式委托建设任务。

A. 施工单项合同估算价在 400 万元人民币以上

B. 重要设备的采购，单项合同估算价在 200 万元人民币以上

C. 监理服务的采购，单项合同估算价在 100 万元人民币以上

D. 项目总投资 4000 万元，监理合同单项合同估算价为 30 万元人民币

23. 某工程投标总价为 500 万元，则投标保证金最高不超过（　　）万元。

A. 10　　B. 20　　C. 50　　D. 100

24. 投标人有（　　）行为时，招标人可视其为严重违约行为而没收投标保证金。

A. 通过资格预审后不投标　　B. 不参加开标会议

C. 不参加现场踏勘　　D. 开标后要求撤销投标文件

25. 甲、乙单位组成的联合体中标，在施工过程中由于乙单位使用施工技术不当出现了工程质量问题而遭到业主 30 万元索赔，则以下说法不符合法律规定的是（　　）。

A. 虽质量事故是乙单位的技术所致，但联合体双方对承包合同的履行承担连带责任，甲或乙无权拒绝业主单独向其提出的索赔要求

B. 共同投标协议约定甲、乙单位各承担50%的责任，业主只能分别向甲、乙单位各索赔15万元

C. 业主既可要求甲单位承担赔偿责任，也可要求乙单位承担赔偿责任

D. 若乙单位先行赔付业主30万元，乙单位可以向甲单位追偿15万元

26. 某工程有6个单位投标，评标委员会审核后认定4个单位的投标为废标，则正确的处理方式是（　　）。

A. 评标委员会否定全部投标，要求招标人重新招标

B. 评标委员认定剩余的两个单位中标，并排序

C. 合格的两个单位中，报价低的为中标人

D. 由招标人确定排名第一的为中标人

27. 下列选项中，属于要约的是（　　）。

A. 某校教学楼工程招标公告　　B. 某公司招股说明书

C. 某企业寄送的价目表　　D. 某施工单位的投标书

28. 以下不属于施工招标文件内容的是（　　）。

A. 施工组织设计　　B. 合同主要条款　　C. 技术条款　　D. 投标人须知

29. 投标人补充、修改或者撤回已提交的投标文件，并书面通知招标人的时间期限应在（　　）。

A. 评标截止时间前　　B. 评标开始前

C. 提交投标文件的截止时间前　　D. 投标有效期内

30. 根据招标投标相关法律规定，在投标有效期结束前，若出现特殊情况，招标人要求投标人延长投标有效期时，（　　）。

A. 投标人不得拒绝延长，并不得收回其投标保证金

B. 投标人可以拒绝延长，并有权收回其投标保证金

C. 投标人不得拒绝延长，但可以收回其投标保证金

D. 投标人可以拒绝延长，但无权收回其投标保证金

31. 在某工程项目招标投标过程中，某投标人要对其投标文件进行补充、修改或撤回。以下说法正确的是（　　）。

A. 对投标文件的补充、修改或撤回，应在投标有效期满前进行

B. 在投标有效期内进行的补充、修改作为投标文件的组成部分

C. 在投标有效期内可以进行补充或修改，但要被没收投标保证金

D. 应在投标截止日期前进行

32. 关于评标委员会成员的义务，下列说法错误的是（　　）。

A. 评标委员会成员应当客观、公正地履行职务

B. 评标委员会成员可以私下接触投标人，但不得收受投标人的财物或者其他好处

C. 评标委员会成员不得透露对投标文件的评审和比较的情况

D. 评标委员会成员不得透露对中标候选人的推荐情况

33. 某工程项目招标过程中，甲投标人研究招标文件后，以书面形式提出质疑问题。招标人对此问题给予了书面解答，则该解答（　　）。

A. 只对甲投标人有效

B. 对全体投标人有效，但无须发送给其他投标人

C. 应发送给全体投标人，并说明问题来源

D. 应发送给全体投标人，但不说明问题来源

34. 在评标委员会成员中，不能包括（　　）。

A. 招标人代表　　B. 招标人上级主管代表

C. 技术专家　　D. 经济专家

35.《招标投标法》规定，开标时由（　　）检查投标文件密封情况，确认无误后当众拆封。

A. 招标人　　B. 投标人或投标人推选的代表

C. 评标委员会　　D. 地方政府相关行政主管部门

36. 下列投标文件对招标文件响应的偏差中，不属于重大偏差的是（　　）。

A. 未提交投标保证金

B. 不满足技术规格书中主要参数和超出偏差范围

C. 投标报价的大写金额与小写金额不一致

D. 投标文件没有投标人授权代表的签字

37. 投标文件对招标文件响应的重大偏差，不包括（　　）。

A. 提供的投标担保有瑕疵

B. 个别地方存在漏项

C. 没有按招标文件的要求提供投标担保

D. 投标文件没有投标人授权代表签字

38. 关于合同价款与合同类型，下列说法正确的是（　　）。

A. 招标文件与投标文件不一致的地方，以招标文件为准

B. 中标人应当自中标通知书收到之日起 30 日内与招标人订立书面合同

C. 工期特别紧、技术特别复杂的项目可以采用总价合同

D. 单价合同承包商风险较小

二、多选题

1. 下列关于评标的规定，符合《招标投标法》有关规定的有（　　）。

A. 招标人应当采取必要的措施，保证评标在严格保密的情况下进行

B. 评标委员会完成评标后，应当向招标人提出书面评标报告，并决定合格的中标候选人

C. 招标人可以授权评标委员会直接确定中标人

D. 评标委员会经评审，认为所有投标都不符合招标文件要求的，可以否决所有投标

E. 任何单位和个人不得非法干预、影响评标的过程和结果

2. 招标项目开标后发现投标文件存在下列问题时，可以继续评标的情况包括（　　）。

A. 没有按照招标文件要求提供投标担保

B. 投标报价金额的大小写不一致

C. 总价金额和单价与工程量乘积之和的金额不一致

D. 货物包装方式高于招标文件要求

E. 货物检验标准低于招标文件要求

3. 关于投标有效期的说法，正确的有（　　）。

A. 投标有效期从投标截止日期开始起算　　B. 投标有效期对投标人有约束力

C. 招标人在投标有效期内完成评标即可　　D. 投标有效期内应完成合同签订工作

E. 投标有效期在合同订立后自动终止

4. 根据《招标投标法实施条例》，投标保证金不予退还的情形有（　　）。

A. 开标前投标人撤回已提交的投标文件　　B. 开标后投标人撤销已提交的投标文件

C. 投标人拒绝延长投标有效期　　D. 中标人拒绝订立合同

E. 中标人拒绝提交履约保证金

5. 标底是建设工程项目招标人编制的文件。下列关于标底的说法，正确的有（　　）。

A. 一个招标项目只能有一个标底　　B. 标底应在开标时公布

C. 标底应在评标时公布　　D. 接近标底的投标报价应作为中标条件

E. 接近标底的投标报价不应作为中标条件

6. 属于建设工程施工招标文件的内容有（　　）。

A. 投标人须知　　B. 施工组织设计

C. 工程量清单　　D. 设计图纸

E. 评标标准和方法

7. 关于施工投标报价，下列说法正确的有（　　）。

A. 投标人应逐项计算工程量，复核工程量清单

B. 投标人应修改错误的工程量，并通知招标人

C. 投标人可以不向招标人提出复核工程量中发现的遗漏

D. 投标人可以通过复核工程量防止由于订货超量带来的浪费

E. 投标人应根据复核工程量的结果选择适用的施工设备

三、案例分析题

1. 某省重点工程项目计划于2019年12月28日开工。由于工程复杂、技术难度高，一般施工企业难以胜任，建设单位自行决定采取邀请招标方式，于2019年9月8日向通过资格预审的A、B、C、D、E五家施工承包企业发出了投标邀请书。该五家企业均接受了邀请，并于规定时间9月20日—22日购买了招标文件。招标文件中规定，10月18日下午3时为投标截止时间，11月10日发出中标通知书。

在投标截止时间之前，A、B、D、E四家企业提交了投标文件，但C企业于10月18日下午4时才送达投标文件，原因是中途堵车。10月21日下午，由当地招标投标监督管理办公室人员主持进行了公开开标。

评标委员会成员由7人组成，其中，当地招标投标监督管理办公室1人，公证处1人，招标人1人，技术经济方面专家4人。评标时发现，E企业投标文件虽无法定代表人签字和委托人授权书，但投标文件均已由项目经理签字并加盖了单位公章。

评标委员会于10月28日提出了书面评标报告。B、A企业分列综合得分第一、第二名。由于B企业投标报价高于A企业，11月10日招标人向A企业发出了中标通知书，并于12月15日签订了书面合同。

【问题】

（1）建设单位自行决定采取邀请招标方式的做法是否妥当？说明理由。

（2）C企业和E企业的投标文件是否有效？分别说明理由。

（3）指出开标工作的不妥之处，说明理由。

（4）指出评标委员会成员组成的不妥之处，说明理由。

（5）招标人确定A企业为中标人是否违规？说明理由。

2. 某办公楼工程，招标人于2019年10月8日向具备承担该项目能力的A、B、C、D、E共5个投标人发出投标邀请书，其中说明，10月12日—18日9时—16时领取招标文件，11月8日14时为投标截止时间。5个投标人均接受邀请，并按规定时间提交了投标文件。但投标人A在送出投标文件后发现报价估算有较严重的失误，于是在投标截止时间前10分钟递交了一份书面声明，撤回已提交的投标文件。

评标委员会委员由招标人直接确定，共7人组成，其中，招标人代表3人，本系统技术专家2人，经济专家1人，外系统技术专家1人。

在评标过程中，评标委员会要求 B、D 两投标人分别对其施工方案进行详细说明，并对若干技术要点和难点提出问题，要求其提出具体、可靠的实施措施。作为评标委员的招标人代表希望投标人 B 再适当考虑一下降低报价的可能性。

按照招标文件中确定的综合评标标准，4 个投标人综合得分从高到低的顺序依次为 B、D、C、E，故评标委员会确定投标人 B 为中标人。招标人于 11 月 10 日将中标通知书发出，投标人 B 于 11 月 14 日收到中标通知书。

由于从报价情况来看，4 个投标人的报价从低到高的顺序依次为 D、C、B、E，因此，11 月 16 日—12 月 11 日招标人又与投标人 B 就合同价格进行了多次谈判，结果投标人 B 将价格降到略低于投标人 C 的报价水平，最终双方于 12 月 12 日签订了书面合同。

【问题】

该项目在招标投标程序中有哪些方面不符合《招标投标法》的有关规定？请逐一说明。

3. 某重点工程项目进行施工招标。业主在发放招标文件后，即召开了投标预备会，对投标人所提出的问题做了书面解答，并将解答书面材料送达所有投标人，接着业主组织各投标人进行了施工现场踏勘。

在投标文件的编制与递交阶段，某投标人在投标文件封口处加盖了本单位公章并由项目经理签字后，在投标截止日期前一天上午将投标文件报送业主。次日下午，在规定的开标时间前 1 小时，该投标人又递交了一份补充资料，其中声明将原报价降低 4%。但招标人的有关工作人员认为投标人投标后不能修改投标文件，因而拒收了投标人的补充资料。

该项目开标会由市招标办的工作人员主持，市公证处有关人员到会，各投标人代表均到场。开标前，市公证处人员对各投标人的资质进行审查，并对所有投标文件进行审查，确认所有投标文件有效后，正式开标。

【问题】

该施工招标项目在招标程序中存在哪些问题？

第 4 章练习题

扫码进入在线练习题小程序，完成答题后可获取答案及其解析。

第5章 建设工程勘察设计与建设工程监理招标投标实务

本章概要及学习目标

勘察设计招标的特点、招标文件的内容、应注意的问题及设计评标等内容；工程监理招标投标及评标的主要规定。

熟悉建设工程勘察设计、工程监理的招标投标相关知识，树立公平竞争理念，理解、贯彻公平公开公正的法制原则。

5.1 建设工程勘察设计招标与投标

建设工程勘察是指根据建设工程的要求，查明、分析、评价建设场地的地质地理环境特征和岩土工程条件，编制建设工程勘察文件的活动。

建设工程设计是指根据建设工程的要求，对建设工程所需的技术、经济、资源、环境等条件进行综合分析、论证，编制建设工程设计文件的活动。

5.1.1 建设工程勘察设计招标范围

工程项目的设计一般分为初步设计和施工图设计两个阶段，对于技术条件复杂而又缺乏设计经验的项目，可在初步设计阶段后再增加技术设计阶段。

2013年修订后的《工程建设项目勘察设计招标投标办法》规定，按照国家规定需要履行项目审批、核准手续的依法必须进行招标的项目，有下列情形之一的，经项目审批、核准部门审批、核准，项目的勘察设计可以不进行招标：

1）涉及国家安全、国家秘密、抢险救灾或者属于利用扶贫资金实行以工代赈、需要使用农民工等特殊情况，不适宜进行招标。

2）主要工艺、技术采用不可替代的专利或者专有技术，或者其建筑艺术造型有特殊要求。

3）采购人依法能够自行勘察、设计。

4）已通过招标方式选定的特许经营项目投资人依法能够自行勘察、设计。

5）技术复杂或专业性强，能够满足条件的勘察设计单位少于三家，不能形成有效竞争。

6）已建成项目需要改、扩建或者技术改造，由其他单位进行设计影响项目功能配套性。

7）国家规定其他特殊情形。

招标人应根据工程项目的具体特点决定发包的范围，实行勘察、设计招标的工程项目，可以采取勘察设计全过程总发包的一次性招标，也可以采取分单项、分专业的分包招标。中标单位承担的初步设计和施工图设计，经发包方书面同意，也可以将非建设工程主体部分设计工作分包给具有相应资质条件的其他设计单位，其他设计单位就其完成的工作成果与总承包方一起向发包方承担连带责任。

勘察任务可以单独发包给具有相应资质条件的勘察单位实施，也可以将其工作内容包括在设计招标任务中。将勘察任务包括在设计招标的发包范围内，由具有相应能力的设计单位来完成或由该设计单位选择承担勘察任务的分包单位，对招标人较为有利。

5.1.2　勘察设计招标文件的内容

勘察设计招标文件的内容应当包括下列内容：

1）投标人须知。

2）投标文件格式及主要合同条款。

3）项目说明书，包括资金来源情况。

4）勘察设计范围，对勘察设计进度、阶段和深度的要求。

5）勘察设计基础资料。

6）勘察设计费用支付方式，对未中标人是否给予补偿及补偿标准。

7）投标报价要求。

8）对投标人资格审查的标准。

9）评标标准和方法。

10）投标有效期。投标有效期，从提交投标文件截止日起计算。

5.1.3　勘察设计招标投标的特点

1. 勘察招标投标的特点

1）勘察招标一般选用单价合同。由于勘察是为设计提供地质技术资料，勘察要求应与设计相适应，且补勘、增孔的可能性很大，所以一般不采用固定总价合同。

2）评标重点不是商务标。勘察报告的质量影响建设工程项目的质量，项目勘察费与项目基础的造价或项目质量成本相比是很小的，降低勘察费可能会影响工作质量，进而影响工程造价和工程质量，因此勘察招标评标的重点不是报价。

3）勘察人员、设备及作业制度是关键。勘察人员主要是指采样人员和分析人员，他们的工作经验、工作态度、敬业精神直接影响勘察质量；设备是勘察的前提条件；作业制度是勘察质量的基本保证，这些应该是评标的重点。

2. 设计招标投标的特点

设计招标多采用设计方案竞选的方式。设计招标与施工招标在程序上的主要区别表现为以下几个方面：

（1）招标文件的内容不同

设计招标文件中仅提出设计依据、工程项目应达到的技术指标、项目限定的工作范围、项目所在地的基本资料、要求完成的时间等内容，而无具体的工作量。

（2）对投标书的编制要求不同

投标人首先提出设计构思和初步方案，并论述该方案的优点和实施计划，在此基础上提出报价。投标人应当按照招标文件、建筑方案设计文件编制深度规定的要求编制投标文件。投标文件应当由具有相应资格的注册建筑师签章，并加盖单位公章。

（3）开标形式不同

开标时由各投标人自己说明投标方案的基本构思和意图，以及其他实质性内容，或开标即对投标的设计文件作保密处理，即先进行编号，然后交评委评审。

（4）确定废标的条件不同

除了一般招标中规定的废标原因之外，还有两条特别的规定：a. 无相应资格的注册建筑师签字的；b. 注册建筑师受聘单位与投标人不符的。

（5）评标原则不同

评标时不过分追求投标价的高低，评标委员更多关注于所提供方案的合理性、科学性、先进性、造型的美观性以及设计方案对建设目标的影响。

5.1.4　勘察设计招标应具备的条件

《工程建设项目勘察设计招标投标办法》规定，依法必须进行勘察设计招标的工程建设项目，在招标时应当具备下列条件：

1）招标人已经依法成立。

2）按照国家有关规定需要履行项目审批、核准或者备案手续的，已经审批、核准或者备案。

3）勘察设计有相应资金或者资金来源已经落实。

4）所必需的勘察设计基础资料已经收集完成。

5）法律法规规定的其他条件。

5.1.5　勘察设计招标投标应注意的问题

1. 发包方式和范围

实行勘察、设计招标的工程项目，可以采取设计全过程总发包的一次性招标，也可以在保证整个建设项目完整性和统一性的前提下，采取分单项、分专业的分包招标。

工程勘察包括编制勘察方案和工程现场勘探两方面内容，前者属于技术咨询，是无形的智力成果，单独招标可以参考工程设计招标的方法；后者包括提供工程劳务等，属于用常规方法实施的内容，任务明确具体，可以在招标文件中给出任务的数量指标，如果单独招标，则可以参考施工招标的方法。

在工程设计招标中，一般由中标单位实施技术设计或施工图设计，对于有某些特殊功能

要求的大型工程，也可以只进行方案设计招标，或中标单位将所承担的初步设计和施工图设计，经招标人同意，分包给具有相应资质条件的其他设计单位。

2. 招标文件的内容

设计招标文件对投标人所提出的要求不那么明确具体，仅提出设计依据、工程项目应达到的技术功能指标、项目的预期投资限额、项目限定的工作范围、项目所在地的基本资料、要求完成的时间等内容，而无具体的工作量。招标文件的要求应根据工程的实际情况突出重点，而更多的详细要求可在中标人开始和实施设计阶段通过共同探讨确定。这样可以避免让所有投标人（特别是未中标的投标人）花费太多的时间和精力编制投标书，也可以简化评标的内容，集中评审比较方案的科学性和可行性。

5.1.6　勘察设计招标投标主要规定

1. 对投标人的资格审查

（1）资质审查

我国对建设工程勘察设计单位实行资质管理制度。建设工程勘察设计单位应当在其资质等级许可的范围内承揽建设工程勘察设计业务。禁止建设工程勘察设计单位超越其资质等级许可的范围或者以其他建设工程勘察设计单位的名义承揽建设工程勘察设计业务。禁止建设工程勘察设计单位允许其他单位或者个人以本单位的名义承揽建设工程勘察设计业务。

（2）能力审查

判定投标人是否具备承担发包任务的能力，通常要审查人员的技术力量。主要考查设计负责人的资格和能力，以及各类勘察设计人员的专业覆盖面、人员数量和各级职称人员的比例等是否满足完成项目勘察设计的需要。

（3）经验审查

评定投标人的勘察设计经验，通常通过投标人报送的最近几年完成工程项目业绩表，侧重于考察已完成的勘察设计项目与招标工程在规模、性质、形式上是否相适应。

2. 评标原则

勘察设计评标一般采取综合评估法进行。评标委员会应当按照招标文件确定的评标标准和方法，结合经批准的项目建议书、可行性研究报告或者上阶段设计批复文件，对投标人的业绩、信誉和勘察设计人员的能力以及勘察设计方案的优劣进行综合评定。

设计招标与施工招标不同，设计费报价在评标过程中不是关键因素，设计招标一般不采用最低评标价法。评标委员会评标时也不过分追求设计费报价的高低，而是更多关注所提供方案的技术先进性、预期达到的技术指标、方案的合理性以及对工程项目投资效益的影响。设计招标的评标定标原则是：设计方案合理，具有特色，工艺和技术水平先进，经济效益好，设计进度能满足工程需要。

3. 评审内容

建设工程设计投标的评比一般分为技术标和商务标两部分。如果招标人不接受投标人技术标方案的投标书，即被淘汰，也就不再进行商务标的评审。

1）设计方案的优劣。评审内容主要包括：设计指导思想是否正确；设计产品方案是否反映了国内外同类工程项目较先进的水平；总体布置的合理性，场地利用系数是否合理；工艺流程是否先进；设备选型的适用性；主要建筑物、构筑物的结构是否合理，造型是否美观大方并与周围环境相协调；“三废”治理方案是否有效；其他有关问题。

2）投入、产出经济效益比较。主要涉及以下方面：建筑标准是否合理；投资估算是否超过限制；先进的工艺流程可能带来的投资回报；实现该方案可能需要的外汇估算。

3）设计进度的快慢。重点审查设计进度计划能否满足招标人制订的项目建设总进度计划要求，避免妨碍或延误施工的顺利进行。

4）设计资历和社会信誉。

5）投标报价的合理性。在方案水平相当的投标人之间再进行设计投标报价的比较，不仅评定总价，还应审查各分项收费的合理性。

4. 否决投标

《工程建设项目勘察设计招标投标办法》规定，投标文件有下列情况之一的，评标委员会应当否决其投标：

1）未经投标单位盖章和单位负责人签字。

2）投标报价不符合国家颁布的勘察设计取费标准，或者低于成本，或者高于招标文件设定的最高投标限价。

3）未响应招标文件的实质性要求和条件。

投标人有下列情况之一的，评标委员会应当否决其投标。

① 不符合国家或者招标文件规定的资格条件。

② 与其他投标人或者与招标人串通投标。

③ 以他人名义投标，或者以其他方式弄虚作假。

④ 以向招标人或者评标委员会成员行贿的手段谋取中标。

⑤ 以联合体形式投标，未提交共同投标协议。

⑥ 提交两个以上不同的投标文件或者投标报价，但招标文件要求提交备选投标的除外。

【例题 5-1】 建设工程设计招标采用的开标形式是（C）。

A. 由招标人直接宣读各投标人报价

B. 由招标人宣布按报价高低排定的次序

C. 由投标人说明投标方案的基本构想并提出报价

D. 由投标人报价后，招标人按报价高低排出次序

［解析］ 开标时不由招标主持人宣读投标书并按报价高低排定标价次序，而是由各投标人自己说明投标方案的基本构思和意图，以及其他实质性内容，不按报价高低排定次序。

【例题 5-2】 下列关于建设工程设计招标的说法，错误的是（B）。

A. 设计招标评标时不过分追求设计费报价的高低

B. 设计招标的评标应采用经评审的最低投标价法

C. 招标人可以实行勘察设计一次性总体招标

D. 设计招标通常采用设计方案竞选的方式

[解析]　设计招标评标时不过分追求投标价的高低，更多关注提供方案的技术先进性、所达到的技术指标、方案的合理性，以及对工程项目投资效应的影响等方面的因素，设计招标的评标采用综合评估法。

【例题 5-3】　下列关于设计招标的说法，错误的是（B）。

A. 设计招标文件无具体的工作量

B. 一般建设工程项目的设计可分为三个阶段：初步设计、技术设计和施工图设计阶段

C. 设计招标通常采用设计方案竞选的方式

D. 设计招标文件对投标人所提出的要求不必很详细

[解析]　一般工程项目的设计分为初步设计和施工图设计两个阶段进行，技术复杂又缺乏经验的项目，在必要时要增加技术设计阶段。

【例题 5-4】　建设工程设计招标与施工招标在程序上的主要区别有（ACDE）。

A. 招标文件的内容不同　　B. 投标保函的保证范围不同

C. 对投标书的编制要求不同　　D. 开标形式不同

E. 评标原则不同

5.2　建设工程监理招标与投标

5.2.1　建设工程监理招标与投标概述

1. 建设工程监理及强制招标范围

建设工程监理是指具有相应资质的监理单位受工程项目建设单位（业主）的委托，依据国家有关工程建设的法律法规，经建设主管部门批准的工程项目建设文件、建设工程监理合同及其他建设工程合同，对工程建设实施的专业化监督管理。实行建设工程监理制度，目的在于提高工程建设的投资效益和社会效益。

建设监理制度是我国基本建设领域的一项重要制度，根据《建设工程监理范围和规模标准规定》，下列工程必须实施监理：

（1）国家重点建设工程

国家重点建设工程是指依据《国家重点建设项目管理办法》所确定的对国民经济和社会发展有重大影响的骨干项目。

（2）大中型公用事业工程

大中型公用事业工程是指项目总投资额在3000万元以上的供水、供电、供气、供热等市政工程项目，科技、教育、文化等项目，体育、旅游、商业等项目，卫生、社会福利等项目，以及其他公用事业项目。

（3）成片开发建设的住宅小区工程

成片开发建设的住宅小区工程，建筑面积在5万m^2以上的住宅建设工程必须实行监理，5万m^2以下的住宅建设工程可以实行监理，具体范围和规模标准由建设行政主管部门规定。对高层住宅及地基、结构复杂的多层住宅应当实行监理。

（4）利用外国政府或者国际组织贷款、援助资金的工程

利用外国政府或者国际组织贷款、援助资金的工程是指使用世界银行、亚洲开发银行等国际组织贷款资金的项目，或使用国外政府及其机构贷款资金的项目，或使用国际组织或者国外政府援助资金的项目。

（5）国家规定必须实行监理的其他工程

国家规定必须实行监理的其他工程是指项目总投资额在3000万元以上关系社会公共利益、公众安全的基础设施项目和学校、影剧院、体育场馆项目。

《必须招标的工程项目规定》要求，勘察、设计、监理等服务的采购，单项合同估算价在100万元以上的项目必须进行监理招标。

2. 建设工程监理招标与投标的主体

（1）建设工程监理招标主体

建设工程监理招标主体是承建招标项目的建设单位，又称业主或招标人。招标人可以自行组织监理招标，也可以委托具有相应资质的招标代理机构组织招标。必须进行监理招标的项目，招标人自行办理招标事宜的，应向招标管理部门备案。

（2）建设工程监理投标主体

建设工程监理投标主体是具备监理资质的单位，参加投标的监理单位首先应当是取得监理资质证书，具有法人资格的监理公司、监理事务所或兼承监理业务的工程设计、科学研究及工程建设咨询的单位，同时必须具有与招标工程规模相适应的资质等级。投标人不得存在下列情形之一：

1）为招标人不具有独立法人资格的附属机构（单位）。

2）与招标人存在利害关系且可能影响招标公正性。

3）与本招标项目的其他投标人为同一个单位负责人。

4）与本招标项目的其他投标人存在控股、管理关系。

5）为本招标项目的代建人。

6）为本招标项目的招标代理机构。

7）与本招标项目的代建人或招标代理机构同为一个法定代表人。

8）与本招标项目的代建人或招标代理机构存在控股或参股关系。

9）与本招标项目的施工承包人以及建筑材料、建筑构配件和设备供应商有隶属关系或者其他利害关系。

10）被依法暂停或者取消投标资格。

11）被责令停产停业、暂扣或者吊销许可证、暂扣或者吊销执照。

12）进入清算程序，或被宣告破产，或其他丧失履约能力的情形。

13）在最近 3 年内发生过重大监理质量问题（以相关行业主管部门的行政处罚决定或司法机关出具的有关法律文书为准）。

14）被工商行政管理机关在全国企业信用信息公示系统中列入严重违法失信企业名单。

15）被最高人民法院在“信用中国”网站或各级信用信息共享平台中列入失信被执行人名单。

16）在近 3 年内投标人或其法定代表人、拟委任的总监理工程师有行贿犯罪行为的（以检察机关职务犯罪预防部门出具的查询结果为准）。

17）法律法规或投标人须知前附表规定的其他情形。

5.2.2　建设工程监理招标

1. 建设工程监理招标的特点

（1）招标宗旨是对监理单位能力的选择

监理服务是监理单位的高智能投入，服务工作完成得好坏不仅依赖于执行监理业务是否遵循规范化的管理程序和方法，更多地取决于参与监理工作人员的业务专长、经验、判断能力、创新能力以及风险意识。因此，招标选择监理单位是能力竞争，而不是价格竞争。

（2）报价在选择中居于次要地位

工程项目的施工、物资供应招标选择中标人的原则是：在技术达到要求标准的前提下，主要考虑价格的竞争性。在建设工程监理招标中对能力的选择应放在第一位，因为当价格过低时监理单位很难把招标人的利益放在第一位，往往为维护自己的经济利益采取减少监理人员数量或多派业务水平低、工资低的监理人员，其后果必然导致对工程项目的损害。另外，监理单位提供高质量的服务，能使招标人获得节约工程投资和提前投产的实际效益。但从另一个角度看，服务质量与价格之间应有相应的平衡关系，所以招标人应在能力相当的投标人之间再进行价格比较。

（3）邀请投标人较少

选择监理单位时，一般邀请投标人的数量以 3~5 家为宜。

2. 建设工程监理招标与建设工程施工招标的区别

建设工程监理招标是为了挑选最有能力的监理公司为建设单位提供咨询和监理服务；而建设工程施工招标则是为了选择最有实力的承包商来完成施工任务，并获得有竞争性的合同价格。建设工程监理招标与建设工程施工招标的区别见表 5-1。

表 5-1　建设工程监理招标与建设工程施工招标的区别

内容	监理招标	施工招标
任务范围	招标文件或邀请函中提出的任务范围不是已确定的合同条件，只是合同谈判的一项内容，投标人可以而且往往会对其提出改进意见	招标文件中的工作内容是正式的合同条件，双方都无权更改，只能在必要时按规定予以澄清

（续）

内容	监理招标	施工招标
邀请范围	一般不发布招标广告，发包人可开列短名单，且只向短名单内的监理公司发出邀请函	公开招标要发布招标广告，并进行资格预审；邀请招标的范围也较宽且要进行资格后审
标底	不编制标底	可以编制或不编制标底
选择原则	以技术方面的评审为主，选择最佳的监理公司，不应以价格最低为主要标准	以技术上达到标准为前提，将合同授予经评审价格最低的投标人
投标书的编制要求	可以对招标文件中的任务大纲提出修改意见，提出技术性或建设性的建议	必须要求按招标文件中要求的格式和内容填写投标书，不符合规定要求即为废标

3. 建设工程监理招标文件的组成

建设工程监理招标文件包括：

1）招标公告（或投标邀请书）。

2）投标人须知。

3）评标办法。

4）合同条款及格式。

5）委托人要求。

6）投标文件格式。

7）投标人须知前附表规定的其他资料。

对招标文件所做的澄清、修改，构成招标文件的组成部分。

5.2.3 建设工程监理投标

1. 对建设工程监理投标人的资格审查

（1）资格审查的内容

公开招标和邀请招标进行资格审查比较，通常要考查投标人的资质条件、经验条件、资源条件、公司信誉和承接新项目能力等几个方面，具体内容见表5-2。

表5-2 资格审查的内容

审查内容	审查重点	判别原则
资质条件	（1）资质等级 （2）营业执照、注册范围 （3）隶属关系 （4）公司的组成形式以及总公司和分公司的所在地 （5）法人条件和公司章程	（1）监理公司的资质等级应与工程项目级别相适应 （2）注册的监理工作范围满足工程项目的要求 （3）监理单位与可能选择的施工承包商或供货商不应有行政隶属关系或合伙关系，以保证监理工作的公正性
监理经验	（1）已监理过的工程项目一览表 （2）已监理过类似的工程项目	（1）通过一览表考查其监理过的工程，以及对哪些专业项目具有监理特长 （2）考查其已监理过的工程中，类似工程的数量和工程规模是否与本项目相适应。应当要求其已完成过或参与过与拟委托项目级别相适应的监理工作

（续）

审查内容	审查重点	判别原则
现有资源条件	（1）拟投入人员 （2）开展正常监理工作可采用的检测方法或手段 （3）计算机管理能力	（1）对可动用人员的数量，专业覆盖面，高、中、初级人员的组成结构，管理人员和技术人员的能力，已获得监理工程师证书的人员数量等进行考查，看其是否满足本项目监理工作要求 （2）自有的检测仪器、设备等不作为考查是否胜任的必要条件，如果有则可予以优先考虑。但对必要的检测方法及获取的途径、以往做法应重点考查，看其是否能满足本项目监理工作的需要 （3）已拥有的计算机管理软件是否先进，能否满足监理工作的需要
公司信誉	（1）在专业方面的名望、地位 （2）以往服务过的工程项目中的信誉 （3）能否全心全意地与业主和承包商合作	（1）通过对已监理过的工程项目业主的咨询，了解监理单位在科学、诚实、公正方面是否有良好信誉 （2）以往监理工作中是否有因其失职行为而给业主带来重大损失的情况 （3）是否有因与业主发生合同纠纷而导致仲裁或诉讼的记录，事件发生的责任由哪方承担 （4）是否发生过违背忠诚地为业主服务的原则的行为
承接新项目的监理能力	（1）正在实施监理的工程项目数量、规模 （2）正在实施监理的各项目的开工和预计竣工时间 （3）正在实施监理工程的地点	（1）依据监理单位所拥有的人力、物力资源，判别其可投入的资源能否满足本项目的需要 （2）当其资源不能满足要求时，能否从其他项目上临时调用或其他项目监理工作完成后具备对本项目补充的资源，且能否满足工程进展的需求 （3）对部分不满足专业要求的监理工作，其提出的解决方案是否可接受

（2）资格审查的方法

监理招标的资格预审可以首先以会谈的形式对监理单位的主要负责人或拟派驻的总监理工程师进行考查，然后再让其报送相应的资格材料。

与初选的各家单位会谈后，再对各家单位的资质进行评审和比较，确定邀请投标的监理单位短名单。[⊖]

初选审查还只限于对邀请对象的资质、能力是否与拟实施项目特点相适应的总体考查，而不评定准备实施该项目监理工作的建议是否可行、适用。为了能够对监理单位有较深入、全面的了解，应通过以下方法收集有关信息：a. 索取监理单位的情况介绍资料；b. 与其高级人员交谈；c. 向其已监理过工程的发包人咨询；d. 考查它们已监理过的工程项目。

2. 监理投标文件的组成

监理投标文件包括：

1）投标函及投标函附。

2）法定代表人身份证明或授权委托书。

3）联合体协议书。

⊖ 短名单是指经过筛选，列出认为可以选择的，剩下的那部分监理单位名单。

4）投标保证金。

5）监理报酬清单。

6）资格审查资料。

7）监理大纲。

8）投标人须知前附表规定的其他资料。

投标人在评标过程中做出的符合法律法规和招标文件规定的澄清确认，构成投标文件的组成部分。

5.2.4 建设工程监理评标和定标

1. 建设工程监理评标内容

建设工程监理评标办法中，通常会将下列要素作为评标内容：

（1）工程监理单位的基本素质

工程监理单位的基本素质主要包括工程监理单位资质、技术及服务能力、社会信誉和企业诚信度，以及类似工程监理业绩和经验。

（2）工程监理人员配备

项目监理机构监理人员的数量和素质，特别是总监理工程师的综合能力和业绩是建设工程监理评标需要考虑的重要内容。

（3）建设工程监理大纲

评标时应重点评审建设工程监理大纲的全面性、针对性和科学性。主要包括：

1）建设工程监理大纲内容是否全面，工作目标是否明确，组织机构是否健全，工作计划是否可行，质量、造价、进度控制措施是否全面、得当，安全生产管理、合同管理、信息管理等方法是否科学，以及项目监理机构的制度建设规划是否到位，监督机制是否健全等。

2）建设工程监理大纲中应对工程特点、监理重点与难点进行识别。在对招标工程进行透彻分析的基础上，结合自身工程经验，从工程质量、造价、进度控制及安全生产管理等方面确定监理工作的重点和难点，提出针对性措施和对策。

3）除常规监理措施外，建设工程监理大纲中应对招标工程的关键工序及分部分项工程制定有针对性的监理措施，制定针对关键点、常见问题的预防措施，合理设置旁站监理项目清单和保障措施等。

（4）试验检测仪器设备及其应用能力

重点评审投标人在投标文件中所列的设备、仪器、工具等能否满足建设工程监理要求。对于建设单位在现场另建试验、检测等中心的工程项目，应重点考查投标人评价分析、检验测量数据的能力。

（5）建设工程监理费用报价

重点评审监理费用报价水平和构成是否合理、完整，分析说明是否明确，监理服务费用的调整条件和办法是否符合招标文件要求等。

2. 建设工程监理评标方法

评标委员会应当根据招标文件确定的评标标准和方法，对其技术部分和商务部分进行评

审、比较。评标方法一般采用综合评估法。

综合评估法是指采用量化指标考查每一投标人的综合水平，以各项因素评价得分的累计分值高低，对各标书的优劣进行排序。由于评标是对各投标人针对本项目的实施方案进行审查比较，因此，评标的原则主要是技术、管理能力是否符合工程监理要求，监理方法是否科学，措施是否可靠，监理取费是否合理。

采用综合评估法时，首先应根据项目监理内容的特点划分评审比较的内容，然后根据重要程度规定各主要部分的分值权重，在此基础上还应细致地规定各主要部分的打分标准。各投标书的分项内容经过评标委员会专家打分后，再乘以预定的权重，即可算出该项得分；将各项分数累计即组成该标书的总评分。

监理投标文件一般分为技术建议书和财务建议书两大部分，要根据委托监理工作的项目特点和工作范围要求的内容等因素分别考虑或综合考虑来评审这两部分。技术建议书评审主要分为监理单位的经验、拟完成委托监理任务的计划方案和人员配备方案三个方面；财务建议书评审主要是评审报价的合理性。当两大部分同时记分时，技术评审权重为 70%~90%，财务评审权重为 10%~30%。其中，技术评审所考虑的三个方面在技术评审总分中所占的权重分配一般为：监理经验占 10%~20%，监理工作计划占 30%~40%，监理人员配备占 40%~60%。

评标委员会对满足招标文件实质性要求的投标文件，按照评分标准进行打分，并按得分由高到低的顺序推荐中标候选人，或根据招标人授权直接确定中标人，但投标报价低于其成本的除外。综合评分相等时，以投标报价低的优先；投标报价也相等的，以监理大纲得分高的优先；如果监理大纲得分也相等，按照评标办法前附表的规定确定中标候选人顺序。

3. 建设工程监理评标示例

2021 年 5 月某道桥工程监理招标，评标办法规定采用综合评估法进行评标，以得分最高者为中标单位。评价内容包括监理大纲、总监理工程师、监理人员（不含总监）、监理费、检测设备、企业业绩和社会信誉，按综合评分顺序推荐 3 名合格中标候选人。具体评分内容见表 5-3。

表 5-3　某道桥工程监理招标评分表

评分项目	分值分配	评分内容和评分办法	最高分
监理大纲	20 分	（1）工程质量控制	3
		（2）工程进度控制	3
		（3）工程投资控制	3
		（4）安全文明施工控制	2
		（5）合同管理、信息管理措施	3
		（6）工程组织协调措施	3
		（7）工程施工重点、难点分析、处理方法及监理对策	3
总监理工程师	12 分	（1）总监为国家注册监理工程师且注册专业为市政公用工程的得 3 分	3
		（2）总监年龄在 30~55 周岁（含 30、55 周岁）之间的得 3 分，其余得 2 分	3

（续）

评分项目	分值分配	评分内容和评分办法	最高分
总监理工程师	12分	（3）总监职称为高级工程师的得3分，中级的得2分	3
		（4）总监的学历为本科及以上的得3分，其余得2分	3
监理人员（不含总监）	15分	（1）监理机构人员人数不少于5人，专业配套齐全（路桥2人、测量1人、造价1人、安全1人）且均持有住建部或建设主管部门颁发的监理上岗证的得6分，少一人或少一专业扣1分，扣完为止	6
		（2）除总监外，监理机构需配备专业监理工程师不少于2人，专业监理工程师应具有某省注册监理工程师或国家注册监理工程师证书，满足此条件的得4分（不满足的不得分），增加1人加1分，本项最高得5分	5
		（3）监理机构人员的平均年龄在30~55周岁（含30、55周岁）之间的得2分，其余得1分	2
		（4）监理机构成员中具有注册安全工程师资格的得2分	2
监理费	25分	监理费报价以国家现行收费标准为依据，本项目基价暂按3000万元造价为基数，监理服务费基准价为78.10万元 所有有效投标报价的算术平均值为评标基准价 投标人投标报价与评标基准价对比，得出报价评分，等于评标基准价的投标报价得分为25分，高于或低于评标基准价的投标报价，每高1%扣0.2分，每低1%扣0.2分；偏离不足1%的，中间值以插入法（插值法）计算	25
检测设备	10分	有委托检测协议或能满足工程检测需要，得10分［“能满足工程检测”是指投标单位的检测设备中要有全球定位系统（GPS）、经纬仪、水准仪、混凝土回弹仪、路基压实度测定仪，缺一项扣2分］	10
企业业绩和社会信誉	18分	（1）2016年至今企业连续5年在某市监理企业综合考评均获A类的得3分，2018年至今企业连续3年某市监理企业综合考评均获A类的得2分，近3年获得过A类的得1分，没有的不得分，上述评分不重复计算	4
		（2）企业获得省级及以上工商行政管理局颁发的重合同守信用企业的得3分，省辖市级重合同守信用企业的得2分	4
		（3）2016年至今企业获得过省级及以上示范监理企业称号的得3分，市级的得2分（限评一项）	4
		（4）2016年至今企业所监理的道桥类的工程获得省级及以上示范监理项目的得3分，市级示范监理项目得2分（限评一项）	4
		（5）2016年至今企业监理的道桥类工程项目获得全国市政金杯示范工程的得3分，获得省级优质工程奖的得2分，获得市级优质工程奖的得1分（限评一项）	2
合计			100

4. 建设工程监理定标原则

建设工程监理招标的评标以技术方面的评审为主，选择最佳的监理单位，不应以价格最低为主要标准。建设工程监理招标的评选办法，根据委托服务工作的范围和对监理单位能力要求不同，可分为下列两种方式：

（1）基于服务质量和费用的选择

对于一般的工程监理项目通常采用这种方式，首先对能力的高低和服务质量的好坏进行评价，对相同水平的投标人再进行投标价格比较。

（2）基于质量的选择

对于复杂的或专业性很强的服务任务，有时很难确定精确的任务大纲，投标人可以在投标书中提出完整或创新的建议，或可以选用不同方法的任务书。所以，各投标书中的实施计划可能不具有可比性，评标委员会可以采用此种方法来确定中标人。这就要求投标人在投标书内只提出实施方案、计划、实现的方法等，而不提供报价。经过技术评审后，再要求获得最高技术分的投标人提供详细的商务投标书。

练习题

一、单选题

1. 工程设计招标通常采用的评标方法是（　　）。

A. 最低投标价法　　B. 经评审的最低投标价法

C. 综合评估法　　D. 评标价法

2. 建设工程监理招标的宗旨是对监理单位（　　）的选择。

A. 资历　　B. 报价　　C. 能力　　D. 现场监理人员数量

3. 建设工程监理招标的标的是（　　）。

A. 监理酬金　　B. 监理设备　　C. 监理人员　　D. 监理服务

4. 在建设项目各类招标中，不要求投标人依据给定工作量报价的是（　　）招标。

A. 施工　　B. 设备采购　　C. 设计　　D. 材料采购

5. 建设工程设计招标评标时，设计进度计划评审的审查重点在于进度计划能否（　　）。

A. 满足边设计边施工的要求

B. 有利于加快施工进度

C. 与建设工程勘察实际进度同步

D. 满足招标人制定的项目建设进度计划要求

二、多选题

1. 建设工程设计招标中，下列因素属于评标评审比较要素的是（　　）。

A. 投标单位的企业规模大小　　B. 投标方案的投入、产出比的高低

C. 设计进度的快慢　　D. 设计方案的优劣

E. 投标报价的合理性

2. 下列关于建设工程监理招标投标特点的说法，正确的有（　　）。

A. 招标宗旨是对监理单位能力的选择　　B. 承担赔偿责任能力是重要的考虑因素

C. 投标报价在选择中居于次要地位　　D. 邀请投标人较多

E. 监理单位的业绩在评标时不予考虑

3. 下列工程中，属于必须实行监理的是（　　）。

A. 4万m^2住宅建设工程

B. 亚洲银行贷款工程

C. 项目总投资额在3000万元以上的大中型市政工程

D. 项目总投资额在3000万元以上的基础设施工程

E. 5万m^2以上住宅建设工程

第5章练习题

扫码进入在线练习题小程序，完成答题后可获取答案及其解析。

第6章 建设工程相关合同及工程合同管理

本章概要及学习目标

建设工程合同的定义、特点及分类，以及勘察设计合同、监理合同、施工合同、工程总承包合同及施工专业分包合同、劳务分包合同的主要内容；建设工程合同管理的基本内容，施工阶段合同管理的主要工作及合同风险管理。

系统学习建设工程全过程相关合同管理知识，树立并切实贯彻合规发展理念。

6.1 建设工程合同概述

6.1.1 工程合同体系

工程项目建设具有涉及面广、投资大、参与者多、周期长、不可逆等特点，涉及的合同种类繁多。为了实现项目的目标，项目各参与者之间需要订立许多合同，这些合同彼此互相联系，构成工程合同体系（图6-1）。

通常业主按照工程项目实施的不同阶段和具体工作内容不同，可以订立咨询合同（可行性研究合同）、监理合同、勘察合同、设计合同、施工合同、设备订购合同和材料供应合同等。业主可以将上述合同分专业、分阶段委托，也可以将上述合同以各种形式合并委托。因此，在实际工作中，每个项目不同，业主的管理方法不同，合同体系也会有很大差异。

6.1.2 建设工程合同的概念、种类及特征

1. 建设工程合同的概念

建设工程合同是指在工程建设过程中，发包人与承包人依法订立的，明确双方权利义务关系的协议。建设工程合同包括工程勘察、设计、施工合同。

2. 建设工程合同的种类

（1）按照承包范围分

按照承包范围，建设工程合同可以分为建设工程总承包合同、建设工程承包合同、分包合

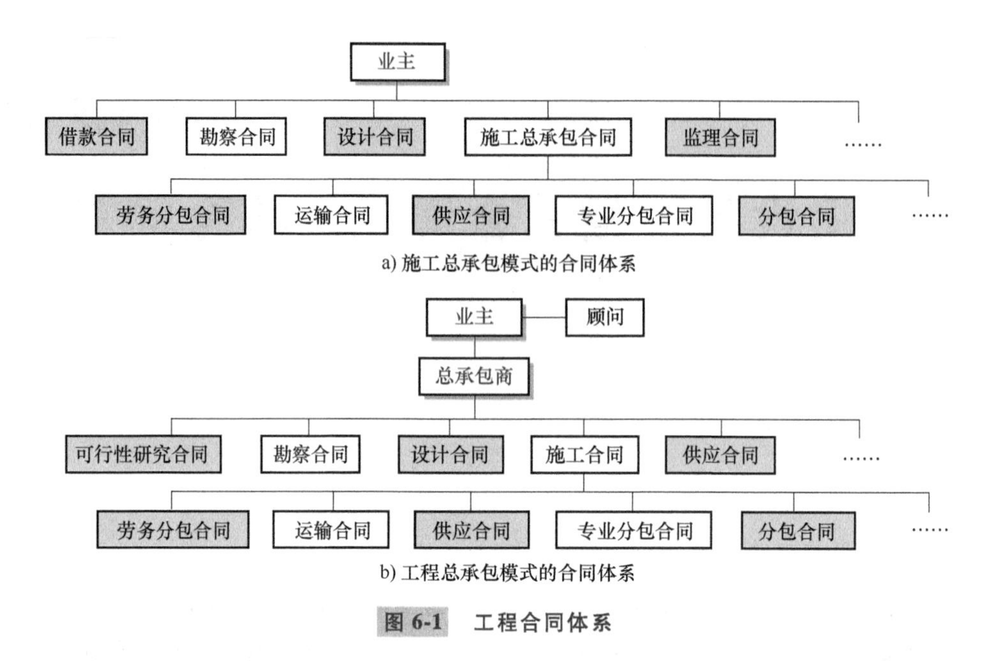

图6-1　工程合同体系

同。建设工程总承包合同是指发包人将工程建设的全过程发包给一个承包人的合同；建设工程承包合同是指发包人将建设工程的勘察、设计、施工等每一项工作分别发包给一个承包人的合同；分包合同是指经过发包人认可和合同约定，从承包人承包的工程中承包部分工程而订立的合同。

《民法典》第七百九十一条规定，发包人可以与总承包人订立建设工程合同，也可以分别与勘察人、设计人、施工人订立勘察、设计、施工承包合同。发包人不得将应当由一个承包人完成的建设工程肢解成若干部分发包给数个承包人。一个建设项目的承包人可能是一个总承包人负责工程勘察、设计、施工任务，也可能是几个承包人分别负责工程勘察、设计、施工任务。也就是说，勘察、设计、施工单位可与建设单位分别签订合同。

（2）按照承包内容分

按照承包内容，建设工程合同可以分为勘察合同、设计合同和施工合同。

3. 建设工程合同的特征

建设工程合同具有承揽合同的一般特征，如诺成合同、双务合同、有偿合同等；但是，又具有其特殊性。

（1）建设工程合同的主体只能是法人

建设工程合同中的发包人只能是经过批准的建设工程法人，承包人也只能是具有相应勘察、设计、施工资质的法人。

（2）建设工程合同的标的仅限于建设工程

建设工程是指比较复杂的土木建筑工程，其工作要求比较高，价值较大。一些小型的，结构简单、价值较小的工程，并不作为建设工程而适用建设工程合同的有关规定。建设工程合同的这一特征正是基于其标的的特殊性——投资大、周期长、固定性、不可逆性等形成的。

（3）国家管理的特殊性

国家对建设工程不仅进行建设规划，而且实行严格的管理和监督。从建设工程合同的订

立到合同的履行都要受到国家机关严格的管理和监督。

（4）建设工程合同具有次序性

由于建设项目生命周期涉及多个阶段，而且各阶段之间的工作有一定的连续性，这就要求建设工程的建设必须符合建设程序的要求，因此建设工程合同也就具有次序性的特点。

（5）建设工程合同为要式合同

建设工程合同应当采用书面形式，这是国家对建设工程进行监督和管理的需要。现实中，也有一些合同虽未采用书面形式订立，但是当事人已经开始履行的情况。在一方已经履行主要义务，对方也已接受的情况下，合同仍然成立。

6.1.3　标准化的合同示范文本

在工程建设实施过程中，各参与方之间要签订不同的建设工程合同和相关合同。为了规范建设工程施工活动，我国有关部门先后制定了各种合同的示范文本，采用标准化的合同示范文本简化了合同条款协商和谈判缔约的工作。本章主要介绍《建设工程勘察合同（示范文本）》(GF—2016—0203)、《建设工程设计合同示范文本（房屋建筑工程）》(GF—2015—0209)、《建设工程设计合同示范文本（专业建设工程）》(GF—2015—0210)、《建设工程监理合同（示范文本）》(GF—2012—0202)、《建设工程施工合同（示范文本）》(GF—2017—0201)、《建设工程施工专业分包合同（示范文本）》(GF—2003—0213)、《建设工程施工劳务分包合同（示范文本）》(GF—2003—0214)、《建设项目工程总承包合同（示范文本）》(GF—2020—0216）等的主要内容。

6.2　建设工程勘察设计合同

6.2.1　建设工程勘察设计合同的概念

建设工程勘察合同是指根据建设工程的要求，查明、分析、评价建设场地的地质地理环境特征和岩土工程条件，编制建设工程勘察文件的协议。

建设工程设计合同是指根据建设工程的要求，对建设工程所需的技术、经济、资源和环境等条件进行综合分析、论证，编制建设工程设计文件的协议。

现行的勘察设计合同示范文本是《建设工程勘察合同（示范文本）》(GF—2016—0203)、《建设工程设计合同示范文本（房屋建筑工程）》(GF—2015—0209）和《建设工程设计合同示范文本（专业建设工程）》(GF—2015—0210)。

6.2.2　勘察合同的主要内容

1. 发包人的权利和义务

（1）发包人的权利

1）发包人对勘察人的勘察工作有权依照合同约定实施监督，并对勘察成果予以验收。

2）发包人对勘察人无法胜任工程勘察工作的人员有权提出更换。

3）发包人拥有勘察人为其项目编制的所有文件资料的使用权，包括投标文件、成果资料和数据等。

（2）发包人的义务

1）应以书面形式向勘察人明确勘察任务及技术要求。

2）应提供开展工程勘察工作所需要的图纸及技术资料，包括总平面图、地形图、已有水准点和坐标控制点等，若上述资料由勘察人负责收集，发包人应承担相关费用。

3）应提供工程勘察作业所需的批准及许可文件，包括立项批复、占用和挖掘道路许可等。

4）应为勘察人提供具备条件的作业场地及进场通道（包括土地征用、障碍物清除、场地平整、提供水电接口和青苗赔偿等），并承担相关费用。

5）应为勘察人提供作业场地内地下埋藏物（包括地下管线、地下构筑物等）的资料、图纸，没有资料、图纸的地区，发包人应委托专业机构查清地下埋藏物。若因发包人未提供上述资料、图纸，或提供的资料、图纸不实，致使勘察人在工程勘察工作过程中发生人身伤害或造成经济损失时，由发包人承担赔偿责任。

6）应按照法律法规规定为勘察人安全生产提供条件并支付安全生产防护费用，发包人不得要求勘察人违反安全生产管理规定进行作业。

7）若踏勘现场需要看守，特别是在有毒、有害等危险现场作业时，发包人应派人负责安全保卫工作；按国家有关规定，对从事危险作业的现场人员进行保健防护，并承担费用。发包人对安全文明施工有特殊要求时，应在专用合同条款中另行约定。

8）应对勘察人满足质量标准的已完工作，按照合同约定及时支付相应的工程勘察合同价款及费用。

2. 勘察人的权利和义务

（1）勘察人的权利

1）勘察人在工程勘察期间，根据项目条件和技术标准、法律法规规定等方面的变化，有权向发包人提出增减合同工作量或修改技术方案的建议。

2）除建设工程主体部分的勘察外，根据合同约定或经发包人同意，勘察人可以将建设工程其他部分的勘察分包给其他具有相应资质等级的建设工程勘察单位。

3）勘察人对其编制的所有文件资料，包括投标文件、成果资料、数据和专利技术等拥有知识产权。

（2）勘察人的义务

1）勘察人应按勘察任务书和技术要求并依据有关技术标准进行工程勘察工作。

2）勘察人应建立质量保证体系，按合同约定的时间提交质量合格的成果资料，并对其质量负责。

3）勘察人在提交成果资料后，应为发包人继续提供后期服务。

4）勘察人在工程勘察期间遇到地下文物时，应及时向发包人和文物主管部门报告并妥善保护。

5）勘察人开展工程勘察活动时应遵守有关职业健康及安全生产方面的各项法律法规的规定，采取安全防护措施，确保人员、设备和设施的安全。

6）勘察人在燃气管道、热力管道、动力设备、输水管道、输电线路、临街交通要道及地下通道（地下隧道）附近等风险性较大的地点，以及在易燃易爆地段及放射、有毒环境中进行工程勘察作业时，应编制安全防护方案并制定应急预案。

7）勘察人应在勘察方案中列明环境保护的具体措施，并在合同履行期间采取合理措施保护作业现场环境。

3. 勘察费用的支付

（1）定金或预付款

实行定金或预付款的，双方应在专用合同条款中约定发包人向勘察人支付定金或预付款数额，支付时间应不迟于约定的开工日期前 7 天。发包人不按约定支付，勘察人向发包人发出要求支付的通知，发包人收到通知后仍不能按要求支付，勘察人可在发出通知后推迟开工日期，并由发包人承担违约责任。定金或预付款在进度款中抵扣。

（2）进度款支付

1）发包人应按照合同约定的进度款支付方式、支付条件和支付时间进行支付。确定调整的合同价款及其他条款中约定的追加或减少的合同价款，应与进度款同期调整支付。

2）发包人超过约定的支付时间不支付进度款，勘察人可向发包人发出要求付款的通知，发包人收到勘察人通知后仍不能按要求付款，可与勘察人协商签订延期付款协议，经勘察人同意后可延期支付。

3）发包人不按合同约定支付进度款，双方又未达成延期付款协议，勘察人可停止工程勘察作业和后期服务，由发包人承担违约责任。

（3）合同价款结算

除另有约定外，发包人应在勘察人提交成果资料后 28 天内，依相关规定进行最终合同价款确定，并予以全额支付。

4. 违约责任

（1）发包人的违约责任

1）合同生效后，发包人无故要求终止或解除合同，勘察人未开始勘察工作的，不退还发包人已付的定金或发包人按照专用合同条款约定向勘察人支付违约金；勘察人已开始勘察工作的，若完成计划工作量不足 50%的，发包人应支付勘察人合同价款的 50%；完成计划工作量超过 50%的，发包人应支付勘察人合同价款的 100%。

2）发包人发生其他违约情形时，发包人应承担由此增加的费用和工期延误损失，并给予勘察人合理赔偿。

（2）勘察人的违约责任

1）合同生效后，勘察人因自身原因要求终止或解除合同，勘察人应双倍返还发包人已支付的定金或勘察人按照专用合同条款约定向发包人支付违约金。

2）因勘察人的原因造成工期延误的，应按约定向发包人支付违约金。

3）因勘察人的原因造成成果资料质量达不到合同约定的质量标准，勘察人应负责无偿给予补充完善使其达到质量合格。因勘察人的原因导致工程质量安全事故或其他事故时，勘察人除负责采取补救措施外，应通过所投工程勘察责任保险向发包人承担赔偿责任或根据直接经济损失程度按约定向发包人支付赔偿金。

4）勘察人发生其他违约情形时，勘察人应承担违约责任并赔偿因其违约给发包人造成的损失，双方可在专用合同条款内约定勘察人赔偿发包人损失的计算方法和赔偿金额。

5. 勘察成果的验收

勘察人向发包人提交成果资料后，如需对勘察成果组织验收的，发包人应及时组织验收。除另有约定外，发包人14天内无正当理由不予组织验收，视为验收通过。

【例题6-1】 建设工程勘察合同履行期间，应发包人要求解除合同时，下列关于勘察费结算的说法中，正确的是（D）。

A. 勘察工作尚未进行，应全额退还已经支付的定金

B. 勘察工作已经进行了25%，发包人应按实际完成的工作量支付勘察费

C. 勘察工作已经进行了40%，发包人应支付100%的勘察费

D. 勘察工作已经进行了80%，发包人应支付100%的勘察费

［解析］ 由于工程停建而终止合同或发包人要求解除合同时，勘察人未进行勘察工作的，不退还发包人已付定金；已进行勘察工作的，完成的工作量在50%以内时，发包人应向勘察人支付50%的勘察费；完成的工作量超过50%时，则应向勘察人支付100%的勘察费。

【例题6-2】 勘察合同履行中，为了保证勘察工作顺利开展，下列准备工作中属于勘察人工作的是（B）。

A. 现场地上障碍物的拆除工作　　B. 踏勘现场设备机具的布置和架设

C. 完成通水、通电及道路平整作业　　D. 障碍物清除

［解析］ 选项A、C、D均属于发包人应为勘察人提供的现场工作条件。

【例题6-3】 为了保障勘察人完成委托的勘察任务，发包人应提供必要的工作条件。下列工作中，不属于发包人义务的是（C）。

A. 负责青苗树木的损坏赔偿

B. 拆除地区障碍物

C. 提供勘察工作的劳动保护用品和装备

D. 提供进场通道

［解析］ 发包人应为勘察人提供具备条件的作业场地及进场通道（包括土地征用、障碍物清除、场地平整、提供水电接口和青苗赔偿等），并承担相关费用。

【例题6-4】 关于勘察成果的说法，错误的是（D）。

A. 应根据勘察成果文件进行工程设计

B. 应根据勘察成果文件组织施工

C. 勘察成果应真实、准确

D. 施工单位应根据现场工程地质情况修正勘察结果

［解析］ 选项 D 错误，原因是施工单位不可随意改动勘察成果；若对勘察成果有异议，应上报监理单位和建设单位。

6.2.3 设计合同的主要内容

1. 工程设计要求

（1）工程设计一般要求

1）发包人应当遵守法律和技术标准，不得以任何理由要求设计人违反法律和工程质量、安全标准进行工程设计，降低工程质量。

2）发包人应当严格遵守主要技术指标控制的前提条件，由于发包人的原因导致工程设计文件超出主要技术指标控制值的，发包人承担相应责任。

3）设计人应当按法律和技术标准的强制性规定及发包人要求进行工程设计。设计人发现发包人提供的工程设计资料有问题的，设计人应当及时通知发包人并经发包人确认。

4）因发包人采纳设计人的建议或遵守基准日期后新的强制性的规定或标准，导致增加设计费用和（或）设计周期延长的，由发包人承担。

5）设计人应当根据建筑工程的使用功能和专业技术协调要求，合理确定基础类型、结构体系、结构布置、使用荷载及综合管线等。

6）设计人应当严格执行其双方书面确认的主要技术指标控制值，由于设计人的原因导致工程设计文件超出在专用合同条款中约定的主要技术指标控制值比例的，设计人应当承担相应的违约责任。

7）设计人在工程设计中选用的材料、设备，应当注明其规格、型号、性能等技术指标及适应性，满足质量、安全、节能、环保等要求。

（2）不合格工程设计文件的处理

1）因设计人的原因造成工程设计文件不合格的，发包人有权要求设计人采取补救措施，直至达到合同要求的质量标准，并按约定承担责任。

2）因发包人原因造成工程设计文件不合格的，设计人应当采取补救措施，直至达到合同要求的质量标准，由此增加的设计费用和（或）设计周期的延长由发包人承担。

2. 发包人和设计人一般义务

1）发包人应遵守法律，并办理法律规定由其办理的许可、核准或备案，包括但不限于建设用地规划许可证、建设工程规划许可证、建设工程方案设计批准、施工图设计审查等许可、核准或备案。

发包人负责本项目各阶段设计文件向规划设计管理部门的送审报批工作，并负责将报批结果书面通知设计人。因发包人原因未能及时办理完毕前述许可、核准或备案手续，导致设计工作量增加和（或）设计周期延长时，由发包人承担由此增加的设计费用和（或）延长的设计周期。

2）发包人应当负责工程设计的所有外部关系（包括但不限于当地政府主管部门等）的协调，为设计人履行合同提供必要的外部条件。

3）设计人应遵守法律和有关技术标准的强制性规定，完成合同约定范围内的房屋建筑工程方案设计、初步设计、施工图设计，提供符合技术标准及合同要求的工程设计文件，提供施工配合服务。

3. 设计分包

设计人不得将其承包的全部工程设计转包给第三人，或将其承包的全部工程设计肢解后以分包的名义转包给第三人。设计人不得将工程主体结构、关键性工作及专用合同条款中禁止分包的工程设计分包给第三人，工程主体结构、关键性工作的范围由合同当事人按照法律规定在专用合同条款中予以明确。设计人不得进行违法分包。

设计人应按约定或经过发包人书面同意后进行分包，确定分包人。按照合同约定或经过发包人书面同意后进行分包的，设计人应确保分包人具有相应的资质和能力。工程设计分包不减轻或免除设计人的责任和义务，设计人和分包人就分包工程设计向发包人承担连带责任。

4. 发包人的责任

（1）提供工程设计资料

发包人应当在工程设计前或约定的时间向设计人提供工程设计所必需的工程设计资料，并对所提供资料的真实性、准确性和完整性负责。

按照法律规定确需在工程设计开始后方能提供的设计资料，发包人应及时地在相应工程设计文件提交给发包人前的合理期限内提供，合理期限应以不影响设计人的正常设计为限。

（2）逾期提供的责任

发包人提交上述文件和资料超过约定期限的，超过约定期限15天以内时，设计人按合同约定的交付工程设计文件时间相应顺延；超过约定期限15天以外时，设计人有权重新确定提交工程设计文件的时间。工程设计资料逾期提供导致增加了设计工作量的，设计人可以要求发包人另行支付相应设计费用，并相应延长设计周期。

（3）发包人的保证措施

发包人应按照法律规定及合同约定完成与工程设计有关的各项工作。

5. 设计费用的支付

定金的比例不应超过合同总价款的20%。预付款的比例由发包人与设计人协商确定，一般不低于合同总价款的20%。

发包人逾期支付定金或预付款超过约定的期限的，设计人有权向发包人发出要求支付定金或预付款的催告通知，发包人收到通知后7天内仍未支付的，设计人有权不开始设计工作或暂停设计工作。

发包人应当按照约定的付款条件及时向设计人支付进度款。

6. 工程设计变更与索赔

1）发包人变更工程设计的内容、规模、功能、条件等，应当向设计人提供书面要求，设计人在不违反法律规定以及技术标准强制性规定的前提下应当按照发包人要求变更工程设计。

2）发包人变更工程设计的内容、规模、功能、条件或因提交的设计资料存在错误或作

较大修改时，发包人应按设计人所耗工作量向设计人增付设计费，设计人可按约定，与发包人协商对合同价格和（或）完工时间做可共同接受的修改。

3）如果由于发包人要求更改而造成的项目复杂性的变更或性质的变更使得设计人的设计工作减少，发包人可按约定，与设计人协商对合同价格和（或）完工时间做可共同接受的修改。

4）基准日期后，与工程设计服务有关的法律、技术标准的强制性规定的颁布及修改，由此增加的设计费用和（或）延长的设计周期由发包人承担。

5）如果发生设计人认为有理由提出增加合同价款或延长设计周期的要求事项，除另有约定外，设计人应于该事项发生后 5 天内书面通知发包人。除另有约定外，在该事项发生后 10 天内，设计人应向发包人提供证明设计人要求的书面声明，其中包括设计人关于因该事项引起的合同价款和设计周期的变化的详细计算。除另有约定外，发包人应在接到设计人书面声明后的 5 天内，予以书面答复。逾期未答复的，视为发包人同意设计人关于增加合同价款或延长设计周期的要求。

7. 违约责任

（1）发包人违约责任

1）合同生效后，发包人因非设计人的原因要求终止或解除合同，设计人未开始设计工作的，不退还发包人已付的定金或发包人按照专用合同条款的约定向设计人支付违约金；已开始设计工作的，发包人应按照设计人已完成的实际工作量计算设计费，完成工作量不足一半时，按该阶段设计费的一半支付设计费；超过一半时，按该阶段设计费的全部支付设计费。

2）发包人未按照专用条款约定的金额和期限向设计人支付设计费的，应按约定向设计人支付违约金。逾期超过 15 天时，设计人有权书面通知发包人中止设计工作。自中止设计工作之日起 15 天内发包人支付相应费用的，设计人应及时根据发包人要求恢复设计工作；自中止设计工作之日起超过 15 天后发包人支付相应费用的，设计人有权确定重新恢复设计工作的时间，且设计周期相应延长。

3）发包人的上级或设计审批部门对设计文件不进行审批或合同工程停建、缓建，发包人应在事件发生之日起 15 天内按约定向设计人结算并支付设计费。

4）发包人擅自将设计人的设计文件用于工程以外的工程或交第三方使用时，应承担相应法律责任，并应赔偿设计人因此遭受的损失。

（2）设计人违约责任

1）合同生效后，设计人因自身原因要求终止或解除合同，设计人应按发包人已支付的定金金额双倍返还给发包人或设计人按照约定向发包人支付违约金。

2）由于设计人原因，未按约定的时间交付工程设计文件的，应按约定向发包人支付违约金，前述违约金经双方确认后可在发包人应付设计费中扣减。

3）设计人对工程设计文件出现的遗漏或错误负责修改或补充。由于设计人的原因产生的设计问题造成工程质量事故或其他事故时，设计人除负责采取补救措施外，应当通过所投建设工程设计责任保险向发包人承担赔偿责任或者根据直接经济损失程度按约定向发包人支付赔偿金。

4）由于设计人原因，工程设计文件超出发包人与设计人书面约定的主要技术指标控制值比例的，设计人应当按照约定承担违约责任。

5）设计人未经发包人同意擅自对工程设计进行分包的，发包人有权要求设计人解除未经发包人同意的设计分包合同，设计人应当按照约定承担违约责任。

【例题6-5】 某工程项目的设计合同，设计人提交了初步设计文件并完成了部分施工图设计任务。由于环境影响评价未获得批准，该项目被迫暂停，此时设计合同履行的时间接近合同约定期限的一半，设计工作已完成全部任务的60%。如果合同终止，发包人应向设计人支付（D）。

A. 合同约定设计费的60%　　B. 双倍定金作为赔偿

C. 合同约定设计费的一半　　D. 合同约定的全部设计费

［解析］ 环境影响评价未获得批准导致项目暂停属于发包人的责任，合同终止，发包人应承担因发包人原因要求解除合同的违约责任，设计人未进行设计工作的，不退还发包人已付定金；已进行设计工作的，完成的工作量在50%以内时，发包人应向设计人支付50%的设计费；完成的工作量超过50%时，则应向设计人支付100%的设计费。

【例题6-6】 在建设工程施工合同执行过程中，因设计错误造成的损失由（A）承担。

A. 发包人　　B. 承包人　　C. 设计人　　D. 监理人

［解析］ 在施工合同执行过程中，设计错误应由发包人承担。

【例题6-7】 某工程设计合同，双方约定设计费为10万元，定金为2万元。当设计人完成设计工作40%时，发包人由于该工程停建要求解除合同，此时发包人应进一步支付设计人（A）。

A. 3万元　　B. 5万元　　C. 7万元　　D. 10万元

［解析］ 设计费一共支付5万元，其中2万元的定金已经支付，所以应进一步支付3万元。

6.3　建设工程监理合同

6.3.1　建设工程监理概述

1. 建设工程监理合同的概念与特点

（1）建设工程监理合同的概念

监理是指监理人受委托人（建设单位、发包人）的委托，根据法律法规、有关建设工程标准及合同约定，代表委托人对工程的施工质量、进度、造价进行控制，对合同、信息进行管理，对施工承包人的安全生产管理实施监督，参与协调建设工程相关方的关系。

工程监理单位在实施工程监理与相关服务时，要公平地处理工作中出现的问题，独立地

进行判断和行使职权，科学地为建设单位提供专业化服务。

建设工程监理合同（简称监理合同）是指委托人与监理人就委托的工程项目管理内容签订的明确双方权利、义务的协议。工程监理是高智能的有偿技术服务，我国的工程监理属于国际上业主方项目管理的范畴。

工程监理单位与业主（建设单位）应当在实施工程监理之前以书面形式签订监理合同，合同条款中应当明确合同履行期限，工作范围和内容，双方权利、义务和责任，监理酬金及支付方式，以及合同争议的解决办法等。目前，实践中的监理大多数是指对施工阶段的监理。

（2）建设工程监理合同的特点

建设工程监理合同是一种委托合同，除具有委托合同的共同特点外，还具有以下特点：

1）接受委托的监理人必须是依法成立、具有工程监理资质的企业，其所承担的工程监理业务应与企业资质等级和业务范围相符合。

2）监理合同委托的工作内容必须符合法律法规、有关工程建设标准、工程设计文件、施工合同及物资采购合同。

3）监理合同的标的是服务。监理合同是工程监理单位实施监理与相关服务的主要依据之一，实施工程监理前建设单位必须委托具有相应资质的工程监理单位，并以书面形式与工程监理单位订立建设工程监理合同，合同中应包括监理工作的范围、内容、服务期限和酬金，以及双方的义务、违约责任等相关条款。《建设工程监理合同（示范文本）》(GF—2012—0202)由协议书、通用条件、专用条件三个部分及附录 A 和附录 B 组成。

2. 监理人与发包人、承包人的关系

建设施工合同的履行中，由于监理人的介入，形成了一种监理人与发包人、承包人既互相协作又互相监督的三元格局。在监理工作范围内，为保证工程监理单位独立、公平地实施监理工作，避免出现不必要的合同纠纷，建设单位与施工单位之间涉及施工合同的联系活动，均应通过工程监理单位进行。

《建设工程监理合同（示范文本)》规定："在本合同约定的监理与相关服务工作范围内，委托人对承包人的任何意见或要求应通知监理人，由监理人向承包人发出相应指令"。反之，施工单位的任何意见或要求，也应通知工程监理单位派驻的项目监理机构，通过工程监理单位派驻的项目监理机构提出。

监理人与承包人之间是监理与被监理的关系。两者之间虽然没有直接合同法律关系，但承包人要接受监理人的监督。发包人通过监理合同授权监理人履行监理职责，监理人就取得了代替发包人监督承包人履行合同义务的权利，承包人则必须接受监理人的监督。另外，监理人是依法执业的机构，法律赋予了它对施工活动中的违法违规行为进行监督的权利和职责。监理人实施工程建设监理，其权力来源是有关监理的法律规定，以及建设方的直接授权。

6.3.2　监理合同的主要内容

1. 双方当事人的义务

（1）委托人的义务

1）告知。

委托人应在委托人与承包人签订的合同中明确监理人、总监理工程师和授予项目监理机构的权限。如有变更，应及时通知承包人。

2）提供资料。

委托人应按照合同约定，无偿向监理人提供工程有关的资料。在合同履行过程中，委托人应及时向监理人提供最新的与工程有关的资料。

3）提供工作条件。

委托人应为监理人完成监理与相关服务提供必要的条件。

① 委托人应按照合同约定，派遣相应的人员，提供房屋、设备，供监理人无偿使用。

② 委托人应负责协调工程建设中所有外部关系，为监理人履行合同提供必要的外部条件。

4）委托人代表。

委托人应授权一名熟悉工程情况的代表，负责与监理人联系。委托人应在双方签订监理合同后7天内，将委托人代表的姓名和职责书面告知监理人。当委托人更换委托人代表时，应提前7天通知监理人。

5）委托人意见或要求。

在合同约定的监理与相关服务工作范围内，委托人对承包人的任何意见或要求应通知监理人，由监理人向承包人发出相应指令。

6）答复。

委托人应在专用条件约定的时间内，对监理人以书面形式提交并要求做出决定的事宜，给予书面答复。逾期未答复的，视为委托人认可。

7）支付。

委托人应按合同约定，向监理人支付酬金。

（2）监理人的义务

1）监理工作的范围。

监理工作的范围是监理工程师为委托人提供服务的范围。除监理工作外，委托人委托监理业务的范围还包括相关服务，相关服务是指监理人按照监理合同约定，在勘察、设计、招标、保修等阶段提供的服务。

2）监理工作的内容。

① 收到工程设计文件后编制监理规划，并在第一次工地会议7天前报委托人。根据有关规定和监理工作需要，编制监理实施细则。

② 熟悉工程设计文件，并参加由委托人主持的图纸会审和设计交底会议。

③ 参加由委托人主持的第一次工地会议；主持监理例会并根据工程需要主持或参加专题会议。

④ 审查施工承包人提交的施工组织设计中的质量安全技术措施、专项施工方案与工程建设强制性标准的符合性。

⑤ 检查施工承包人工程质量、安全生产管理制度及组织机构和人员资格。

⑥ 检查施工承包人专职安全生产管理人员的配备情况。

⑦ 审查施工承包人提交的施工进度计划，核查承包人对施工进度计划的调整。

⑧ 检查施工承包人的实验室。

⑨ 审核施工分包人资质条件。

⑩ 查验施工承包人的施工测量放线成果。

⑪ 审查工程开工条件，签发开工令。

⑫ 审查施工承包人报送的工程材料、构配件、设备的质量证明资料，抽检进场的工程材料、构配件的质量。

⑬ 审核施工承包人提交的工程款支付申请，签发或出具工程款支付证书，并报委托人审核、批准。

⑭ 进行巡视、旁站和抽检，发现工程质量、施工安全生产存在隐患时，要求施工承包人整改并报委托人。

⑮ 经委托人同意，签发工程暂停令和复工令。

⑯ 审查施工承包人提交的采用新材料、新工艺、新技术、新设备的论证材料及相关验收标准。

⑰ 验收隐蔽工程、分部分项工程。

⑱ 审查施工承包人提交的工程变更申请，协调处理施工进度调整、费用索赔、合同争议等事项。

⑲ 审查施工承包人提交的竣工验收申请，编写工程质量评估报告。

⑳ 参加工程竣工验收，签署竣工验收意见。

㉑ 审查施工承包人提交的竣工结算申请并报委托人。

㉒ 编制、整理工程监理归档文件并报委托人。

3）监理工作依据。

① 适用的法律、行政法规及部门规章。

② 与工程有关的标准。

③ 工程设计及有关文件。

④ 本合同及委托人与第三方签订的与实施工程有关的其他合同。

双方根据工程的行业和地域特点，在专用条件中具体约定监理依据。

4）履行职责。

① 委托人、施工承包人及有关各方意见和要求的处置。在建设工程监理与相关服务范围内，项目监理机构应及时处置委托人、施工承包人及有关各方的意见和要求。当委托人与施工承包人及其他合同当事人发生合同争议时，项目监理机构应充分发挥协调作用与委托人、施工承包人及其他合同当事人协商解决。

② 提供证明材料。委托人与施工承包人及其他合同当事人发生合同争议的，首先应通过协商、调解等方式解决。如果协商、调解不成而通过仲裁或诉讼途径解决的，监理人应按仲裁机构或法院要求提供必要的证明材料。

③ 处理合同变更。监理人应在专用条件约定的授权范围（工程延期的授权范围、合同价款变更的授权范围）内，处理委托人与承包人所签订合同的变更事宜。如果变更超过授

权范围，应以书面形式报委托人批准。

在紧急情况下，为了保护财产和人身安全，项目监理机构可不经请示委托人而直接发布指令，但应在发出指令后的24小时内以书面形式报委托人。项目监理机构拥有一定的现场处置权。

④ 调换承包人人员。项目监理机构有权要求施工承包人及其他合同当事人调换其不能胜任本职工作的人员。与此同时，为限制项目监理机构在此方面有过大的权力，委托人与监理人可在专用条件中约定项目监理机构指令施工承包人及其他合同当事人调换其人员的限制条件。

⑤ 提交报告和文件资料。项目监理机构应按专用条件约定的种类、时间和份数向委托人提交监理与相关服务的报告，包括监理规划和监理月报，还可根据需要提交专项报告等。

在监理合同履行期内，项目监理机构应在现场保留工作所用的图纸、报告及记录监理工作的相关文件。工程竣工后应当按照档案管理规定将监理有关文件归档。

⑥ 使用委托人的财产。在建设工程监理与相关服务过程中，委托人派遣的人员以及提供给项目监理机构无偿使用的房屋、资料、设备应在监理合同附录B中予以明确。监理人应妥善使用和保管，并在合同终止时将这些房屋、设备按专用条件约定的时间和方式移交委托人。

《标准施工招标文件（2007年版）》规定，监理人发出的任何指示应视为已得到发包人的批准，但监理人无权免除或变更合同约定的发包人和承包人的权利、义务和责任。合同约定应由承包人承担的义务和责任，不因监理人对承包人提交文件的审查或批准，对工程、材料和设备的检查和检验，以及为实施监理做出的指示等职务行为而减轻或解除。

2. 违约责任

（1）委托人的违约责任

1）委托人违反合同约定造成监理人损失的，委托人应予以赔偿。

2）委托人向监理人的索赔不成立时，应赔偿监理人由此引起的费用。

3）委托人未能按期支付酬金超过28天，应按专用条件约定支付逾期付款利息。

（2）监理人的违约责任

1）因监理人违反合同约定给委托人造成损失的，监理人应当赔偿发包人损失。赔偿金额的确定方法在专用条件中约定。监理人承担部分赔偿责任的，其承担赔偿金额由双方协商确定。

2）监理人向委托人的索赔不成立时，监理人应赔偿委托人由此发生的费用。

（3）除外责任

因非监理人的原因，且监理人无过错，发生工程质量事故、安全事故、工期延误等造成的损失，监理人不承担赔偿责任。

因不可抗力导致监理合同全部或部分不能履行时，双方各自承担其因此而造成的损失、损害。

3. 监理酬金及支付

委托人应按约定向监理人支付酬金。支付的酬金包括正常工作酬金、附加工作酬金、合

理化建议奖励金额及费用。

监理人应在合同约定的每次应付款时间 7 天前，向委托人提交支付申请书。支付申请书应当说明当期应付款总额，并列出当期应支付的款项及其金额。

委托人对监理人提交的支付申请书有异议时，应当在收到监理人提交的支付申请书后 7 天内，以书面形式向监理人发出异议通知。无异议部分的款项应按期支付，有异议部分的款项按通用条件约定办理。

6.3.3　监理合同的变更、暂停、解除与终止

1. 变更

1）双方经协商一致后，监理合同可进行变更。

2）除不可抗力外，因非监理人的原因导致监理人履行合同期限延长、内容增加时，监理人应当将此情况与可能产生的影响及时通知委托人。增加的监理工作时间、工作内容应视为附加工作。附加工作酬金的确定方法在专用条件中约定。

3）合同生效后，如果实际情况发生变化使得监理人不能完成全部或部分工作时，监理人应立即通知委托人。除不可抗力外，其善后工作以及恢复服务的准备工作应为附加工作，附加工作酬金的确定方法在专用条件中约定。监理人用于恢复服务的准备时间不应超过 28 天。

4）合同签订后，遇有与工程相关的法律法规、标准颁布或修订的，双方应遵照执行。由此引起监理与相关服务的范围、时间、酬金变化的，双方应通过协商进行相应调整。

5）因非监理人的原因造成工程概算投资额或建筑安装工程费增加时，正常工作酬金应做相应调整。调整方法在专用条件中约定。

6）因工程规模、监理范围的变化导致监理人的正常工作量减少时，正常工作酬金应做相应调整。调整方法在专用条件中约定。

2. 暂停与解除

当一方无正当理由未履行监理合同约定的义务时，另一方可以根据监理合同约定暂停履行监理合同直至解除监理合同。

1）由于双方无法预见和控制的原因导致监理合同全部或部分无法继续履行或继续履行已无意义，经双方协商一致，可以解除监理合同或监理人的部分义务。

因解除监理合同或解除监理人的部分义务导致监理人遭受的损失，除依法可以免除责任的情况外，应由委托人予以补偿，补偿金额由双方协商确定。

解除合同的协议必须采取书面形式，协议在达成之前，原合同仍然有效。

2）在监理合同有效期内，因非监理人的原因导致工程施工全部或部分暂停，委托人可以书面形式通知监理人要求暂停全部或部分工作。若委托人通知暂停部分监理与相关服务且暂停时间超过 182 天，则监理人可发出解除监理合同约定的该部分义务的通知；若委托人通知暂停全部工作且暂停时间超过 182 天，则监理人可发出解除监理合同的通知，监理合同自通知到达委托人时解除。

3）当监理人无正当理由未履行监理合同约定的义务时，委托人应以书面形式通知监理

人限期改正。若委托人在监理人接到通知后的7天内未收到监理人书面形式的合理解释，则可在7天内发出解除监理合同的通知，自通知到达监理人时监理合同解除。

4）监理人在专用条件中约定的支付之日起28天后仍未收到委托人按监理合同约定应付的款项，监理人可向委托人发出催付通知。委托人接到通知14天后仍未支付或未提出监理人可以接受的延期支付安排，监理人可向委托人发出暂停工作的通知并可自行暂停全部或部分工作。暂停工作后14天内监理人仍未获得委托人应付酬金或委托人的合理答复，监理人可向委托人发出解除监理合同的通知，自通知到达委托人时监理合同解除。

5）因不可抗力致使监理合同部分或全部不能履行时，一方应立即书面通知另一方，可暂停或解除监理合同。

6）合同解除后，本合同约定的有关结算、清理、争议解决方式的条件仍然有效。

3. 终止

以下条件全部具备时，监理合同即告终止：

1）监理人完成监理合同约定的全部工作。

2）委托人与监理人结清并支付全部酬金。

【例题6-8】 按照《建设工程监理合同（示范文本）》对委托人授权的规定，下列表述中不正确的是（B）。

A. 委托人的授权范围应通知承包人

B. 委托人的授权一经在专用条件内注明不得更改

C. 监理人在授权范围内处理变更事宜，不需经委托人同意

D. 监理人处理的变更事宜超过授权范围，需经委托人同意

【例题6-9】《建设工程监理合同（示范文本）》对监理人职责的规定中，不包括（C）。

A. 对委托人和承包人提出的意见和要求及时提出处置意见

B. 当委托人与承包人之间发生合同争议时，协助委托人、承包人协商解决

C. 委托人与监理人协商达不成一致时，作为独立的第三方公正地做出处理决定

D. 当委托人与承包人之间的合同争议提交仲裁或人民法院审理时，应按要求提供必要的证明资料

【例题6-10】 施工过程中，委托人对承包人的要求应（C）。

A. 直接指令承包人执行

B. 与承包人协商后，书面指令承包人执行

C. 通知监理人，由监理人通过协调发布相关指令

D. 与监理人、承包人协商后书面指令承包人执行

【例题 6-11】　下列关于监理人与委托人索赔的说法中，表述正确的是（C）。

A. 监理人的索赔不成立时，不应赔偿委托人由此发生的费用

B. 监理人是委托人的代理人，因此不应提出任何索赔要求

C. 监理人的索赔不成立时，应赔偿委托人由此发生的费用

D. 委托人违反监理合同约定造成监理人损失的，不应赔偿

【例题 6-12】　根据《建设工程监理合同（示范文本）》，以下各项中，属于委托人义务的是（B）。

A. 提供证明材料　　B. 提供工作条件

C. 监理范围和工作内容　　D. 提交报告

[解析]　委托人的义务包括告知、提供资料、提供工作条件、授权委托人代表、委托人意见或建议、答复、支付等。

【例题 6-13】　依据《建设工程监理范围和规模标准规定》，下列项目中必须实行监理的是（A）。

A. 建筑面积 4000m^2 的影剧院项目　　B. 建筑面积 40000m^2 的住宅项目

C. 总投资额 2800 万元的新能源项目　　D. 总投资额 2700 万元的社会福利项目

【例题 6-14】　根据《建设工程监理合同（示范文本）》，监理人需要完成的工作内容有（CD）。

A. 组织工程竣工验收　　B. 编制工程竣工结算报告

C. 检查施工承包人的实验室　　D. 验收隐蔽工程、分部分项工程

E. 主持召开第一次工地会议

【例题 6-15】　在建设工程监理合同中，属于监理人义务的有（ADE）。

A. 完成监理范围内的监理业务　　B. 组织竣工验收

C. 选择工程总承包人　　D. 按合同约定定期向委托人报告监理工作

E. 参加图纸会审

▶案例 6-1

某工程项目，发包人（业主）甲分别与监理人乙、施工承包人丙签订了施工阶段的监理合同和施工合同。在监理合同中，对发包人（甲方）和监理人（乙方）的权利、义务和违约责任的某些规定如下：

（1）乙方在监理工作中应维护甲方的利益。

（2）施工期间的任何设计变更必须经过乙方审查、认可并发布变更指令方为有效，并付诸实施。

（3）乙方应在甲方的授权范围内对委托的工程项目实施施工监理。

（4）乙方发现工程设计中的错误或不符合建筑工程质量标准的要求时，有权要求设计单位更改。

（5）乙方仅对本工程的施工质量实施监督控制；进度控制和费用控制的任务由甲方行使。

（6）乙方有审核、批准索赔权。

（7）乙方对工程进度款支付有审核签认权，甲方有独立于乙方之外的自主支付权。

（8）在合同责任期内，乙方未按合同要求的职责认真服务，或甲方违背对乙方的责任时，均应向对方承担赔偿责任。

（9）由于甲方严重违约及非乙方责任而使监理工作停止半年以上的情况下，乙方有权终止合同。

（10）甲方违约应承担违约责任，赔偿乙方相应的经济损失。

（11）乙方有发布开工令、停工令、复工令等指令的权利。

【问题】

以上各项规定有无不妥之处？如有，请指出正确做法。

【分析】

（1）不妥。乙方应当在监理工作中公正地维护有关各方面的合法权益。

（2）不妥。设计变更审批权在业主，任何设计变更须经乙方审查并报业主审查，业主批准、同意后，再由乙方发布变更令，实施变更。

（3）妥当。

（4）不妥。乙方发现设计错误或不符合质量标准要求时，应报告甲方，要求设计单位改正并向甲方提供报告。

（5）不妥。因为三大控制目标是相互联系、相互影响的。监理人（乙方）有实施工程项目质量、进度和费用三方面的监督控制权。

（6）不妥。乙方仅有审核索赔权及建议权而无批准权，除有专门约定外，索赔的批准、确认应通过甲方。

（7）不妥。在工程承包合同议定的工程价格范围内，乙方对工程进度款的支付有审核签认权；未经乙方签字确认，甲方不得支付工程款。

（8）妥当。

（9）妥当。

（10）妥当。

（11）不妥。乙方在征得甲方同意后，有权发布开工令、停工令、复工令等指令。

6.4 建设工程施工合同

6.4.1 建设工程施工合同概述

1. 建设工程施工合同的概念

建设工程施工合同即建筑安装工程承包合同，是发包人（建设单位、业主）与承包人（施工单位）之间为完成商定的建设工程项目，明确双方权利和义务的协议。依据施工合同，承包人应完成一定的建筑、安装工程任务，发包人应提供必要的施工条件并支付工程价款。

施工合同的当事人是发包人和承包人，双方是平等的民事主体，双方签订施工合同，必须具备相应资质条件和履行施工合同的能力。

2. 建设工程施工合同的特点

（1）合同标的物的特殊性

建筑产品的固定性和施工生产的流动性是区别于其他商品的根本特点。每一个建筑产品都需单独设计和施工，即使可重复利用标准设计或重复使用图纸，也应采取必要的修改设计才能施工，造成建筑产品的单体性和生产的单件性。此外，建筑产品体积庞大，消耗的人力、物力、财力多，一次性投资额大。

（2）合同内容的多样性和复杂性

施工合同实施过程中涉及的主体有多种，如监理单位、分包人、保证单位等；涉及的法律关系，除承包人与发包人的合同关系外，还有与劳务人员的劳动关系、与保险公司的保险关系、与材料设备供应商的买卖关系、与运输企业的运输关系。

施工合同除了应当具备合同的一般内容外，还应对安全施工、专利技术使用、地下障碍和文物发现、工程分包、不可抗力、工程设计变更、材料设备供应、运输和验收等内容做出规定。

（3）合同履行期限的长期性

建设工程的施工应当在合同签订后才开始，且需加上合同签订后到正式开工前的施工准备时间和工程全部竣工验收后、办理竣工结算及保修期间。在工程的施工过程中，还可能因为不可抗力、工程变更、材料供应不及时、一方违约等原因而导致工期延误，因而施工合同的履行期限具有长期性，变更比较频繁，合同争议和纠纷也比较多。

（4）合同监督的严格性

由于施工合同的履行对国家经济发展、公民的工作与生活都有重大的影响，因此，国家对施工合同的监督是十分严格的。

3.《建设工程施工合同（示范文本）》简介

《建设工程施工合同（示范文本）》（GF—2017—0201）适用于房屋建筑工程、土木工程、线路管道和设备安装工程、装修工程等建设工程的施工承发包活动。

《建设工程施工合同（示范文本）》由合同协议书、通用合同条款、专用合同条款三部分组成，并有 11 个附件。

4. 建设工程施工合同文件的构成及解释顺序

建设工程施工合同文件由两大部分组成，一部分是当事人双方签订合同时已经形成的文件，另一部分是双方在履行合同过程中形成的对双方具有约束力的修改或补充合同文件。

1）合同协议书。

2）中标通知书。

3）投标函及其附录。

4）专用合同条款及其附件。

5）通用合同条款。

6）技术标准。

7）图纸。

8）已标价工程量清单或预算书。

9）其他合同文件。

在合同履行过程中，当事人双方有关工程的洽商、变更、补充和修改等书面协议或文件，视为施工合同协议书的组成部分，并根据其性质确定优先解释顺序。属于同一类内容的文件，应以最新签署的为准。当出现含糊不清或不一致时，其解释的原则是排在前面的顺序就是合同的优先解释顺序。

▶案例 6-2

某施工工程专用合同条款规定，外墙瓷砖实行包工包料，贴瓷砖工程结束验收合格后，按照工程签单和材料发票（10万元）据实付款；通用合同条款规定，外墙瓷砖工程验收合格后，按购买瓷砖时当地造价管理部门发布的材料价格（9.5万元）付款。

【问题】

按通用合同条款还是专用合同条款付款？

【分析】

按照施工合同文件解释顺序，专用合同条款在通用合同条款之前，应以专用合同条款规定为依据，付款10万元。

【例题 6-16】　下列施工合同文件中，解释顺序优先的是（A）。

A. 中标通知书　　B. 投标书　　C. 专用条款　　D. 技术标准

【例题 6-17】　下列关于施工合同文件的优先解释顺序，正确的是（A）。

A. 中标通知书、投标函及其附录、图纸、已标价工程量清单

B. 中标通知书、投标函及其附录、已标价工程量清单、图纸

C. 投标函及其附录、中标通知书、图纸、已标价工程量清单

D. 投标函及其附录、中标通知书、已标价工程量清单、图纸

【例题 6-18】《建设工程施工合同（示范文本）》规定的优先顺序正确的是（B）。

A. 协议书、中标通知书、通用条款、专用条款

B. 专用条款、通用条款、技术标准和要求、图纸

C. 已标价工程量清单、图纸、规范及有关技术文件、中标通知书

D. 图纸、规范及有关技术文件、已标价工程量清单、投标函及其附录

【例题 6-19】《建设工程施工合同（示范文本）》的组成部分包括（ACD）。

A. 协议书　　B. 招标文件　　C. 通用条款

D. 专用条款　　E. 招标说明

[解析]《建设工程施工合同（示范文本）》一般由协议书、通用条款、专用条款三部分组成。

6.4.2 建设工程施工合同的一般约定

1. 施工图和承包人文件

（1）施工图的提供和交底

发包人应按照约定的期限、数量和内容向承包人免费提供施工图，并组织承包人、监理人和设计人进行施工图会审和设计交底。发包人至迟不得晚于载明的开工日期前 14 天向承包人提供施工图。

因发包人未按合同约定提供施工图导致承包人费用增加和（或）工期延误的，按照因发包人原因导致工期延误约定办理。

（2）施工图的错误

承包人在收到发包人提供的施工图后，发现存在差错、遗漏或缺陷的，应及时通知监理人。监理人接到该通知后，应附具相关意见并立即报送发包人，发包人应在收到监理人报送的通知后的合理时间内做出决定。合理时间是指发包人在收到监理人的报送通知后，尽其努力且不懈怠地完成施工图修改和补充所需的时间。

（3）施工图的修改和补充

施工图需要修改和补充的，应经施工图原设计人及审批部门同意，并由监理人在工程或工程相应部位施工前将修改后的施工图或补充施工图提交给承包人，承包人应按修改或补充后的施工图施工。

（4）承包人文件

承包人应按照专用合同条款的约定提供应当由其编制的与工程施工有关的文件，并按照专用合同条款约定的期限、数量和形式提交监理人，并由监理人报送发包人。

监理人应在收到承包人文件后 7 天内审查完毕，监理人对承包人文件有异议的，承包人应予以修改，并重新报送监理人。监理人的审查并不减轻或免除承包人根据合同约定应当承担的责任。

2. 工程量清单错误的修正

发包人提供的工程量清单，应被认为是准确的和完整的。出现下列情形之一时，发包人应予以修正，并相应调整合同价格：

1）工程量清单存在缺项、漏项的。

2）工程量清单偏差超出专用合同条款约定的工程量偏差范围的。

3）未按照国家现行建设工程计量规范强制性规定计量的。

3. 联络与化石、文物

（1）联络

1）与合同有关的通知、批准、证明、证书、指示、指令、要求、请求、同意、意见、确定和决定等，均应采用书面形式，并应在合同约定的期限内送达接收人和送达地点。

2）发包人和承包人应在专用合同条款中约定各自的送达接收人和送达地点。任何一方合同当事人指定的接收人或送达地点发生变动的，应提前3天以书面形式通知对方。

3）发包人和承包人应当及时签收另一方送至送达地点和指定接收人的来往信函。拒不签收的，由此增加的费用和（或）延误的工期由拒绝接收一方承担。

（2）化石、文物

在施工现场发掘的所有文物、古迹以及具有地质研究或考古价值的其他遗迹、化石、钱币或物品属于国家所有。一旦发现上述文物，承包人应采取合理有效的保护措施，防止任何人员移动或损坏上述物品，并立即报告有关政府行政管理部门，同时通知监理人。

发包人、监理人和承包人应按有关政府行政管理部门要求采取妥善的保护措施，由此增加的费用和（或）延误的工期由发包人承担。

承包人发现文物后不及时报告或隐瞒不报，致使文物丢失或损坏的，应赔偿损失，并承担相应的法律责任。

6.4.3　发包人、承包人和监理人的一般规定

1. 发包人的一般规定

（1）许可和批准

发包人应遵守法律，并办理法律规定由其办理的许可、批准或备案，包括但不限于建设用地规划许可证，建设工程规划许可证，建设工程施工许可证，施工所需临时用水、临时用电、中断道路交通、临时占用土地等许可和批准。发包人应协助承包人办理法律规定的有关施工证件和批件。因发包人原因未能及时办理完毕前述许可、批准或备案，由发包人承担由此增加的费用和（或）延误的工期，并支付承包人合理的利润。

（2）施工现场、施工条件和基础资料的提供

1）提供施工现场。发包人应最迟于开工日期7天前向承包人移交施工现场。

2）提供施工条件。发包人应负责提供施工所需要的条件，包括：

① 将施工用水、电力、通信线路等施工所必需的条件接至施工现场内。

② 保证向承包人提供正常施工所需要的进入施工现场的交通条件。

③ 协调处理施工现场周围地下管线和邻近建筑物、构筑物、古树名木的保护工作，并

承担相关费用。

④ 按照专用合同条款约定应提供的其他设施和条件。

3）提供基础资料。发包人应当在移交施工现场前向承包人提供施工现场及工程施工所必需的毗邻区域内供水、排水、供电、供气、供热、通信、广播电视等地下管线资料，气象和水文观测资料，地质勘查资料，相邻建筑物、构筑物和地下工程等有关基础资料，并对所提供资料的真实性、准确性和完整性负责。

4）逾期提供的责任。因发包人原因未能按合同约定及时向承包人提供施工现场、施工条件、基础资料的，由发包人承担由此增加的费用和（或）延误的工期。

（3）资金来源证明及支付担保

发包人应在收到承包人要求提供资金来源证明的书面通知后 28 天内，向承包人提供能够按照合同约定支付合同价款的相应资金来源证明。

（4）支付合同价款

发包人应按合同约定向承包人及时支付合同价款。

（5）组织竣工验收

发包人应按合同约定及时组织竣工验收。

（6）现场统一管理协议

发包人应与承包人、由发包人直接发包的专业工程的承包人签订施工现场统一管理协议，明确各方的权利和义务。

2. 承包人的一般规定

1）办理法律规定应由承包人办理的许可和批准，并将办理结果书面报送发包人留存。

2）按法律规定和合同约定完成工程，并在保修期内承担保修义务。

3）按法律规定和合同约定采取施工安全和环境保护措施，办理工伤保险，确保工程及人员、材料、设备和设施的安全。

4）按合同约定的工作内容和施工进度要求，编制施工组织设计和施工措施计划，并对所有施工作业和施工方法的完备性和安全可靠性负责。

5）在进行合同约定的各项工作时，不得侵害发包人与他人使用公用道路、水源、市政管网等公共设施的权利，避免对邻近的公共设施产生干扰。承包人占用或使用他人的施工场地，影响他人作业或生活的，应承担相应责任。

6）负责施工场地及其周边环境与生态的保护工作及治安保卫工作。

7）采取施工安全措施，确保工程及其人员、材料、设备和设施的安全，防止因工程施工造成的人身伤害和财产损失。

8）将发包人按合同约定支付的各项价款专用于合同工程，且应及时支付其雇用人员工资，并及时向分包人支付合同价款。

9）按照法律规定和合同约定编制竣工资料，完成竣工资料立卷及归档，并按要求移交发包人。

10）工程照管与成品、半成品保护。自发包人向承包人移交施工现场之日起，承包人应负责照管工程及工程相关的材料、工程设备，直到颁发工程接收证书之日止。

11）应履行的其他义务。

【例题6-20】　在施工合同中，（A）属于承包人应该完成的工作。

A. 保护施工现场地下管线　　B. 办理土地征用

C. 进行设计交底　　D. 协调处理施工现场周围地下管线保护工作

【例题6-21】　在施工合同中，（D）是承包人的义务。

A. 提供施工场地　　B. 办理土地征用

C. 在保修期内负责照管工程　　D. 在工程施工期内对施工现场的照管负责

【例题6-22】　根据《建设工程施工合同（示范文本）》，属于发包人工作的有（ACE）。

A. 保证向承包人提供正常施工所需的进入施工现场的交通条件

B. 保证承包人施工人员的安全和健康

C. 依据有关法律办理建设工程施工许可证

D. 为施工人员办理工伤保险

E. 向承包人提供施工现场的地质勘察资料

【例题6-23】　根据《建设工程施工合同（示范文本）》，发包人的责任和义务有（ABD）。

A. 办理建设工程施工许可证　　B. 办理建设工程规划许可证

C. 办理工伤保险　　D. 提供场外交通条件

E. 负责施工场地周边的环境保护

3. 监理人的一般规定

监理人应按照发包人的授权发出监理指示。监理人的指示应采用书面形式，并经其授权的监理人员签字。紧急情况下，监理人员可以口头形式发出指示，该指示与书面形式的指示具有同等法律效力，但必须在发出口头指示后24小时内补发书面监理指示，补发的书面监理指示应与口头指示一致。

监理人发出的指示应送达承包人项目经理或经项目经理授权接收的人员。承包人对监理人发出的指示有疑问的，应向监理人提出书面异议，监理人应在48小时内对该指示予以确认、更改或撤销，监理人逾期未回复的，承包人有权拒绝执行指示。

监理人对承包人的任何工作、工程或其采用的材料和工程设备未在约定的或合理期限内提出意见的，视为批准，但不免除或减轻承包人对该工作、工程、材料、工程设备等应承担的责任和义务。

6.4.4　建设工程施工合同质量条款

工程施工中的质量管理是施工合同履行中的重要环节。施工合同的质量管理涉及许多方

面的因素，任何一个方面的缺陷和疏漏，都会使工程质量无法达到预期的标准。

1. 质量保证措施

（1）发包人的质量管理

发包人应按照法律规定及合同约定完成与工程质量有关的各项工作。

（2）承包人的质量管理

承包人应按照法律规定和发包人的要求，对材料、工程设备以及工程的所有部位及其施工工艺进行全过程的质量检查和检验，并作详细记录，编制工程质量报表，报送监理人审查。此外，承包人还应按照法律规定和发包人的要求，进行施工现场取样试验、工程复核测量和设备性能检测，提供试验样品、提交试验报告和测量成果以及其他工作。

（3）监理人的质量检查和检验

监理人按照法律规定和发包人授权对工程的所有部位及其施工工艺、材料和工程设备进行检查和检验。承包人应为监理人的检查和检验提供方便，监理人为此进行的检查和检验，不免除或减轻承包人按照合同约定应当承担的责任。

监理人的检查和检验不应影响施工正常进行。监理人的检查和检验影响施工正常进行的，且经检查检验不合格的，影响正常施工的费用由承包人承担，工期不予顺延；经检查检验合格的，由此增加的费用和（或）延误的工期由发包人承担。

2. 隐蔽工程检查

由于隐蔽工程在施工中一旦完成隐蔽，很难再对其进行质量检查，因此必须在隐蔽前进行检查验收。

（1）承包人自检

工程具备隐蔽条件承包人进行自检，确认是否具备覆盖条件。

（2）检查程序

经承包人自检确认具备覆盖条件的，承包人应在共同检查前 48 小时书面通知监理人检查，并应附有自检记录和必要的检查资料。

监理人应按时到场检查。经监理人检查确认质量符合隐蔽要求，并在验收记录上签字后，承包人才能进行覆盖。经监理人检查质量不合格的，承包人应在监理人指示的时间内完成修复，并由监理人重新检查，由此增加的费用和（或）延误的工期由承包人承担。

监理人不能按时进行检查的，应在检查前 24 小时向承包人提交书面延期要求，但延期不能超过 48 小时，由此导致工期延误的，工期应予以顺延。监理人未按时进行检查，也未提出延期要求的，视为隐蔽工程检查合格，承包人可自行完成覆盖工作，并作相应记录报送监理人，监理人应签字确认。

（3）重新检验

承包人覆盖工程隐蔽部位后，发包人或监理人对质量有疑问的，可要求承包人对已覆盖的部位进行钻孔探测或揭开重新检查，承包人应遵照执行，并在检查后重新覆盖恢复原状。经检查证明工程质量符合合同要求的，由发包人承担由此增加的费用和（或）延误的工期，并支付承包人合理的利润；经检查证明工程质量不符合合同要求的，由此增加的费用和（或）延误的工期由承包人承担。

（4）承包人私自覆盖

承包人未通知监理人到场检查，私自将工程隐蔽部位覆盖的，监理人有权指示承包人钻孔探测或揭开检查，无论工程隐蔽部位质量是否合格，由此增加的费用和（或）延误的工期均由承包人承担。

3. 不合格工程的处理

因承包人原因造成工程不合格的，发包人有权随时要求承包人采取补救措施，直至达到合同要求的质量标准，由此增加的费用和（或）延误的工期由承包人承担。

因发包人原因造成工程不合格的，由此增加的费用和（或）延误的工期由发包人承担，并支付承包人合理的利润。

【例题6-24】 在施工过程中，监理工程师发现曾检验合格的工程部位仍存在施工质量问题，则修复该部位工程质量缺陷时，应（D）。

A. 由发包人承担费用，工期给予顺延

B. 由承包人承担费用，工期给予顺延

C. 由发包人承担费用，工期不给予顺延

D. 由承包人承担费用，工期不给予顺延

【例题6-25】 下列有关隐蔽工程与重新检验提法中正确的有（AB）。

A. 承包人自检后书面通知监理人验收

B. 监理人接到承包人的通知后，应在约定的时间与承包人共同检验

C. 若监理人未能按时提出延期检验要求，又未能按时参加验收，承包人不可自行覆盖

D. 若监理人已经在验收合格记录上签字，只有当有确切证据证明工程有问题的情况下才能要求承包人对已隐蔽的工程进行重新检验

E. 重新检验如果不合格，应由承包人承担全部费用，但工期予以适当顺延

【例题6-26】 根据《建设工程施工合同（示范文本）》，关于监理人对质量检验和试验的说法，正确的是（C）。

A. 监理人收到承包人共同检验的通知后，未按时参加检验，承包人单独检验，该检验无效

B. 监理人对承包人的检验结果有疑问，要求承包人重新检验时，由监理人和第三方检测机构共同进行

C. 监理人对承包人已覆盖的隐蔽工程部分质量有疑问时，有权要求承包人对已覆盖的部位进行揭开重新检验

D. 重新检验结果证明质量符合合同要求的，因此增加的费用由发包人和监理人共同承担

［解析］ 选项 A 错误，监理人收到承包人共同检验的通知后，既未发出变更检验时间的通知，又未按时参加，承包人为了不延误施工可以单独进行检查和试验，将记录送交监理人后可继续施工，此次检查或试验视为监理人在场情况下进行，监理人应签字确认；选项 B 错误，监理人对承包人的试验和检验结果有疑问，或为查清承包人试验和检验成果的可靠性要求承包人重新试验和检验时，由监理人与承包人共同进行；选项 D 错误，重新试验和检验结果证明符合合同要求，由发包人承担由此增加的费用和（或）工期延误，并支付承包人合理利润。

6.4.5　材料设备供应的质量控制

1. 发包人供应材料与工程设备

（1）双方约定发包人供应材料设备的一览表

对于由发包人供应的材料设备，双方应当约定发包人供应材料设备的一览表，作为合同附件。承包人应提前 30 天通过监理人以书面形式通知发包人供应材料与工程设备进场。

（2）发包人供应材料设备的接收与拒收

发包人应当向承包人提供其供应材料设备的产品合格证明及出厂证明，对其质量负责。发包人应提前 24 小时以书面形式通知承包人、监理人材料和工程设备到货的时间，承包人负责材料和工程设备的清点、检验和接收。

发包人提供的材料和工程设备的规格、数量或质量不符合合同约定的，或因发包人原因导致交货日期延误或交货地点变更等情况的，按照发包人违约约定办理。

（3）发包人材料设备的保管与使用

发包人供应的材料设备经承包人清点后由承包人妥善保管，发包人支付相应的保管费用。因承包人原因发生丢失毁损的，由承包人负责赔偿；监理人未通知承包人清点的，承包人不负责材料和工程设备的保管，由此导致丢失毁损的由发包人负责。

发包人供应的材料和工程设备使用前，由承包人负责检验，检验费用由发包人承担，不合格的不得使用。

2. 承包人采购材料与工程设备

承包人负责采购材料、工程设备的，应按照设计和有关标准要求采购，并提供产品合格证明及出厂证明，对材料、工程设备质量负责。发包人不得指定生产厂家或供应商，发包人违反约定指定生产厂家或供应商的，承包人有权拒绝，并由发包人承担相应责任。

（1）承包人采购材料设备的接收与拒收

承包人应在材料和工程设备到货前 24 小时通知监理人检验。承包人进行永久设备、材料的制造和生产的，应符合相关质量标准，并向监理人提交材料的样本以及有关资料，并应在使用该材料或工程设备之前获得监理人同意。

承包人采购的材料和工程设备不符合设计或有关标准要求时，承包人应在监理人要求的合理期限内将不符合设计或有关标准要求的材料、工程设备运出施工现场，并重新采购符合要求的材料、工程设备，由此增加的费用和（或）延误的工期，由承包人承担。

（2）承包人采购材料设备的保管与使用

承包人采购的材料和工程设备由承包人妥善保管，保管费用由承包人承担。法律规定材料和工程设备使用前必须进行检验或试验的，承包人应按监理人的要求进行检验或试验，检验或试验费用由承包人承担，不合格的不得使用。

发包人或监理人发现承包人使用不符合设计或有关标准要求的材料和工程设备时，有权要求承包人进行修复、拆除或重新采购，由此增加的费用和（或）延误的工期，由承包人承担。

【例题 6-27】　发包人供应的材料设备使用前，由（B）负责检验或试验。

A. 发包人　　B. 承包人　　C. 监理人　　D. 政府有关机构

【例题 6-28】　由承包人负责采购的材料设备，到货检验时发现与标准要求不符，承包人按监理工程师要求进行了重新采购，最后达到了标准要求。处理由此发生的费用和延误的工期的正确方法是（B）。

A. 费用由发包人承担，工期给予顺延　　B. 费用由承包人承担，工期不予顺延

C. 费用由发包人承担，工期不予顺延　　D. 费用由承包人承担，工期给予顺延

【例题 6-29】　在施工过程中，发包人供应材料设备进入施工现场后需重新检验的，（D）。

A. 检验由发包人负责，费用由承包人负责

B. 检验由发包人负责，费用由发包人负责

C. 检验由承包人负责，费用由承包人负责

D. 检验由承包人负责，费用由发包人负责

【例题 6-30】　在施工过程中，发包人供应的材料设备到货后，经清点，应当由（B）保管。

A. 发包人　　B. 承包人　　C. 监理人　　D. 监理单位

【例题 6-31】　在施工过程中，承包人供应的材料设备到货后，由于监理人自己的原因未能按时到场验收，事后发现材料不符合要求需要拆除，由此发生的费用应当由（B）承担。

A. 发包人　　B. 承包人　　C. 监理人　　D. 监理单位

【例题 6-32】　在施工合同履行中，对于发包人供应的材料设备，到货后，由（C）清点。

A. 发包人　　B. 承包人派人与发包人共同

C. 承包人　　D. 监理工程师

6.4.6　竣工验收和工程试车

1. 竣工验收

(1) 竣工验收条件

工程具备以下条件的，承包人可以申请竣工验收：

1) 除发包人同意的甩项工作和缺陷修补工作外，合同范围内的全部工程以及有关工作，包括合同要求的试验、试运行以及检验均已完成，并符合合同要求。

2) 已按合同约定编制了甩项工作和缺陷修补工作清单以及相应的施工计划。

3) 已按合同约定的内容和份数备齐竣工资料。

(2) 竣工验收程序

承包人申请竣工验收的，应当按照以下程序进行：

1) 竣工验收申请报告的报送。承包人向监理人报送竣工验收申请报告，监理人应在收到竣工验收申请报告后 14 天内完成审查并报送发包人。监理人审查后认为尚不具备验收条件的，应通知承包人在竣工验收前承包人还需完成的工作内容，承包人应在完成监理人通知的全部工作内容后，再次提交竣工验收申请报告。

2) 发包人组织验收。监理人审查后认为已具备竣工验收条件的，应将竣工验收申请报告提交发包人，发包人应在收到经监理人审核的竣工验收申请报告后 28 天内审批完毕，并组织监理人、承包人、设计人等相关单位完成竣工验收。

3) 签发工程接收证书。竣工验收合格的，发包人应在验收合格后 14 天内向承包人签发工程接收证书。发包人无正当理由逾期不颁发工程接收证书的，自验收合格后第 15 天起视为已颁发工程接收证书。

4) 不合格工程的补救。竣工验收不合格的，监理人应按照验收意见发出指示，要求承包人对不合格工程返工、修复或采取其他补救措施，由此增加的费用和（或）延误的工期由承包人承担。承包人在完成不合格工程的返工、修复或采取其他补救措施后，应重新提交竣工验收申请报告，并按本项约定的程序重新进行验收。

5) 发包人擅自使用。工程未经验收或验收不合格，发包人擅自使用的，应在转移占有工程后 7 天内向承包人颁发工程接收证书；发包人无正当理由逾期不颁发工程接收证书的，自转移占有后第 15 天起视为已颁发工程接收证书。

除专用合同条款另有约定外，发包人不按照本项约定组织竣工验收、颁发工程接收证书的，每逾期一天，应以签约合同价为基数，按照中国人民银行发布的同期同类贷款基准利率支付违约金。

(3) 竣工日期

工程经竣工验收合格的，以承包人提交竣工验收申请报告之日为实际竣工日期，并在工程接收证书中载明；因发包人原因，未在监理人收到承包人提交的竣工验收申请报告 42 天内完成竣工验收，或完成竣工验收不予签发工程接收证书的，以提交竣工验收申请报告的日期为实际竣工日期；工程未经竣工验收，发包人擅自使用的，以转移占有工程之日为实际竣工日期。

（4）拒绝接收全部或部分工程

对于竣工验收不合格的工程，承包人完成整改后，应当重新进行竣工验收，经重新组织竣工验收，仍不合格的且无法采取措施补救的，则发包人可以拒绝接收不合格工程，因不合格工程导致其他工程不能正常使用的，承包人应采取措施确保相关工程的正常使用，由此增加的费用和（或）延误的工期由承包人承担。

2. 工程试车

工程需要试车的，试车内容应与承包人承包范围相一致，试车费用由承包人承担。

（1）试车组织

1）单机无负荷试车，承包人组织试车，并在试车前48小时书面通知监理人，发包人根据承包人要求为试车提供必要条件。试车合格的，监理人在试车记录上签字。

2）无负荷联动试车，发包人组织试车，并在试车前48小时以书面形式通知承包人。承包人按要求做好准备工作。试车合格，合同当事人在试车记录上签字。承包人无正当理由不参加试车的，视为认可试车记录。

3）投料试车。发包人应在工程竣工验收后组织投料试车。投料试车合格的，费用由发包人承担；因承包人原因造成投料试车不合格的，承包人应按照发包人要求进行整改，由此产生的整改费用由承包人承担；非因承包人原因导致投料试车不合格的，由此产生的费用由发包人承担。

（2）试车中的责任

1）因设计原因导致试车达不到验收要求，发包人应要求设计人修改设计，承包人按修改后的设计重新安装。发包人承担修改设计、拆除及重新安装的全部费用，工期相应顺延。

2）因承包人原因导致试车达不到验收要求，承包人按监理人要求重新安装和试车，并承担重新安装和试车的费用，工期不予顺延。

3）因工程设备制造原因导致试车达不到验收要求的，由采购该工程设备的合同当事人负责重新购置或修理，承包人负责拆除和重新安装，由此增加的修理、重新购置、拆除及重新安装的费用及延误的工期由采购该工程设备的合同当事人承担。

6.4.7　缺陷责任与保修

缺陷是指建设工程质量不符合建设工程强制性标准、设计文件，以及承包合同的约定。

在工程移交发包人后，因承包人原因产生的质量缺陷，承包人应该承担质量缺陷责任和保修义务。缺陷责任期届满，承包人仍应按合同约定的工程各部位保修年限承担保修义务。

1. 缺陷责任期

缺陷责任期是指承包人按照合同约定承担缺陷修复义务，且发包人预留质量保证金（已缴纳履约保证金的除外）的期限，合同当事人应在专用合同条款约定缺陷责任期的具体期限，但该期限最长不超过24个月。

单位工程先于全部工程进行验收，经验收合格并交付使用的，该单位工程缺陷责任期自单位工程验收合格之日起算。因承包人原因导致工程无法按合同约定期限进行竣工验收的，缺陷责任期从实际通过竣工验收之日起计算。因发包人原因导致工程无法按合同约定期限进

行竣工验收的，在承包人提交竣工验收报告 90 天后，工程自动进入缺陷责任期；发包人未经竣工验收擅自使用工程的，缺陷责任期自工程转移占有之日起开始计算。

缺陷责任期与工程保修期既有区别又有联系。工程保修期是发承包双方在工程质量保修书中约定的保修期限。缺陷责任期是预留工程质量保证金的一个期限。

2. 质量保证金

（1）质量保证金的含义

质量保证金是指发包人与承包人在建设工程承包合同中约定，从应付的工程款中预留，用以保证承包人在缺陷责任期内对建设工程出现的缺陷进行维修的资金。经合同当事人协商一致扣留质量保证金的，应在专用合同条款中予以明确。

在工程项目竣工前，承包人已经提供履约担保的，发包人不得同时预留工程质量保证金。

（2）质量保证金的预留、使用及返还

1）预留。

① 预留比例。发包人累计预留的质量保证金不得超过工程价款结算总额的 3%。

② 以银行保函替代质量保证金的，不得高于工程价款结算总额的 3%。

③ 在工程项目竣工前，已经缴纳履约保证金的，发包人不得同时预留工程质量保证金。

④ 采用工程质量保证担保、工程质量保险等其他方式的，发包人不得再预留质量保证金。

2）使用。

缺陷责任期内，由承包人原因造成的缺陷，承包人应负责维修，并承担鉴定及维修费用。如承包人不维修也不承担费用，发包人可按合同约定从保证金或银行保函中扣除，费用超出保证金额的，发包人可按合同约定向承包人进行索赔。承包人维修并承担相应费用后，不免除对工程的损失赔偿责任。

由他人原因造成的缺陷，发包人负责组织维修，承包人不承担费用，且发包人不得从保证金中扣除费用。

3）返还。

① 发包人在接到承包人返还保证金申请后，应于 14 天内会同承包人按照合同约定的内容进行核实。如无异议，发包人应当按照约定将保证金返还承包人。

② 对返还期限没有约定或者约定不明确的，发包人应当在核实后 14 天内将保证金返还承包人，逾期未返还的，依法承担违约责任。

③ 发包人在接到承包人返还保证金申请后 14 天内不予答复，经催告后 14 天内仍不予答复，视同认可承包人的返还保证金申请。

3. 保修

工程保修期从工程竣工验收合格之日起算，具体分部分项工程的保修期由合同当事人约定，但不得低于法定最低保修年限。发包人未经竣工验收擅自使用工程的，保修期自转移占有之日起算。工程质量保修范围是国家强制性的规定，合同当事人不能约定减少国家规定的工程质量保修范围。

（1）工程质量保修范围和质量保修期

1）基础设施工程、房屋建筑的地基基础工程和主体结构工程，为设计文件规定的该工程合理使用年限。

2）屋面防水工程、有防水要求的卫生间、房间和外墙面的防渗漏，为5年。

3）供热与供冷系统，为2个采暖期、供冷期。

4）电气管线、给水排水管道、设备安装和装修工程，为2年。

其他项目的保修期限由发包人和承包人约定。

缺陷责任期与工程保修期既有区别又有联系。缺陷责任期实质上是预留工程质量保证金的一个期限；缺陷责任期届满后14天内，由监理人向承包人出具经发包人签认的缺陷责任期终止证书，并退还剩余的工程质量保证金。

（2）修复费用

保修期内，修复的费用按照以下约定处理：

1）保修期内，因承包人原因造成工程的缺陷、损坏，承包人应负责修复，并承担修复的费用以及因工程的缺陷、损坏造成的人身伤害和财产损失。

2）保修期内，因发包人使用不当造成工程的缺陷、损坏，可以委托承包人修复，但发包人应承担修复的费用，并支付承包人合理利润。

3）因其他原因造成工程的缺陷、损坏，可以委托承包人修复，发包人应承担修复的费用，并支付承包人合理的利润，因工程的缺陷、损坏造成的人身伤害和财产损失由责任方承担。

【例题6-33】　建设单位和施工企业经过平等协商确定某屋面防水工程的保修期限为3年，工程竣工验收合格移交使用后的第4年屋面出现渗漏，则承担该工程维修责任的是（A）。

A. 施工单位　　B. 建设单位

C. 使用单位　　D. 建设单位和施工单位协商确定

［解析］　防水保修期最低为5年，在保修期内，施工单位负责保修。

【例题6-34】　工程建设单位组织验收合格后投入使用，2年后外墙出现裂缝，经查是由设计缺陷造成的，则下列说法正确的是（A）。

A. 施工单位维修，建设单位直接承担费用

B. 建设单位维修并承担费用

C. 施工单位维修并承担费用

D. 施工单位维修，设计单位直接承担费用

［解析］　施工单位在保修期内承担保修责任。外墙裂缝系主体结构工程，最低保修期为设计文件规定的合理使用期限，因此施工单位应承担保修责任，选项B错误；该质量问题是由设计缺陷造成的，因此维修费用由建设单位承担后可向设计单位追偿。

6.4.8　建设工程施工合同的进度条款

1. 施工准备阶段

施工准备阶段的许多工作都对施工的开始和进度有直接的影响，包括双方对合同工期的约定、承包方提交进度计划、施工图的提供、材料设备的采购、延期开工的处理等。

（1）施工组织设计的提交和修改

承包人应在合同签订后 14 天内，但最迟不得晚于开工日期前 7 天，向监理人提交详细的施工组织设计，并由监理人报送发包人。除专用合同条款另有约定外，发包人和监理人应在监理人收到施工组织设计后 7 天内确认或提出修改意见。对发包人和监理人提出的合理意见和要求，承包人应自费修改完善。根据工程实际情况需要修改施工组织设计的，承包人应向发包人和监理人提交修改后的施工组织设计。

（2）施工进度计划

承包人应按照施工组织设计约定提交详细的施工进度计划，施工进度计划的编制应当符合国家法律规定和一般工程实践惯例，施工进度计划经发包人批准后实施。施工进度计划是控制工程进度的依据，发包人和监理人有权按照施工进度计划检查工程进度情况。

施工进度计划不符合合同要求或与工程的实际进度不一致的，承包人应向监理人提交修订的施工进度计划，并附具有关措施和相关资料，由监理人报送发包人。发包人和监理人对承包人提交的施工进度计划的确认，不能减轻或免除承包人根据法律规定和合同约定应承担的任何责任或义务。

【例题 6-35】　施工过程中因承包人原因导致工程实际进度滞后于计划进度，承包人按监理人要求采取赶工措施后仍未按合同规定的工期完成施工任务，则此延误的责任应由（B）承担。

A. 监理人　　B. 承包人

C. 监理人和承包人　　D. 发包人

（3）开工

发包人应按照法律规定获得工程施工所需的许可。经发包人同意后，监理人发出的开工通知应符合法律规定。监理人应在计划开工日期 7 天前向承包人发出开工通知，工期自开工通知中载明的开工日期起算。

因发包人原因造成监理人未能在计划开工日期之日起 90 天内发出开工通知的，承包人有权提出价格调整要求，或者解除合同。发包人应当承担由此增加的费用和（或）延误的工期，并向承包人支付合理利润。

（4）测量放线

发包人应在最迟不得晚于开工通知载明的开工日期前 7 天通过监理人向承包人提供测量基准点、基准线和水准点及其书面资料。发包人应对其提供的测量基准点、基准线和水准点及其书面资料的真实性、准确性和完整性负责。

2. 施工阶段

工程开工后，合同履行即进入施工阶段，直至工程竣工，施工任务在协议书规定的合同工期内完成。

（1）工期延误

承包人应当按照合同约定完成工程施工，如果由于其自身的原因造成工期延误，应当承担违约责任。

1）因发包人原因导致工期延误。

在合同履行过程中，因下列情况导致工期延误和（或）费用增加的，由发包人承担由此延误的工期和（或）增加的费用，且发包人应支付承包人合理的利润：

① 发包人未能按合同约定提供图纸或所提供图纸不符合合同约定的。

② 发包人未能按合同约定提供施工现场、施工条件、基础资料、许可、批准等开工条件的。

③ 发包人提供的测量基准点、基准线和水准点及其书面资料存在错误或疏漏的。

④ 发包人未能在计划开工日期之日起7天内同意下达开工通知的。

⑤ 发包人未能按合同约定日期支付工程预付款、进度款或竣工结算款的。

⑥ 监理人未按合同约定发出指示、批准等文件的。

⑦ 专用合同条款中约定的其他情形。

因发包人原因未按计划开工日期开工的，发包人应按实际开工日期顺延竣工日期，确保实际工期不低于合同约定的工期总日历天数。

这些情况工期可以顺延的根本原因在于这些情况属于发包人违约或者是应当由发包方承担的风险。

2）因承包人原因导致工期延误。

因承包人原因造成工期延误的，可以在专用合同条款中约定逾期竣工违约金的计算方法和逾期竣工违约金的上限。承包人支付逾期竣工违约金后，不免除承包人继续完成工程及修补缺陷的义务。

（2）不利物质条件

不利物质条件是指有经验的承包人在施工现场遇到的不可预见的自然物质条件、非自然的物质障碍和污染物，包括地表以下物质条件和水文条件以及专用合同条款约定的其他情形，但不包括气候条件。

承包人遇到不利物质条件时，应采取克服不利物质条件的合理措施继续施工，并及时通知发包人和监理人。

（3）异常恶劣的气候条件

异常恶劣的气候条件是指在施工过程中遇到的，有经验的承包人在签订合同时不可预见的，对合同履行造成实质性影响的，但尚未构成不可抗力事件的恶劣气候条件。合同当事人可以在专用合同条款中约定异常恶劣的气候条件的具体情形。

（4）暂停施工

1）发包人原因引起的暂停施工。

因发包人原因引起暂停施工的，监理人经发包人同意后，应及时下达暂停施工指示。情况紧急且监理人未及时下达暂停施工指示的，按照紧急情况下的暂停施工执行。

因发包人原因引起的暂停施工，发包人应承担由此增加的费用和（或）延误的工期，并支付承包人合理的利润。

2）承包人原因引起的暂停施工。

因承包人原因引起的暂停施工，承包人应承担由此增加的费用和（或）延误的工期，且承包人在收到监理人复工指示后 84 天内仍未复工的，视为承包人无法继续履行合同的违约情形。

3）指示暂停施工。

监理人认为有必要时，并经发包人批准后，可向承包人做出暂停施工的指示，承包人应按监理人指示暂停施工。

（5）提前竣工

发包人要求承包人提前竣工的，发包人应通过监理人向承包人下达提前竣工指示，承包人应向发包人和监理人提交提前竣工建议书，提前竣工建议书应包括实施的方案、缩短的时间、增加的合同价格等内容。发包人接受该提前竣工建议书的，监理人应与发包人和承包人协商采取加快工程进度的措施，并修订施工进度计划，由此增加的费用由发包人承担。

（6）竣工日期

竣工日期包括计划竣工日期和实际竣工日期。

《最高人民法院关于审理建设工程施工合同纠纷案件适用法律问题的解释（一）》规定，当事人对建设工程实际竣工日期有争议的，人民法院应当分别按照以下情形予以认定：

1）建设工程经竣工验收合格的，以竣工验收合格之日为竣工日期。

2）承包人已经提交竣工验收报告，发包人拖延验收的，以承包人提交验收报告之日为竣工日期。

3）建设工程未经竣工验收，发包人擅自使用的，以转移占有建设工程之日为竣工日期。

6.4.9　建设工程施工合同的费用条款

1. 施工合同计价方式

施工合同价格，按有关规定和协议条款约定的各种取费标准计算，用以支付发包人按照合同要求完成工程内容的价款总额。

建设工程施工承包合同的计价方式主要有三种，即单价合同、总价合同和成本加酬金合同。

（1）单价合同

单价合同是指根据计划工程内容和估算工程量，在合同中明确每项工程内容的单位价格，实际支付时根据每一个子项的实际完成工程量乘以该子项的合同单价计算该项工作的应付工程款。单价合同分为固定单价合同和变动单价合同。

固定单价合同是指无论发生任何影响价格的因素都不对单价进行调整，对承包人存在一定的风险。采用变动单价合同时，当实际工程量发生较大变化时可以对单价进行调整，也可以约定当通货膨胀达到一定水平或者国家政策发生变化时，可以对某些工程内容的单价进行调整以及如何调整等，承包人的风险相对较小。

固定单价合同适用于工期较短、工程量变化幅度不会太大的项目。

（2）总价合同

总价合同又称总价包干合同，根据施工招标时的要求和条件，当施工内容和有关条件不发生变化时，业主付给承包人的价款总额就不发生变化。总价合同分为固定总价合同和变动总价合同两种。

1）固定总价合同。固定总价合同的价格计算是以图纸及相关规定、规范为基础，工程任务和内容明确，合同总价固定不变，承包人承担全部的工作量和价格的风险，而业主的风险较小。采用固定总价合同，双方结算比较简单，但是由于承包商承担了较大的风险，报价中要增加一笔较高的不可预见风险费。承包商的风险主要有两个方面：一是价格风险，二是工作量风险。其中，价格风险有报价计算错误、漏报项目、物价和人工费上涨等。

固定总价合同适用于工程量小、工期短，估计在施工过程中环境因素变化小，工程条件稳定并合理。工程设计详细，图纸完整、清楚，工程任务和范围明确，工程结构和技术简单，风险小。

2）变动总价合同。变动总价合同又称可调总价合同，在合同执行过程中，由于通货膨胀等原因而使所使用的工料成本增加时，可以按照合同约定对合同总价进行相应的调整。由设计变更、工程量化和其他工程条件变化所引起的费用变化也可以进行调整。通货膨胀等不可预见因素的风险由业主承担，对承包人风险相对较小。

施工期限一年左右的项目一般实行固定总价合同，通常不考虑价格调整问题，以签订合同时的单价和总价为准，物价上涨的风险全部由承包人承担。对于建设周期在一年半以上的工程项目，应考虑价格变化问题。

（3）成本加酬金合同

成本加酬金合同又称成本补偿合同，工程施工的最终合同价格按照工程的实际成本加上一定的酬金进行计算。在合同签订时，工程实际成本往往不能确定，只能确定酬金的取值比例或者计算原则。

承包人不承担任何价格变化或工程量变化的风险，这些风险主要由业主承担，因此对业主的投资控制很不利。成本加酬金合同通常用于以下情况：

1）工程特别复杂，工程技术、结构方案不能预先确定，或者尽管可以确定工程技术和结构方案，但是不可能进行竞争性的招标活动并以总价合同或单价合同的形式确定承包人，如研究开发性质的工程项目。

2）时间特别紧迫的工程，如抢险救灾工程。

【例题 6-36】 下列合同形式中，承包人承担风险最大的合同类型是（C）。

A. 固定单价合同　　　　B. 成本加酬金合同

C. 固定总价合同　　　　D. 变动总价合同

【例题 6-37】 下列关于成本加酬金合同的说法，正确的是（A）。

A. 采用该计价方式对业主的投资控制很不利

B. 成本加酬金合同不适用于抢险、救灾工程

C. 成本加酬金合同工程量变化的风险由承包商承担

D. 对承包商来说，成本加酬金合同比固定总价合同的风险高，利润无保证

【例题 6-38】 某合同标段在初步设计阶段招标。招标文件中钢筋工程量为 1000t，钢筋单价为 5000 元/t，投标人 A 中标，双方据此签订合同。根据后来的施工设计图，钢筋工程量为 1500t（由于设计深度原因导致与初步设计存在差异），则结算工程量为（C）。

A. 如为总价合同，结算工程量为 1500t

B. 如为单价合同，结算工程量为 1000t

C. 如为总价合同，结算工程量为 1000t

D. 如为成本加酬金合同，结算工程量为 1000t

[解析] 选项 A、B、D 均错误，如为总价合同，结算工程量为 1000t；如为单价合同或成本加酬金合同，则结算工程量应为 1500t。

【例题 6-39】 对于承包人而言，承担风险由大到小的计价方式依次是（A）。

A. 总价合同、单价合同、成本加酬金合同

B. 成本加酬金合同、单价合同、总价合同

C. 单价合同、总价合同、成本加酬金合同

D. 成本加酬金合同、总价合同、单价合同

[解析] 对承包人而言，总价合同的风险最大，成本加酬金合同的风险最小，选项 A 正确。

【例题 6-40】 固定总价合同中，承包商承担的价格风险是（C）。

A. 工程量计算错误

B. 工程范围不确定

C. 漏报项目

D. 工程变更

[解析] 本题考查的是固定总价合同。采用固定总价合同，承包商的风险主要有价格风险、工作量风险。其中，价格风险有报价计算错误、漏报项目、物价和人工费上涨等。选项 A、B、D 属于工作量风险。

【例题 6-41】 下列有关单价合同的表述正确的有（AE）。

A. 单价合同的特点是单价优先

B. 固定单价合同适用于工期较长、工程量变化幅度较大的项目

C. 固定单价合同，对承包商而言不存在风险

D. 变动单价合同，承包商的风险较大

E. 单价合同分为固定单价合同和变动单价合同

［解析］ 本题考查的是单价合同。选项B错误，正确的表述应为“固定单价合同适用于工期较短、工程量变化幅度不会太大的项目”；选项C错误，正确的表述应为“固定单价合同，对承包商而言存在一定的风险”；选项D错误，正确的表述应为“变动单价合同，承包商的风险相对较小”。

【例题6-42】 关于总价合同的说法，正确的有（ABE）。

A. 采用固定总价合同，双方结算比较简单，但承包商承担了较大的风险

B. 合同价固定不变，业主的风险较小

C. 固定总价合同适用于工程结构和技术复杂的工程

D. 在固定总价合同中，承包人承担工程量风险主要是人工费上涨

E. 施工期限一年左右的项目实行固定总价合同

［解析］ 本题考查的是总价合同。选项C错误，固定总价合同适用于“工程结构和技术简单、风险小的项目”；选项D错误，承包商的风险主要有两个方面：一是价格风险；二是工作量风险。人工费上涨属于价格风险的范畴。

【例题6-43】 建设工程施工承包合同的计价方式，主要有（ABD）。

A. 总价合同　　B. 成本补偿合同

C. 有偿合同　　D. 单价合同

E. 可调价格合同

2. 工程预付款

工程预付款是在工程开工前发包人预先支付给承包人用来进行工程准备的一笔款项。工程预付款主要用于建筑材料、工程设备、施工设备的采购及修建临时工程、组织施工队伍进场等。预付时间不迟于约定的开工日期前7天，预付款在进度付款中同比例扣回。发包人逾期支付预付款超过7天的，承包人有权向发包人发出要求预付的催告通知，发包人收到通知后7天内仍未支付的，承包人有权暂停施工，发包人承担违约责任。

3. 工程进度款

（1）工程量的确认

对承包人已完成工程量进行计量、核实与确认，是发包人支付工程款的前提。

1）计量原则。工程量计量按照合同约定的工程量计算规则、图纸及变更指示等进行计量。不符合合同文件要求的工程不予计量；按合同文件所规定的方法、范围、内容和单位计量；因承包人原因造成的超出合同工程范围施工或返工的工程量，发包人不予计量。

2）计量周期。工程量的计量按月进行或按工程形象进度分段计量。

（2）工程进度款支付

1）提交进度付款申请单。

① 单价合同进度付款申请单的提交。单价合同的进度付款申请单，按照单价合同的计量约定的时间按月向监理人提交，并附上已完成工程量报表和有关资料。单价合同中的总价项目按月进行支付分解，并汇总列入当期进度付款申请单。

② 总价合同进度付款申请单的提交。总价合同按月计量支付的，承包人按照总价合同的计量约定的时间按月向监理人提交进度付款申请单，并附上已完成工程量报表和有关资料。

总价合同按支付分解表支付的，承包人应按照支付分解表及进度付款申请单的编制的约定向监理人提交进度付款申请单。

③ 其他价格形式合同的进度付款申请单的提交。合同当事人可在专用合同条款中约定其他价格形式合同的进度付款申请单的编制和提交程序。

2）进度款审核和支付。

① 监理人应在收到承包人进度付款申请单以及相关资料后 7 天内完成审查并报送发包人，发包人应在收到后 7 天内完成审批并签发进度款支付证书。发包人逾期未完成审批且未提出异议的，视为已签发进度款支付证书。

② 发包人和监理人对承包人的进度付款申请单有异议的，有权要求承包人修正和提供补充资料，监理人应在收到承包人修正后的进度付款申请单及相关资料后 7 天内完成审查并报送发包人，发包人应在收到监理人报送的进度付款申请单及相关资料后 7 天内，向承包人签发无异议部分的临时进度款支付证书。存在争议的部分，按照争议解决的约定处理。

③ 发包人应在进度款支付证书或临时进度款支付证书签发后 14 天内完成支付，发包人逾期支付进度款的，应按照中国人民银行发布的同期同类贷款基准利率支付违约金。

4. 工程变更

（1）变更的范围

合同履行过程中发生以下情形的，应进行变更：

1）增加或减少合同中任何工作，或追加额外的工作。

2）取消合同中任何工作，但转由他人实施的工作除外。

3）改变合同中任何工作的质量标准或其他特性。

4）改变工程的基线、标高、位置和尺寸。

5）改变工程的时间安排或实施顺序。

（2）变更权

发包人和监理人均可以提出变更。变更指示均通过监理人发出，监理人发出变更指示前应征得发包人同意。承包人收到经发包人签认的变更指示后，方可实施变更。未经许可，承包人不得擅自对工程的任何部分进行变更。涉及设计变更的，应由设计人提供变更后的图纸和说明。如变更超过原设计标准或批准的建设规模时，发包人应及时办理规划、设计变更等审批手续。

（3）变更程序

1）发包人提出变更。发包人提出变更的，应通过监理人向承包人发出变更指示。

2）监理人提出变更建议。监理人提出变更建议的，需要向发包人以书面形式提出变更计划，发包人同意变更的，由监理人向承包人发出变更指示。发包人不同意变更的，监理人无权擅自发出变更指示。

3）变更执行。承包人收到监理人下达的变更指示后，认为不能执行，应立即提出不能执行该变更指示的理由。

（4）变更估价

承包人应在收到变更指示后14天内，向监理人提交变更估价申请。监理人应在收到承包人提交的变更估价申请后7天内审查完毕并报送发包人，监理人对变更估价申请有异议，通知承包人修改后重新提交。发包人应在承包人提交变更估价申请后14天内审批完毕。发包人逾期未完成审批或未提出异议的，视为认可承包人提交的变更估价申请。

（5）暂估价

暂估价是指发包人在工程量清单中给定的用于支付必然发生但暂时不能确定价格的材料、设备以及专业工程的金额。暂估价专业分包工程、服务、材料和工程设备的明细由合同当事人在专用合同条款中约定。区分依法必须招标的项目和非依法必须招标的项目确定暂估价项目的具体实施方式。

（6）暂列金额

暂列金额是招标人在工程量清单中暂定并包括在合同价款中的一笔款项。用于施工合同签订时尚未确定或者不可预见的所需材料、设备、服务的采购，施工中可能发生的工程变更、合同约定调整因素出现时的工程价款调整以及发生的索赔、现场签证确认等的费用，暂列金额相当于业主的备用金，其所有权属于业主。

5. 竣工结算

工程竣工验收报告经发包人认可后，承发包双方应当进行工程竣工结算。

（1）竣工结算申请

承包人应在工程竣工验收合格后28天内向发包人和监理人提交竣工结算申请单，并提交完整的结算资料。

（2）竣工结算审核

1）监理人应在收到竣工结算申请单后14天内完成核查并报送发包人。发包人应在收到监理人提交的经审核的竣工结算申请单后14天内完成审批，并由监理人向承包人签发经发包人签认的竣工付款证书。监理人或发包人对竣工结算申请单有异议的，有权要求承包人进行修正和提供补充资料，承包人应提交修正后的竣工结算申请单。

发包人在收到承包人提交竣工结算申请书后28天内未完成审批且未提出异议的，视为同意对方的申请，并自发包人收到承包人提交的竣工结算申请单后第29天起视为已签发竣工付款证书。

2）发包人应在签发竣工付款证书后的14天内，完成对承包人的竣工付款。发包人逾期支付的，按照中国人民银行发布的同期同类贷款基准利率支付违约金；逾期支付超过56天的，按照中国人民银行发布的同期同类贷款基准利率的2倍支付违约金。

3）承包人对发包人签认的竣工付款证书有异议的，应在收到发包人签认的竣工付款证

书后 7 天内提出异议，对于无异议部分，发包人应签发临时竣工付款证书，完成付款。承包人逾期未提出异议的，视为认可发包人的审批结果。

6. 工程价款结算计算

（1）工程预付款确定方法

百分比法是按中标的合同造价（减去不属于承包商的费用，下同）的一定比例确定工程预付款（预付备料款）额度的一种方法。

工程预付款 = 中标合同价×预付款比例

（2）工程预付款的扣回

发包人支付给承包人的工程备料款的性质是“预支”。随着工程进度推进，拨付的工程进度款数额不断增加，工程所需主要材料，构件的用量逐渐减少，原已支付的预付款应以抵扣的方式陆续扣回。

① 采用等比例或等金额，即承包人完成金额累计达到合同总价的一定比例后，分期扣回。

② 采用起扣点方式扣回，原则是当未施工工程所需材料的价值相当于备料款数额时起扣，每次结算工程款时，按材料比重扣抵工程款，竣工前全部扣清。

1）计算起扣点。工程预付款起扣点计算公式如下：

$$T = P - \frac{M}{N}$$

式中　T——起扣点，即工程预付款开始扣回的累计已完工程价值；

P——承包工程合同总额；

M——工程预付款数额；

N——主要材料及构件所占比重。

例如，某工程合同价款为 300 万元，主要材料和结构件费用为合同价款的 62.5%。合同规定预付备料款为合同价款的 25%。

工程预付款（预付备料款）= 300 万元×25% = 75 万元

起扣点 = 300 万元−75 万元÷62.5% = 180 万元

即当累计结算工程价款为 180 万元时，应开始抵扣预付备料款。

2）何时扣工程预付款。当工程实际进度款累计达到起扣点时起扣。

3）工程预付款扣还数额。每月超出起扣点部分按照主要材料所占比重扣还。

每次应扣还的工程预付款，按下列公式计算：

第一次工程预付款扣抵额 =（累计已完工程价值−起扣点）×主材比重

以后每次扣抵额 = 每次完成工程价值×主材比重

（3）工程进度款

工程进度款有多种支付方式，需要根据合同约定进行支付。常见的工程进度款的支付方式有月度支付和分段支付。

（4）工程竣工结算

工程竣工结算是施工企业按照合同规定的内容全部完成所承包的工程，经验收质量合

格，并符合合同要求之后，向发包人进行最终的工程价款结算。一般公式如下：

竣工结算工程价款=预算或合同价款+施工过程中预算或合同价款调整数额-预付款及已结算工程价款-质量保证金

承包人应根据办理的竣工结算文件，向发包人提交竣工结算款支付申请。该申请应包括竣工结算总额、已支付的合同价款、应扣留的质量保证金、应支付的竣工付款金额。

▶案例 6-3

某施工单位以总价合同的形式与业主签订了一份施工合同，该项工程合同总价款为600万元，工期为2018年3月1日（开工）至当年8月31日（竣工）。合同中关于工程价款的结算内容有以下几项：

（1）业主在开工前7天支付施工单位预付款，预付款为总价款的25%。

（2）工程预付款从未施工工程尚需的主要材料的构配件价值相当于工程预付款时起扣，业主每月以抵充工程进度款的方式从施工单位扣除，主要材料的构配件费比重按60%计算。

（3）该工程质量保证金为工程总价的3%，业主每月从工程款中扣除。

（4）业主每月按承包商实际完成工程量进行计算。承包商按时开工、竣工，各月实际完成工程量价款见表6-1。

表6-1　各月实际完成工程量价款

月份	3月—5月	6月	7月	8月
实际完成工程量价款（万元）	300	120	100	80

【问题】

1. 业主应当支付给承包商的工程预付款是多少万元？

2. 该工程预付款起扣点是多少？应该从哪个月起扣？

3. 业主在施工期间各月实际结算给承包商的工程款各是多少万元？

【分析】

问题1：工程预付款：

600万元×25%=150万元

问题2：预付款的起扣点：600万元-150万元/60%=600万元-250万元=350万元，到6月累计完成420万元，达到预付款的起扣点，因此从6月起开始抵扣预付款。

问题3：各月结算的工程款如下：

（1）3月—5月：

300万元×(1-3%)=291万元

（2）6月：

第一次扣还数额=(累计已完工程价款-起扣点)×主材比重=(420-350)万元×60%
=42万元

6 月应付工程款：

$$120\text{ 万元}\times(1-3\%)-42\text{ 万元}=74.4\text{ 万元}$$

（3）7 月应扣工程预付款金额：

$$\text{当月实际工程款}\times\text{主材比重}=100\text{ 万元}\times60\%=60\text{ 万元}$$

7 月应付工程款：

$$100\text{ 万元}\times(1-3\%)-60\text{ 万元}=37\text{ 万元}$$

（4）8 月应付工程款：

$$80\text{ 万元}\times(1-3\%)-80\text{ 万元}\times60\%=29.6\text{ 万元}$$

▶案例 6-4

某施工单位通过竞标获得了某工程项目。施工单位与建设单位签订了有关工程价款的合同，其中包含以下主要内容：

1）工程造价为 800 万元，主要材料费占施工产值的比重为 70%。

2）预付备料款为工程造价的 25%。

3）工程进度款逐月计算。

4）工程质保金为工程造价的 3%，从逐月工程款中扣除，待缺陷责任期满后一次性返还。

5）材料价差调整按规定进行，最后实际上调各月均为 10%，竣工结算时一次性支付。

各月完成的实际产值见表 6-2。

表 6-2　各月完成的实际产值

月份	1	2	3	4	5
完成产值（万元）	80	130	215	180	195

【问题】（计算结果均保留小数点后两位）

1. 该工程的预付款、起扣点为多少？

2. 该工程几月开始扣预付款？每月扣款额是多少？

3. 该工程 2 月—4 月，每月拨付的工程款是多少？1 月—4 月累计工程款为多少？

4. 5 月办理工程竣工结算时，该工程总造价是多少？

【分析】

问题 1：预付款：

$$800\text{ 万元}\times25\%=200\text{ 万元}$$

起扣点为：

$$800\text{ 万元}-200\text{ 万元}/70\%=514.29\text{ 万元}$$

问题 2：1 月—4 月工程进度款累计：

80 万元+130 万元+215 万元+180 万元=605 万元>514.29 万元，预付款从 4 月开始扣。

4 月扣预付款额：

$$(605\text{万元}-514.29\text{万元})\times70\%=63.50\text{万元}$$

5月扣预付款额：

$$195\text{万元}\times70\%=136.50\text{万元}$$

问题3：2月拨付工程款：

$$130\text{万元}\times(1-3\%)=126.10\text{万元}$$

3月拨付工程款：

$$215\text{万元}\times(1-3\%)=208.55\text{万元}$$

4月拨付工程款：

$$180\text{万元}\times(1-3\%)-63.5\text{万元}=111.10\text{万元}$$

1月—4月累计拨付的工程款：

$$80\text{万元}\times(1-3\%)+126.10\text{万元}+208.55\text{万元}+111.10\text{万元}=523.35\text{万元}$$

问题4：结算时，工程总造价：

$$800\text{万元}+800\text{万元}\times70\%\times10\%=856\text{万元}$$

6.4.10　施工合同的管理

1. 施工分包管理

建设工程施工分包包括专业工程分包和劳务作业分包两种。工程施工分包是国内目前非常普遍的现象和工程实施方式。

根据《建筑业企业资质管理规定》，建筑业企业资质分为施工总承包资质、专业承包资质、施工劳务资质三个序列。取得劳务分包资质的企业，可以承接施工总承包企业或专业承包企业分包的劳务作业。取得专业承包资质的企业，可以承接具有施工总承包资质的企业依法分包的专业工程或建设单位依法发包的专业工程。

《建设工程施工合同（示范文本）》规定，按照合同约定进行分包的，承包人应确保分包人具有相应的资质和能力。工程分包不减轻或免除承包人的责任和义务，承包人和分包人就分包工程向发包人承担连带责任。

施工总承包单位向业主承担分包人负责施工的工程质量、工程进度、安全等的责任。

2. 不可抗力

（1）不可抗力的确认

不可抗力是指合同当事人在签订合同时不可预见，在合同履行过程中不可避免且不能克服的自然灾害和社会性突发事件，如地震、海啸、瘟疫、骚乱、戒严、暴动、战争和专用合同条款中约定的其他情形。

（2）不可抗力的通知

合同一方当事人遇到不可抗力事件，使其履行合同义务受到阻碍时，应立即通知合同另一方当事人和监理人，书面说明不可抗力和受阻碍的详细情况，并提供必要的证明。

不可抗力持续发生的，合同一方当事人应及时向合同另一方当事人和监理人提交中间报告，说明不可抗力和履行合同受阻的情况，并于不可抗力事件结束后28天内提交最终报告

及有关资料。

（3）不可抗力后果的承担

不可抗力导致的人员伤亡、财产损失、费用增加和（或）工期延误等后果，由合同当事人按以下原则承担：

1）永久工程、已运至施工现场的材料和工程设备的损坏，以及因工程损坏造成的第三人的人员伤亡和财产损失由发包人承担。

2）承包人施工设备的损坏由承包人承担。

3）发包人和承包人承担各自人员伤亡和财产的损失。

4）因不可抗力影响承包人履行合同约定的义务，已经引起或将引起工期延误的，应当顺延工期，由此导致承包人停工的费用损失由发包人和承包人合理分担，停工期间必须支付的工人工资由发包人承担。

5）因不可抗力引起或将引起工期延误，发包人要求赶工的，由此增加的赶工费用由发包人承担。

6）承包人在停工期间按照发包人要求照管、清理和修复工程的费用由发包人承担。

不可抗力发生后，合同当事人均应采取措施尽量避免和减少损失的扩大，任何一方当事人没有采取有效措施导致损失扩大的，应对扩大的损失承担责任。

因合同一方迟延履行合同义务，在迟延履行期间遭遇不可抗力的，不免除其违约责任。

【例题 6-44】 下列对不可抗力发生后合同责任的描述错误的是（A）。

A. 承包人的人员伤亡由发包人负责　　B. 工程修复费用由发包人承担

C. 承包人的施工设备损坏由承包人承担　D. 发包人的人员伤亡由发包人负责

【例题 6-45】 在施工过程中因不可抗力致使待安装工程设备损失的，该损失应由（A）承担。

A. 发包人　　B. 承包人

C. 设备供应人　　D. 发包人和承包人分别

▶案例 6-5

某项目发包人与承包人签订了工程施工合同，合同中含两个子项工程，估算工程量甲项为 2300m^3，乙项为 3200m^3，经协商的合同价，甲项为 180 元/m^3，乙项为 160 元/m^3。承包合同规定：

1）开工前发包人应向承包人支付合同价 20%的预付款。

2）业主自第一个月起，从承包人的工程款中，按 3%的比例扣留质量保证金。

3）当子项工程实际工程量超过估算工程量 10%时，可进行调价，调整系数为 0.9。

4）根据市场情况规定，价格调整系数平均按 1.2 计算。

5）监理人签发月度付款最低金额为 25 万元。

6）预付款在最后 2 个月扣除，每月扣 50%。

承包人每月实际完成并经监理人签证确认的工程量见表 6-3。

表 6-3　承包人每月实际完成工程量

月份	1	2	3	4
甲项/m^3	500	800	800	600
乙项/m^3	700	900	800	600

第一个月完成工程量价款为 23.028 万元。

【问题】

1. 预付款是多少万元？

2. 从第二个月起每月工程量价款是多少万元？监理人应签证的工程款是多少？实际签发的付款凭证金额是多少万元？

【分析】

问题 1：工程预付款金额为：

$$(2300m^3\times180\text{元}/m^3+3200m^3\times160\text{元}/m^3)\times20\%=185200\text{元}=18.52\text{万元}$$

问题 2：（1）第二个月工程量的计算

工程量价款为：

$$800m^3\times180\text{元}/m^3+900m^3\times160\text{元}/m^3=288000\text{元}=28.8\text{万元}$$

应签证的工程款为：

$$28.8\text{万元}\times1.2\times(1-3\%)=33.523\text{万元}$$

第一个月完成工程量价款为 23.028 万元，由于监理人签发月度付款最低金额为 25 万元，因此第一个月监理不签发月度付款，在第二个月一起签发。第二个月监理人实际签发的付款凭证金额为：

$$23.028\text{万元}+33.523\text{万元}=56.551\text{万元}$$

（2）第三个月工程量的计算

工程量价款为：

$$800m^3\times180\text{元}/m^3+800m^3\times160\text{元}/m^3=272000\text{元}=27.2\text{万元}$$

应签证的工程款为：

$$27.2\text{万元}\times1.2\times(1-3\%)=31.661\text{万元}$$

应扣工程预付款为：

$$18.52\text{万元}\times50\%=9.26\text{万元}$$

应付工程款为：

$$31.661\text{万元}-9.26\text{万元}=22.401\text{万元}$$

监理人签发月度付款最低金额为 25 万元，所以本月监理人不予签发工程付款凭证。

(3) 第四个月工程量的计算

甲项工程累计完成工程量为 $2700m^3$，比原估算工程量 $2300m^3$ 超出 $400m^3$，已超过估算工程量的 10%，超出部分的单价应进行调整。

超过估算工程量 10%的工程量为：

$$2700m^3-2300m^3\times(1+10\%)=170m^3$$

这部分工程量单价应调整为：

$$180\text{元}/m^3\times0.9=162\text{元}/m^3$$

甲项工程工程量价款为：

$$(600-170)m^3\times180\text{元}/m^3+170m^3\times162\text{元}/m^3=104940\text{元}=10.494\text{万元}$$

乙项工程累计完成工程量为 $3000m^3$，比原估算工程量 $3200m^3$ 减少 $200m^3$，不超过估算工程量，其单价不予调整。

乙项工程工程量价款为：

$$600m^3\times160\text{元}/m^3=96000\text{元}=9.6\text{万元}$$

本月完成甲、乙两项工程量价款合计为：

$$(10.494+9.6)\text{万元}=20.094\text{万元}$$

应签证的工程款为：

$$20.094\text{万元}\times1.2\times(1-3\%)=23.389\text{万元}$$

本月监理人实际签发的付款凭证金额为：

$$23.389\text{万元}+22.401\text{万元}-18.52\text{万元}\times50\%=36.530\text{万元}$$

▶案例 6-6

某综合办公大楼工程建设项目，合同价为 3856 万元，工期为 2 年。发包人通过招标选择了某施工单位作为承包人进行该项目的施工。

在正式签订工程施工承包合同前，发包人和承包人草拟了一份建设工程施工合同，供双方再斟酌。其中包括以下条款：

(1) 承包人必须按监理工程师批准的进度计划组织施工，接受监理人对进度的检查、监督。工程实际进度与计划进度不符时，承包人应按监理人的要求提出改进措施，经监理人确认后执行。承包人有权就改进措施提出追加合同价款。

(2) 发包人向承包人提供施工场地的工程地质和地下主要管网线路资料，供承包人参考使用。

(3) 无论监理人是否进行验收，当其要求对已经隐蔽的工程重新检验时，承包人应按要求进行剥离或开孔，并在检查后重新覆盖或修复。检验合格，发包人承担由此发生的全部追加合同价款，赔偿承包人损失，并相应顺延工期。检验不合格，承包人承担发生的全部费用，工期予以顺延。

(4) 承包人应按协议条款约定的时间向监理人提交实际完成工程量的报告。监理人接到报告3天内按承包人提供的实际完成的工程量报告核实工程量（计量），并在计量24小时前通知承包人。

(5) 工程未经竣工验收或竣工验收未通过的，发包人不得使用。发包人强行使用时，发生的质量问题及其他问题，由发包人承担责任。

(6) 因不可抗力事件导致的费用及延误的工期由双方共同承担。

【问题】

逐条指出上述合同条款中不妥之处，并提出如何改正。

【分析】

1. 第（1）条中“承包人有权就改进措施提出追加合同价款”不妥，应改为“因承包人的原因导致实际进度与计划进度不符，承包人无权就改进措施提出追加合同价款”。

2. 第（2）条中“供承包人参考使用”不妥，应改为“对所提供资料的真实性、准确性和完整性负责”。

3. 第（3）条中“检验不合格……工期予以顺延”不妥，应改为“检验不合格……工期不予顺延”。

4. 第（4）条中“监理人接到报告3天内按承包人提供的实际完成的工程量报告核实工程量（计量），并在计量24小时前通知承包人”不妥，应改为“监理人接到报告后7天内按设计图核实已完工程量（计量），并在计量前24小时通知承包人”。

5. 第（5）条不妥，工程未经竣工验收或竣工验收未通过的，发包人强行使用时，不能免除承包人应承担的保修责任，应改为“发包人强行使用时，由此发生的质量问题及其他问题，由发包人承担责任，但不能免除承包人应承担的保修责任”。

6. 第（6）条不妥，不可抗力导致的人员伤亡、财产损失、费用增加和（或）工期延误等后果，由合同当事人按以下原则承担：

1）永久工程、已运至施工现场的材料和工程设备的损坏，以及因工程损坏造成的第三者人员伤亡和财产损失由发包人承担。

2）承包人施工设备的损坏由承包人承担。

3）发包人和承包人承担各自人员伤亡和财产的损失。

4）因不可抗力影响承包人履行合同约定的义务，已经引起或将引起工期延误的，应当顺延工期，由此导致承包人停工的费用损失由发包人和承包人合理分担，停工期间必须支付的工人工资由发包人承担。

5）因不可抗力引起或将引起工期延误，发包人要求赶工的，由此增加的赶工费用由发包人承担。

6）承包人在停工期间按照发包人要求照管、清理和修复工程的费用由发包人承担。

6.4.11　施工合同纠纷审理司法解释相关规定

2020年12月25日，最高人民法院审判委员会第1825次会议通过《最高人民法院关于审

理建设工程施工合同纠纷案件适用法律问题的解释（一）》（简称《新施工合同司法解释一》），自 2021 年 1 月 1 日起与《民法典》配套并同步施行，原《最高人民法院关于建设工程价款优先受偿权问题的批复》《最高人民法院关于审理建设工程施工合同纠纷案件适用法律问题的解释（一）》（2004 年）及《最高人民法院关于审理建设工程施工合同纠纷案件适用法律问题的解释（二）》（2018 年）等文件同时废止。

1. 施工合同无效及价款结算

（1）无效施工合同的主要情形

1）承包人未取得建筑施工企业资质或超越资质等级的。建筑施工领域实行严格的资质准入制度，无资质和超越资质的企业签订的建设工程施工合同属于无效合同。但是承包人超越资质等级许可的业务范围签订建设工程施工合同，在工程竣工前取得相应资质等级的，合同有效。

2）没有资质的实际施工人借用有资质的建筑施工企业名义的。"借用资质"的情形包括转让、出借企业资质证书，以及以其他方式允许他人以本企业名义承揽工程。

3）建设工程必须进行招标而未招标或中标无效的。凡规定在招标范围的工程未进行招标投标的，签订的施工合同无效，中标是发包人与承包人签订施工合同的前提条件，中标无效必然导致施工合同无效。

4）承包人违法分包建设工程。违法分包合同无效。

5）承包人转包。《新施工合同司法解释一》第五条规定："具有劳务作业法定资质的承包人与总承包人、分包人签订的劳务分包合同，当事人请求确认无效的，人民法院依法不予支持。"劳务作业分包是指施工总承包企业或者专业承包企业将其承包工程中的劳务作业发包给劳务分包企业完成的活动，其签订的分包合同是劳务分包合同。

6）当事人以发包人未取得建设工程规划许可证等规划审批手续为由，请求确认建设工程施工合同无效的，人民法院应予支持，但发包人在起诉前取得建设工程规划许可证等规划审批手续的除外。

（2）无效施工合同价款结算

《民法典》第七百九十三条对建设工程合同无效、验收不合格的处理规定如下：建设工程施工合同无效，但是建设工程经验收合格的，可以参照合同关于工程价款的约定折价补偿承包人。建设工程施工合同无效，且建设工程经验收不合格的，按照以下情形处理：

1）修复后的建设工程经验收合格的，发包人可以请求承包人承担修复费用。

2）修复后的建设工程经验收不合格的，承包人无权请求参照合同关于工程价款的约定折价补偿。

发包人对因建设工程不合格造成的损失有过错的，应当承担相应的责任。

▶案例 6-7

A 建筑公司由于资质问题以 B 建筑公司名义承揽了一项工程，并与建设单位 C 公司签订了施工合同。但在施工过程中，由于 A 建筑公司的实际施工技术力量和管理能力都较差，造成了工程进度的延误和一些工程质量缺陷。C 公司以此为由，不予支付余下的工程款。A建筑公司以B建筑公司名义将C公司告上了法庭。

【问题】

1. A建筑公司以B建筑公司名义与C公司签订的施工合同是否有效？

2. C公司是否应当支付余下的工程款？

【分析】

问题1：A建筑公司以B建筑公司名义与C公司签订的施工合同，是没有资质的实际施工人借用有资质的建筑施工企业名义签订的合同，属于无效合同，不具有法律效力。

问题2：C公司是否应当支付余下的工程款要视该工程验收的结果而定。建设工程施工合同被认定为无效后，工程款是否给付以及如何给付，主要取决于建设工程质量是否合格，建设工程施工合同无效，建设工程经验收合格的，可以参照合同关于工程价款的约定折价补偿承包人。建设工程施工合同无效，且建设工程经验收不合格的，按照以下情形处理：①修复后的建设工程经验收合格的，发包人可以请求承包人承担修复费用；②修复后的建设工程经验收不合格的，承包人无权请求参照合同关于工程价款的约定折价补偿。

2. 关于工程质量、工期

（1）关于工程质量

建设工程质量不合格，工程不能交付使用。承包人应当在建设工程的合理使用寿命内对地基基础工程和主体结构质量承担民事责任。建设工程未经竣工验收，发包人擅自使用后，又以使用部分质量不符合约定为由主张权利的，法院不予支持。对有质量缺陷的工程，一般应由施工方承担修复、重做、更换等责任。

《民法典》第八百零一条规定，因施工人的原因致使建设工程质量不符合约定的，发包人有权请求施工人在合理期限内无偿修理或者返工、改建。经过修理或者返工、改建后，造成逾期交付的，施工人应当承担违约责任。《新施工合同司法解释一》对发包人造成建设工程质量缺陷的过错情形予以明确：

1）提供的设计有缺陷。

2）提供或者指定购买的建筑材料、建筑构件、设备不符合强制性标准。

3）直接指定分包人分包专业工程。

承包人有过错的，也应当承担相应的过错责任。

（2）关于竣工时间

1）经竣工验收合格的，以竣工验收合格之日为竣工日期。

2）承包人已经提交竣工验收报告，发包人拖延验收的，以承包人提交竣工验收报告之日为竣工日期。

（3）开工日期争议的确定

《新施工合同司法解释一》规定，当事人对建设工程开工日期有争议的，人民法院应当分别按照以下情形予以认定：

1）开工日期为发包人或者监理人发出的开工通知载明的开工日期；开工通知发出后，尚不具备开工条件的，以开工条件具备的时间为开工日期；因承包人原因导致开工时间推迟

的，以开工通知载明的时间为开工日期。

2）承包人经发包人同意已经实际进场施工的，以实际进场施工时间为开工日期。

3）发包人或者监理人未发出开工通知，也无相关证据证明实际开工日期的，应综合考虑开工报告、合同、施工许可证、竣工验收报告或者竣工验收备案表等载明的时间，并结合是否具备开工条件的事实，认定开工日期。

【例题 6-46】　建设工程未经竣工验收，发包人擅自使用后，又以使用部分质量不符合约定为由主张权利的，不予支持；但是承包商应当在建设工程的合理使用寿命内对（AC）质量承担民事责任。

A. 主体结构　　B. 屋面防水工程

C. 地基基础工程　　D. 电气管线工程

E. 供热与供冷工程

【例题 6-47】　关于开工日期的确认，下列说法正确的是（ABC）。

A. 工期是指在合同协议书约定的承包人完成工程所需的期限，包括按照合同约定所做的期限变更

B. 开工日期包括计划开工日期和实际开工日期

C. 开工日期为发包人或者监理人发出的开工通知载明的开工日期

D. 开工通知发出后，尚不具备开工条件的，以实际进场施工时间为开工日期

E. 承包人经发包人同意已经实际进场施工的，以监理人发出的开工通知载明的开工日期为开工日期

3. 工程款结算的依据和标准

（1）工程欠款的利息支付

利息计付标准有约定的，按照约定处理；没有约定的，按照同期同类贷款利率或者同期贷款市场报价利率计息。利息从应付工程价款之日计付。没有约定或者约定不明的，下列时间视为应付款时间：

1）建设工程已实际交付的，为交付之日。

2）建设工程没有交付的，为提交竣工结算文件之日。

3）建设工程未交付，工程价款未结算的，为起诉之日。

（2）垫资施工合同的价款纠纷处理

1）当事人对垫资和垫资利息有约定，承包人请求按照约定返还垫资及其利息的，人民法院应予支持，但是约定的利息计算标准高于垫资时的同类贷款利率或者同期贷款市场报价利率的部分除外。

2）当事人对垫资利息没有约定，承包人请求支付利息的，人民法院不予支持。

3）当事人对垫资没有约定的，按照工程欠款处理。如果转化为工程欠款，对利息即使无约定也要按照银行同类贷款利率或者同期贷款市场报价利率计算利息。

【例题6-48】　施工单位与建设单位签订施工合同，约定施工单位垫资20%，但没有约定垫资利息。后施工单位向人民法院提起诉讼，请求建设单位支付垫资利息。对于施工单位的请求，人民法院正确的做法是（B）。

A. 尽管未约定利息，施工单位要求按中国人民银行发布的同期同类贷款利率支付垫资利息，应予支持

B. 由于未约定利息，施工单位要求支付垫资利息，不予支持

C. 由于垫资行为违法，施工单位要求返还垫资，不予支持

D. 尽管未约定利息，施工单位要求按低于中国人民银行发布的同期同类贷款利率支付垫资利息，应予支持

［解析］“垫资承包”并没有违反法律、行政法规的强制性规定，其条款并不影响合同效力。当事人对垫资利息没有约定，承包人请求支付利息的，不予支持。法律规定政府投资工程不允许施工方垫资。

（3）发包人收到结算报告逾期不答复的处理

建设单位收到承包人提交的工程结算文件后迟迟不予答复或者根本不予答复，以达到拖欠或者不支付工程价款的目的，为了保护合同当事人的合法权益，《新施工合同司法解释一》规定：“当事人约定，发包人收到竣工结算文件后，在约定期限内不予答复，视为认可竣工结算文件的，按照约定处理。承包人请求按照竣工结算文件结算工程价款的，人民法院应予支持。”

4. 承包人工程价款的优先受偿权

《民法典》第八百零七条规定，发包人未按照约定支付价款的，承包人可以催告发包人在合理期限内支付价款。发包人逾期不支付的，除按照建设工程的性质不宜折价、拍卖外，承包人可以与发包人协议将该工程折价，也可以请求人民法院将该工程依法拍卖。建设工程的价款就该工程折价或者拍卖的价款优先受偿。《新施工合同司法解释一》对此做出以下规定：

1）与发包人订立建设工程施工合同的承包人，依据《民法典》第八百零七条的规定请求其承建工程的价款就工程折价或者拍卖的价款优先受偿的，人民法院应予支持。

2）承包人享有的建设工程价款优先受偿权优于抵押权和其他债权。

3）装饰装修工程具备折价或者拍卖条件，装饰装修工程的承包人请求工程价款就该装饰装修工程折价或者拍卖的价款优先受偿的，人民法院应予支持。

4）建设工程质量合格，承包人请求其承建工程的价款就工程折价或者拍卖的价款优先受偿的，人民法院应予支持。

5）未竣工的建设工程质量合格，承包人请求其承建工程的价款就其承建工程部分折价或者拍卖的价款优先受偿的，人民法院应予支持。

6）承包人建设工程价款优先受偿的范围依照国务院有关行政主管部门关于建设工程价款范围的规定确定，一般包括承包人为建设工程应当支付的工作人员报酬、材料款等实际支出的费用。承包人就逾期支付建设工程价款的利息、违约金、损害赔偿金等主张优先受偿的，人民法院不予支持。

7）承包人应当在合理期限内行使建设工程价款优先受偿权，但最长不得超过18个月，

自发包人应当给付建设工程价款之日起算。

8）发包人与承包人约定放弃或者限制建设工程价款优先受偿权，损害建筑工人利益，发包人根据该约定主张承包人不享有建设工程价款优先受偿权的，人民法院不予支持。

▶案例 6-8

某工程竣工结算造价为 5670 万元，其中，工程款为 5510 万元，利息为 70 万元，建设单位违约金为 90 万元。工程竣工 5 个月后，建设单位仍没有按合同约定支付剩余款项，欠款总额为 1670 万元（含上述利息及建设单位违约金），随后施工单位依法行使了工程款优先受偿权。

【问题】

施工单位行使工程款优先受偿权可获得多少工程款？行使工程款优先受偿权的起止时间是如何规定的？

【分析】

施工单位可获得工程款 1510 万元，不包括利息和违约金。承包人应当在合理期限内行使建设工程价款优先受偿权，但最长不得超过 18 个月，自发包人应当给付建设工程价款之日起算。

【例题 6-49】　关于建设工程施工合同纠纷的处理，下列说法正确的是（CDE）。

A. 贷款银行对建筑工程享有的抵押权优于承包人工程款的优先受偿权

B. 工程未经验收发包人擅自使用的，承包人不再承担任何质量违约责任

C. 合同约定按照固定价格结算的，人民法院不应支持当事人的造价鉴定请求

D. 建设工程经修复后验收合格的，发包人可以请求承包人承担修复费用

E. 建设工程未经竣工验收擅自使用的，以转移占有建设工程之日为竣工日期

［解析］　选项 A 错误，承包人工程款的优先受偿权优于银行抵押权。选项 B 错误，建设工程未经验收发包人擅自使用后，又以使用部分质量不符合约定为由主张权利的，法院不予支持，但承包人应当在建设工程的合理使用寿命内对地基基础工程和主体结构质量承担民事责任。

6.5　建设工程施工分包合同

建设部和国家工商行政管理总局于 2003 年发布了《建设工程施工专业分包合同（示范文本）》（GF—2003—0213）和《建设工程施工劳务分包合同（示范文本）》（GF—2003—0214）。

6.5.1　工程分包概述

1. 工程分包的概念

工程分包是相对总承包而言的。工程分包是施工总承包企业将所承包建设工程中的专业

工程或劳务作业发包给其他建筑业企业完成的活动。施工分包包括专业工程分包和劳务作业分包。

专业工程分包是指总承包单位将其所承包工程中的专业工程发包给具有相应资质的其他承包单位完成的活动。

劳务作业分包是指施工总承包企业或者专业承包企业将其承包工程中的劳务作业发包给劳务分包企业完成的活动。

对于专业性较强的分部工程，承包商经常与其他专业承包商签订施工专业分包合同。在总承包商的统一管理、协调下，分包商仅完成总承包商指定的专业分包工程，向承包商负责，与业主无合同关系。

总承包商向业主担负全部工程责任，负责工程的管理和所属各分包商工作之间的协调，以及各分包商之间合同责任界限的划分，同时承担协调失误造成损失的责任。

在投标书中，总承包商必须附上拟定的分包商的名单，供业主审查。如果在工程施工中重新委托专业分包商，必须经过建设单位的批准。

施工专业分包合同订立后，专业分包人按照施工专业分包合同的约定对总承包人负责。建筑工程总承包人按照总承包合同的约定对发包人（建设单位）负责，总承包单位和分包单位就分包工程对建设单位承担连带责任。

专业工程分包，工程承包人必须自行完成所承包的工程。劳务作业分包由劳务作业发包人与劳务作业承包人通过劳务合同约定。劳务作业承包人必须自行完成所承包的任务。

总承包人或专业分包承包人发包劳务，无须经过建设单位或总承包人的同意。而（专业）工程分包必须经建设单位同意。

2. 分包人与发包人的关系

分包人必须服从承包人转发的发包人或工程师（监理人，下同）与分包工程有关的指令。未经承包人允许，分包人不得以任何理由与发包人或工程师发生直接工作联系，分包人不得直接致函发包人或工程师，也不得直接接受发包人或工程师的指令。如分包人与发包人或工程师发生直接工作联系，将被视为违约，并承担违约责任。

6.5.2　施工专业分包合同的内容

《建设工程施工专业工程分包合同（示范文本）》的结构、主要条款和内容与施工承包合同相似，包括词语定义与解释，双方的一般权利和义务，分包工程的施工进度控制、质量控制、费用控制，分包合同的监督与管理，信息管理，组织与协调，施工安全管理与风险管理等。

1. 工程承包人的主要责任和义务

1）分包人对总包合同的了解。承包人应提供总包合同（有关承包工程的价格内容除外）供分包人查阅。分包人应全面了解总包合同的各项规定（有关承包工程的价格内容除外）。

2）项目经理应按分包合同的约定，及时向分包人提供所需的指令、批准、图纸并履行其他约定的义务，否则分包人应在约定时间后 24 小时内将具体要求、需要的理由及延误的后果通知承包人，项目经理在收到通知后 48 小时内不予答复，应承担因延误造成的损失。

3）承包人的工作。

① 向分包人提供与分包工程相关的各种证件、批件和各种相关资料，向分包人提供具备施工条件的施工场地。

② 组织分包人参加发包人组织的图纸会审，向分包人进行设计图纸交底。

③ 提供合同专用条款中约定的设备和设施，并承担因此发生的费用。

④ 随时为分包人提供确保分包工程的施工所要求的施工场地和通道等，满足施工运输的需要，保证施工期间的畅通。

⑤ 负责整个施工场地的管理工作，协调分包人与同一施工场地的其他分包人之间的交叉配合，确保分包人按照经批准的施工组织设计进行施工。

2. 工程分包人的主要责任和义务

（1）分包人对有关分包工程的责任

除合同条款另有约定，分包人应履行并承担总包合同中与分包工程有关的承包人的所有义务与责任，同时应避免因分包人自身行为或疏漏造成承包人违反总包合同中约定的承包人义务的情况发生。

（2）分包人与发包人的关系

分包人须服从承包人转发的发包人或工程师与分包工程有关的指令。未经承包人允许，分包人不得以任何理由与发包人或工程师发生直接工作联系，分包人不得直接致函发包人或工程师，也不得直接接受发包人或工程师的指令。如分包人与发包人或工程师发生直接工作联系，将被视为违约，并承担违约责任。

（3）承包人指令

就分包工程范围内的有关工作，承包人随时可以向分包人发出指令，分包人应执行承包人根据分包合同所发出的所有指令。分包人拒不执行指令，承包人可委托其他施工单位完成该指令事项，发生的费用从应付给分包人的相应款项中扣除。

（4）分包人的工作

1）按照分包合同的约定，对分包工程进行设计（分包合同有约定时）、施工、竣工和保修。

2）按照合同约定的时间，完成规定的设计内容，报承包人确认后在分包工程中使用。承包人承担由此发生的费用。

3）在合同约定的时间内，向承包人提供年度、季度、月度工程进度计划及相应进度统计报表。

4）在合同约定的时间内，向承包人提交详细的施工组织设计，承包人应在专用条款约定的时间内批准，分包人方可执行。

5）遵守政府有关主管部门对施工场地交通、施工噪声以及环境保护和安全文明生产等的管理规定，按规定办理有关手续，并以书面形式通知承包人，承包人承担由此发生的费用，因分包人责任造成的罚款除外。

6）分包人应允许承包人、发包人、工程师及其三方中任何一方授权的人员在工作时间内，合理进入分包工程施工场地或材料存放的地点，以及施工场地以外与分包合同有关的分包人的任何工作或准备的地点，分包人应提供方便。

7）已竣工工程未交付承包人之前，分包人应负责已完分包工程的成品保护工作，保护期间发生损坏，分包人自费予以修复；承包人要求分包人采取特殊措施保护的工程部位和相应的追加合同价款，双方在合同专用条款内约定。

3. 合同价款支付

分包合同价款与总包合同相应部分价款无任何连带关系。

合同价款的支付：

1）实行工程预付款的，双方应在合同专用条款内约定承包人向分包人预付工程款的时间和数额，开工后按约定的时间和比例逐次扣回。

2）承包人应按专用条款约定的时间和方式，向分包人支付工程款（进度款），按约定时间承包人应扣回的预付款，与工程款（进度款）同期结算。

3）分包合同约定的工程变更调整的合同价款、合同价款的调整、索赔的价款或费用以及其他约定的追加合同价款，应与工程进度款同期调整支付。

4）承包人超过约定的支付时间不支付工程款（预付款、进度款），分包人可向承包人发出要求付款的通知，承包人不按分包合同约定支付工程款（预付款、进度款），导致施工无法进行，分包人可停止施工，由承包人承担违约责任。

5）承包人应在收到分包工程竣工结算报告及结算资料后28天内支付工程竣工结算价款，在发包人不拖延工程价款的情况下无正当理由不按时支付，从第29天起按分包人同期向银行贷款利率支付拖欠工程价款的利息，并承担违约责任。

4. 禁止转包或再分包

1）分包人不得将其承包的分包工程转包给他人，也不得将其承包的分包工程的全部或部分再分包给他人，否则将被视为违约，并承担违约责任。

2）分包人经承包人同意可以将劳务作业再分包给具有相应劳务分包资质的劳务分包企业。

3）分包人应对再分包的劳务作业的质量等相关事宜进行督促和检查，并承担相关连带责任。

【例题6-50】 有关分包人与发包人的关系，正确的描述是（A）。

A. 分包人须服从承包人转发的发包人或工程师与分包工程有关的指令

B. 在某些情况下，分包人可以与发包人或工程师发生直接工作关系

C. 分包人可以就有关工程指令问题，直接致函发包人或工程师

D. 当涉及质量问题时，发包人或工程师可以直接向分包人发出指令

[解析] 分包人须服从承包人转发的发包人或工程师与分包工程有关的指令。未经承包人允许，分包人不得以任何理由与发包人或工程师发生直接工作联系，分包人不得直接致函发包人或工程师，也不得直接接受发包人或工程师的指令。如分包人与发包人或工程师发生直接工作联系，将被视为违约，并承担违约责任。

【例题6-51】 根据《建设工程施工专业分包合同（示范文本）》，以下不属于承包商责任义务的是（D）。

A. 组织分包人参加发包人组织的图纸会审，向分包人进行设计图交底

B. 负责整个施工场地的管理工作，协调分包人与同一施工场地的其他分包人之间的交叉配合

C. 随时为分包人提供确保分包工程的施工所要求的施工场地和通道，满足施工运输需要

D. 提供专业分包合同专用条款中约定保修与试车，并承担因此发生的费用

【例题 6-52】 根据《建设工程施工专业分包合同（示范文本）》，分包人经承包人同意，可再进行分包的工程或作业是（A）。

A. 劳务作业　　B. 专业工程　　C. 设备安装　　D. 装饰装修

6.5.3　劳务作业分包合同的主要内容

劳务作业分包是指施工（总）承包人或者专业分包人（均可作为劳务作业的发包人）将其承包工程中的劳务作业发包给劳务分包人（即劳务作业承包人）完成的活动。

1. 承包人的主要义务

1）组建与工程相适应的项目管理班子，全面履行总（分）包合同，组织实施项目管理的各项工作，对工程的工期和质量向发包人负责。

2）完成劳务分包人施工前期的下列工作：

① 向劳务分包人交付具备本合同项下劳务作业开工条件的施工场地。

② 满足劳务作业所需的能源供应、通信及施工道路畅通。

③ 向劳务分包人提供相应的工程资料。

④ 向劳务分包人提供生产、生活临时设施。

3）负责编制施工组织设计，统一制定各项管理目标，组织编制年、季、月施工计划、物资需用量计划表，实施对工程质量、工期、安全生产、文明施工、计量检测、实验化验的控制、监督、检查和验收。

4）负责工程测量定位、沉降观测、技术交底，组织图纸会审，统一安排技术档案资料的收集整理及交工验收。

5）按时提供图纸，及时交付材料、设备，所提供的施工机械设备、周转材料、安全设施保证施工需要。

6）按合同约定，向劳务分包人支付劳动报酬。

7）负责与发包人、监理、设计及有关部门联系，协调现场工作关系。

2. 劳务分包人的主要义务

1）对劳务分包范围内的工程质量向承包人负责，组织具有相应资格证书的熟练工人投入工作；未经承包人授权或允许，不得擅自与发包人及有关部门建立工作联系；自觉遵守法律法规及有关规章制度。

2）严格按照设计图、施工验收规范、有关技术要求及施工组织设计精心组织施工，确

保工程质量达到约定的标准。

① 承担由于自身责任造成的质量修改、返工、工期拖延、安全事故、现场脏乱的损失及各种罚款。

② 自觉接受承包人及有关部门的管理、监督和检查；接受承包人随时检查其设备、材料保管、使用情况，及其操作人员的有效证件、持证上岗情况；与现场其他单位协调配合，照顾全局。

③ 劳务分包人须服从承包人转发的发包人及工程师的指令。

④ 除非合同另有约定，劳务分包人应对其作业内容的实施、完工负责，劳务分包人应承担并履行总（分）包合同约定的、与劳务作业有关的所有义务及工作程序。

3. 劳务报酬最终支付

1）全部工作完成，经承包人认可后14天内，劳务分包人向承包人递交完整的结算资料，双方按照本合同约定的计价方式，进行劳务报酬的最终支付。

2）承包人收到劳务分包人递交的结算资料后14天内进行核实，给予确认或者提出修改意见。承包人确认结算资料后14天内向劳务分包人支付劳务报酬尾款。

3）劳务分包人和承包人对劳务报酬结算价款发生争议时，按合同约定处理。

4. 禁止转包或再分包

劳务分包人不得将合同项下的劳务作业转包或再分包给他人。

【例题6-53】 某建设工程项目中，甲公司作为工程发包人与乙公司签订了工程承包合同，乙公司又与劳务分包人丙公司签订了该工程的劳务分包合同。则在劳务分包合同中，关于丙公司应承担义务的说法，正确的有（ABCD）。

A. 丙公司须服从乙公司转发的发包人及监理工程师的指令

B. 丙公司应自觉接受乙公司及有关部门的管理、监督和检查

C. 丙公司未经乙公司授权或允许，不得擅自与甲公司及有关部门建立工作联系

D. 对劳务分包范围内的工程质量向承包人负责

E. 丙公司负责组织实施施工管理的各项工作，对工期和质量向建设单位负责

【例题6-54】 根据《建设工程施工劳务分包合同（示范文本）》，劳务分包人的义务之一是（D）。

A. 编制劳务分包项目的施工组织设计

B. 搭建生活和生产用临时设施

C. 与监理、设计及有关部门建立工作联系

D. 做好已完工程的产品保护工作

[解析] 承包人的义务是负责编制施工组织设计，向劳务分包人提供生产、生活临时设施。劳务分包人未经承包人授权或允许，不得擅自与发包人及有关部门建立工作联系，所以选项D正确。

6.6　工程总承包合同

6.6.1　工程总承包合同的概念

工程总承包合同是发包人将一项建设工程的勘察、设计、施工的全部任务，发包给一个具备相应资质条件的总承包人，与其签订总承包合同。工程总承包企业对工程项目的勘察、设计、采购、施工、试运行等实行全过程或若干阶段的承包。工程总承包企业按照合同约定对工程项目的质量、工期、造价等向业主负责。工程总承包企业可依法将所承包工程中的部分工作发包给具有相应资质的分包企业，分包企业按照分包合同的约定对总承包企业负责。

1. 合同示范文本简介

住房和城乡建设部、国家市场监管总局制定了《建设项目工程总承包合同（示范文本）》(GF—2020—0216)(简称《示范文本》)，自 2021 年 1 月 1 日起执行，适用于房屋建筑和市政基础设施项目工程总承包承发包活动。原《建设项目工程总承包合同示范文本（试行）》(GF—2011—0216) 同时废止。

《示范文本》由合同协议书、通用合同条件和专用合同条件三部分组成。

(1) 合同协议书

《示范文本》合同协议书主要包括工程概况、合同工期、质量标准、签约合同价与合同价格形式、工程总承包项目经理、合同文件构成、承诺、订立时间、订立地点、合同生效和合同份数，集中约定了合同当事人基本的合同权利义务。

(2) 通用合同条件

通用合同条件是合同当事人根据《民法典》《建筑法》等法律法规的规定，就工程总承包项目的实施及相关事项，对合同当事人的权利义务做出的原则性约定。

(3) 专用合同条件

专用合同条件是合同当事人根据不同建设项目的特点及具体情况，通过双方的谈判、协商对通用合同条件原则性约定细化、完善、补充、修改或另行约定的合同条件。

2. 工程总承包的类型

(1) 设计采购施工总承包

工程总承包人按照合同约定，承担工程项目的设计、采购、施工、试运行服务等工作，并对承包工程的质量、安全、工期、造价全面负责。

(2) 阶段性总承包

阶段性总承包包括设计-采购总承包、采购-施工总承包、设计-施工总承包。

6.6.2　工程总承包合同的主要内容

建设工程项目总承包与施工承包的最大不同之处在于项目总承包商要负责全部或部分的设计，以及物资设备的采购。

工程总承包的任务从时间范围上一般包括从工程立项到交付使用的工程建设全过程，具体包括勘察设计、设备采购、施工、试车（或交付使用）等内容。从具体的工程承包范围看，工程总承包包括所有的主体和附属工程、工艺、设备等。

1. 工程总承包单位的义务

1）办理法律规定和合同约定由承包人办理的许可和批准，将办理结果书面报送发包人留存，并承担因承包人违反法律或合同约定给发包人造成的任何费用和损失。

2）按合同约定完成全部工作并在缺陷责任期和保修期内承担缺陷保证责任和保修义务，对工作中的任何缺陷进行整改、完善和修补，使其满足合同约定的目的。

3）提供合同约定的工程设备和承包人文件，以及为完成合同工作所需的劳务、材料、施工设备和其他物品，并按合同约定负责临时设施的设计、施工、运行、维护、管理和拆除。

4）按合同约定的工作内容和进度要求，编制设计、施工的组织和实施计划，保证项目进度计划的实现，并对所有设计、施工作业和施工方法，以及全部工程的完备性和安全可靠性负责。

5）按法律规定和合同约定采取安全文明施工、职业健康和环境保护措施，办理员工工伤保险等相关保险，确保工程及人员、材料、设备和设施的安全，防止因工程实施造成的人身伤害和财产损失。

6）将发包人按合同约定支付的各项价款专用于合同工程，且应及时支付其雇用人员（包括建筑工人）工资，并及时向分包人支付合同价款。

7）在进行合同约定的各项工作时，不得侵害发包人与他人使用公用道路、水源、市政管网等公共设施的权利，避免对邻近的公共设施产生干扰。

2. 发包人的义务

（1）遵守法律

发包人在履行合同过程中应遵守法律，并承担因发包人违反法律给承包人造成的任何费用和损失。发包人不得以任何理由，要求承包人在工程实施过程中违反法律、行政法规以及建设工程质量、安全、环保标准，任意压缩合理工期或者降低工程质量。

（2）提供施工现场和工作条件

1）提供施工现场。发包人应按约定向承包人移交施工现场，给承包人进入和占用施工现场各部分的权利，并明确与承包人的交接界面，上述进入和占用权可不为承包人独享。如没有约定移交时间的，则发包人应最迟于计划开始现场施工日期7天前向承包人移交施工现场，但承包人未能提供履约担保的除外。

2）提供工作条件。发包人应按约定向承包人提供工作条件。对此没有约定的，发包人应负责提供开展本合同相关工作所需要的条件，包括：

① 将施工用水、电力、通信线路等施工所必需的条件接至施工现场内。

② 保证向承包人提供正常施工所需要的进入施工现场的交通条件。

③ 协调处理施工现场周围地下管线和邻近建筑物、构筑物、古树名木、文物、化石及坟墓等的保护工作，并承担相关费用。

④ 对工程现场临近发包人正在使用、运行或由发包人用于生产的建筑物、构筑物、生产装置、设施、设备等，设置隔离设施，竖立禁止入内、禁止动火的明显标志，并以书面形

式通知承包人须遵守的安全规定和位置范围。

⑤ 按照专用合同条件约定应提供的其他设施和条件。

3）逾期提供的责任。因发包人原因未能按合同约定及时向承包人提供施工现场和施工条件的，由发包人承担由此增加的费用和（或）延误的工期。

（3）提供基础资料

发包人应按专用合同条件和《发包人要求》中的约定向承包人提供施工现场及工程实施所必需的毗邻区域内的供水、排水、供电、供气、供热、通信、广播电视等地上、地下管线和设施资料，气象和水文观测资料，地质勘查资料，相邻建筑物、构筑物和地下工程等有关基础资料，承担基础资料错误造成的责任。按照法律规定确需在开工后方能提供的基础资料，发包人应尽其努力及时地在相应工程实施前的合理期限内提供，合理期限应以不影响承包人的正常履约为限。因发包人原因未能在合理期限内提供相应基础资料的，由发包人承担由此增加的费用和延误的工期。

（4）办理许可和批准

发包人在履行合同过程中应遵守法律，并办理法律规定或合同约定由其办理的许可、批准或备案，包括但不限于建设用地规划许可证、建设工程规划许可证、建设工程施工许可证等许可和批准。对于法律规定或合同约定由承包人负责的有关设计、施工证件、批件或备案，发包人应给予必要的协助。

因发包人原因未能及时办理完毕前述许可、批准或备案，由发包人承担由此增加的费用和（或）延误的工期，并支付承包人合理的利润。

（5）支付合同价款

1）发包人应按合同约定向承包人及时支付合同价款。

2）发包人应当制订资金安排计划，除另有约定外，如发包人拟对资金安排做任何重要变更，应将变更的详细情况通知承包人。如发生承包人收到价格大于签约合同价 10%的变更指示或累计变更的总价超过签约合同价 30%；或承包人未能收到付款，或承包人得知发包人的资金安排发生重要变更但并未收到发包人上述重要变更通知的情况，则承包人可随时要求发包人在 28 天内补充提供能够按照合同约定支付合同价款的相应资金来源证明。

3）发包人应当向承包人提供支付担保。支付担保可以采用银行保函或担保公司担保等形式。

（6）现场管理配合

发包人应与承包人、由发包人直接发包的其他承包人（如有）订立施工现场统一管理协议，明确各方的权利和义务。

3. 承包人的设计义务

承包人应当按照法律规定，国家、行业和地方的规范和标准，以及发包人的要求和合同约定完成设计工作和设计相关的其他服务，并对工程的设计负责。承包人应根据工程实施的需要及时向发包人和工程师（受发包人委托按照法律规定和发包人的授权进行合同履行管理、工程监督管理等工作的法人或其他组织；该法人或其他组织应雇用一名具有相应执业资格和职业能力的自然人作为工程师代表）说明设计文件的意图，解释设计文件。

4. 合同价格与支付

除另有约定外，本合同为总价合同，除根据合同约定，以及合同中其他相关增减金额的约定进行调整外，合同价格不做调整。

【例题6-55】　某建设工程项目承发包双方签订了设计-施工总承包合同，属于承包人工作范围的是（D）。

A. 落实项目资金　　B. 办理规划许可证

C. 办理施工许可证　　D. 完成设计文件

▶案例6-9

某建设单位投资兴建一办公楼，投资概算25000万元，建筑面积$21000m^2$；钢筋混凝土框架-剪力墙结构；地下2层，层高4.5m；地上18层，层高3.6m；采用工程总承包交钥匙方式对外公开招标，招标范围为工程至交付使用全过程。经公开招投标，A工程总承包单位中标。A单位对工程施工等工程内容进行了招标。

B施工单位中标本工程施工标段，中标价为18060万元。B施工单位中标后第8天，A、B双方签订了项目工程施工承包合同，规定了双方的权利、义务和责任。

【问题】

1. A工程总承包单位与B施工单位签订的工程施工承包合同属于哪类合同？

2. 与B施工单位签订的工程施工承包合同中，A工程总承包单位应承担哪些主要义务？

【分析】

问题1：A工程总承包单位与B施工单位签订的工程施工承包合同属于专业分包合同。

问题2：A工程总承包单位应承担的主要义务如下：

1）向分包人提供与分包工程相关的各种证件、批件和相关资料，向分包人提供具备施工条件的施工场地。

2）组织分包人参加发包人组织的图纸会审，向分包人进行设计图交底。

3）提供合同专用条款中约定的设备和设施，并承担因此发生的费用。

4）随时为分包人提供确保分包工程的施工所要求的施工场地和通道等，满足施工运输的需要，保证施工期间的畅通。

5）负责整个施工场地的管理工作，协调分包人与同一施工场地的其他分包人之间的交叉配合。

6）支付分包合同款。

6.7　工程合同管理

6.7.1　工程合同管理概述

1. 工程合同管理的概念

工程合同管理是指工程承包合同双方当事人在合同实施过程中自觉地、认真严格地遵守

所签订的合同的各项规定和要求，按照各自的权利履行各自的义务、维护各自的权利，发扬协作精神，做好各项管理工作，使项目目标得到完整的体现。

2. 工程合同管理的一般特点

（1）合同管理期限长

由于工程承包活动是一个渐进的过程，工程施工工期长的特点决定承包合同生命期较长。它不仅包括施工期，而且包括招标投标和合同谈判以及保修期，所以一般为 1~2 年，长的可达 5 年或更长。合同管理必须在这么长的时间内连续地、不间断地进行。

（2）合同管理的效益性

因建设工程合同价格高，所以合同管理对工程经济效益影响很大。合同管理得好，可使项目避免亏本，赢得利润；否则，就要蒙受较大的经济损失。

（3）合同管理的动态性

由于工程过程中内外因素引起的干扰事件较多，合同变更频繁，合同实施必须按变化的情况不断地调整，因此，在合同实施过程中，合同控制和合同变更管理显得极为重要，这要求合同管理必须是动态的。

（4）合同管理的复杂性

合同管理工作极为复杂、烦琐，是高度准确和精细的管理。其原因是：

1）工程合同条件越来越复杂，这不仅表现在合同条款多，所属的合同文件多，而且与主合同相关的其他合同也多。各方面责任界限的划分，在时间上和空间上的衔接与协调极为重要，同时又极为复杂和困难。

3）要完整地履行一个承包合同，必须完成从局部完成到全部完成的几百个甚至几千个相关的合同事件。在整个过程中，稍有疏忽就会导致经济损失。

4）在工程施工过程中，与合同事件相对应的是各种合同相关文件和工程资料。在合同管理中必须做好这些文件和资料的取得、处理、使用和保存工作。

（5）合同管理的风险性

由于工程实施时间长，涉及面广，受外界环境的影响大，如经济条件、社会条件、法律和自然条件的变化等。这些因素有些是承包人难以预测和不能控制的，而且大多会妨碍合同的正常实施，造成经济损失。

（6）合同管理的特殊性

合同管理对项目的进度控制、质量管理、成本管理有总控制和总协调作用，所以它是综合性的、全面的、高层次的管理工作。合同管理必须服从企业经营管理，服从企业战略，特别在投标报价、合同谈判、合同执行战略的制定和处理索赔问题时，更要注意这个问题。

3. 工程合同各方的合同管理

（1）发包人的合同管理

发包人对合同的管理主要体现在施工合同的前期策划和合同签订后的监督方面。发包人要为承包人的合同实施提供必要的条件，向施工现场派驻具备相应资质的代表或聘请监理人及具备相应资质的人员负责监督承包人履行合同。

（2）承包人的合同管理

在市场经济中，承包人的总体目标是通过工程承包来盈利。

这要求承包人在合同生命期的每个阶段都必须有详细的计划和有力的控制，以减少失误，减少与发包人或监理人的争执，减少延误和不可预见费用支出。这一切都必须通过合同管理来实现。

（3）监理人的合同管理

监理人是发包人和承包人合同之外的第三方，是独立的法人单位。监理人不具体安排施工和研究如何保证质量的具体措施，而是从宏观上控制施工进度，按承包人在开工时提交的施工进度计划进行检查督促，对施工质量按照合同中技术规范和施工图的要求进行检查验收。监理人可以向承包人提出建议，但并不对如何保证质量和进度负责，承包人自己决定是否采纳其建议。监理人主要是按照合同规定，特别是工程量表的规定，严格为发包人支付工程款把关，并且防止承包人的不合理索赔要求。

6.7.2　施工阶段合同管理的主要工作

施工阶段合同管理的大量工作由施工承包人完成。在这一阶段，承包人合同管理人员的主要工作包括：①建立合同实施的保证体系；②监督工程小组和分包人按合同施工，并做好各分包合同的协调和管理工作；③对合同实施情况进行跟踪；④进行合同变更管理；⑤日常的索赔和反索赔。

1. 建立合同实施的保证体系

（1）落实合同责任，实行目标管理

合同和合同分析的资料是工程实施管理的依据。合同组人员的职责是根据合同分析的结果，把合同责任具体地落实到各责任人和合同实施的具体工作上。

1）组织项目管理人员和各工程小组负责人学习合同条文和合同总体分析结果，对合同的主要内容做出解释和说明，使其熟悉合同的主要内容、各种规定、管理程序，了解承包人的合同责任和工程范围，以及各种行为的法律后果等。

2）将各种合同事件的责任分解落实到各工程小组或分包人，分解落实最重要的是以下几方面内容：工程的质量、技术要求和实施中的注意点；工期要求；消耗标准；相关事件之间的搭接关系；各工程小组（分包人）责任界限的划分；不能完成责任的影响和法律后果。

3）在合同实施过程中，定期进行检查、监督，解释合同内容。

4）通过其他经济手段保证合同责任的完成。

对于分包人，主要通过分包合同来确定双方的责权利关系，以保证分包人能及时地、按质按量地完成合同责任。如果出现分包人违约或未完成合同，可对其进行合同处罚和索赔。

（2）建立合同管理工作制度和程序

对于一些经常性工作应订立工作程序，如各级别文件的审批、签字制度，使合同管理人员的工作有章可循，不必进行经常性的解释和指导。

例如：施工图批准程序，工程变更程序，分包人的索赔程序，分包人的账单审查程序，材料、设备、隐蔽工程、已完工程的检查验收程序，工程进度付款账单的审查批准程序，工

程问题的请示报告程序。

（3）建立文档管理系统，实现各种文件资料的标准化管理

工程原始资料必须由各职能人员、工程小组负责人、分包人提供。合同管理人员负责各种合同资料和工程资料的收集、整理和保存工作。这项工作非常烦琐和复杂，要花费大量时间和精力，因此要将责任明确落实。

（4）建立严格的质量检查验收制度

合同管理人员应主动抓好工程和工作质量，协助做好全面质量管理工作，建立一套质量检查和验收制度。

（5）建立报告和行文制度

承包人和发包人、监理人、分包人之间的沟通都应以书面形式进行，或以书面形式作为最终依据。建立报告和行文制度，使合同文件和双方往来函件的内部、外部运行程序化。

（6）建立实施过程的动态控制系统

工程实施过程中，合同管理人员要进行跟踪、检查监督，收集合同实施的各种信息和资料，并进行整理和分析，将实际情况与合同计划资料进行对比分析。在出现偏差时，分析产生偏差的原因，提出纠偏建议。

2. 合同实施控制

（1）工程目标控制

合同目标必须通过具体的工程实施实现。在工程施工中的各种干扰，常常使工程实施过程偏离总目标。控制就是为了保证工程实施按预定的计划进行，顺利地实现预定的目标。

（2）实施有效的合同监督

施工承包人的合同监督的主要工作有以下几方面：

1）现场监督各工程小组、分包人的工作。对各工程小组和分包人进行工作指导，使各工程小组都有全局观念，对工程中发现的问题提出意见、建议或警告。

2）对发包人、监理人进行合同监督。在工程施工过程中，发包人、监理人常常变更合同内容。对于这些问题，合同管理人员应及时发现，及时解决或提出补偿要求。此外，承包人与发包人或监理人会就合同中一些未明确划分责任的工程活动发生争执，对此，合同管理人员要协助项目部及时进行判定和调解工作。

3）对其他合同方的合同监督。在工程施工过程中，承包人不仅与发包人打交道，还会在材料、设备的供应、运输，供用水、电、气，租赁、保管、筹集资金等方面，与众多企业或单位发生合同关系，合同管理部门和人员对这类合同的监督也不能忽视。

4）会同监理人进行检查监督。按合同要求，承包人对工程所用材料和设备进行开箱检查或验收，检查其是否符合质量、施工图和技术规范等的要求。进行隐蔽工程和已完工程的检查验收，负责验收文件的起草和验收的组织工作。

5）对工程款申报表进行检查监督。承包人会同造价工程师对向发包人提出的工程款申报表和分包人提交来的工程款申报表进行审查和确认。

6）处理工程变更事宜。承包人与发包人、总（分）包人的任何争议的协商和解决都必须有合同管理人员的参与，并对解决结果进行合同和法律方面的审查、分析和评价。

7）对各种书面文件审查和控制。由于工程实施中的许多文件，如发包人和监理人的指令、会谈纪要、备忘录、附加协议等是合同的一部分，因此要求必须完备，没有缺陷、错误、矛盾和二义性，同时也应接受合同审查。

（3）进行合同跟踪

合同跟踪可以不断找出偏离，调整合同实施，使之与总目标一致，这是合同控制的主要手段。

1）对具体的合同活动或事件进行跟踪。

这样可以检查每个合同活动或合同事件的执行情况。

2）对分包人的工程和工作进行跟踪。

作为分包合同的发包人，总承包人必须对分包合同的实施进行有效的控制，这是总承包人合同管理的重要任务之一。

（4）进行合同诊断

合同诊断是对合同执行情况的评价、判断和趋向分析、预测，无论对正在进行的，还是对将要进行的工程施工都有重要的影响。

（5）合同实施后评估

在合同执行后必须进行合同实施后评价，将合同签订和执行过程中的利弊得失、经验教训总结出来，作为以后工程合同管理的借鉴。

6.7.3　工程合同风险管理

1. 风险的特点

风险是指危险发生的意外性和不确定性，以及这种危险导致的损失发生与否及损失程度大小的不确定性。风险具有以下特点：

1）风险存在的客观性和普遍性。

2）单一具体风险发生的偶然性和大量风险发生的必然性。

3）风险的多样性和多层次性。

4）风险的可变性。

2. 工程合同风险管理主要环节

风险管理主要包括风险识别、风险分析和风险处置。

（1）风险识别

要做好风险的处置，首先就要了解风险，了解其产生的原因及其后果。风险识别应从风险分类、风险产生的原因入手。工程合同管理的风险可分为以下几种：

1）项目外界环境风险。

项目外界环境风险包括政治、经济、法律和自然环境风险等。

2）项目组织成员资信和能力风险。

① 业主资信和能力风险。例如，业主企业的经营状况恶化、濒于倒闭，支付能力差，资信不好，撤走资金，恶意拖欠工程款等；业主不能及时供应设备、材料，不及时交付场

地，不及时支付工程款等。

② 承包商（分包商、供货商）资信和能力风险。这类风险主要包括承包商的技术能力、施工力量、装备水平和管理能力不足等。

③ 其他方面，如政府机关工作人员、城市公共供应部门的干预，项目周边或涉及的居民、单位的干预、抗议或苛刻的要求等。

3）管理风险。

① 对环境调查和预测的风险。例如，对现场和周围环境条件缺乏足够全面和深入的调查，对影响投标报价的风险、意外事件和其他情况的资料缺乏足够的了解和预测等。

② 合同条款不严密、错误，工程范围和标准存在不确定性。

③ 承包商投标策略失误，错误地理解业主意图和招标文件，导致实施方案错误、报价失误等。

④ 承包商的技术设计、施工方案、施工计划和组织措施存在缺陷和漏洞，计划不完善。

⑤ 实施控制过程中的风险。例如，合作伙伴争执、责任不明；缺乏有效措施保证进度、安全和质量要求；由于分包层次太多，造成计划执行和调整、实施的困难。

（2）风险分析

风险分析的对象包括风险因素和潜在的风险事件。风险分析的内容主要是分析项目风险因素或潜在风险事件发生的可能性、预期的结果范围、可能发生的时间及发生的频率。

（3）风险处置

常用的风险处置措施主要有四种。

1）风险回避。

风险回避是指考虑项目的风险及其所致损失都很大时，主动放弃或终止该项目以避免与该项目相联系的风险及其所致损失的一种处置风险的方式。

2）风险控制。

对损失小、概率大的风险，可采取控制措施来降低风险发生的概率，如风险事件已经发生，则尽可能降低风险事件的损失，也就是风险降低。风险控制就是为了最大限度地降低风险事故发生的概率和减小损失幅度而采取的风险处置技术。

3）风险转移。

对损失大、概率小的风险，可通过保险或合同条款将责任转移。风险转移主要有保险风险转移和非保险风险转移两种方式。

① 保险风险转移。保险是最重要的风险转嫁方式，通过购买保险的办法，将风险转移给保险公司或保险机构。

② 非保险风险转移。非保险风险转移是指通过保险以外的其他手段将风险转移出去。非保险风险转移主要有担保合同、租赁合同、委托合同、分包合同、无责任约定、合资经营、实行股份制。

保险和担保是风险转移最有效、最常用的方法，是工程合同履约风险管理的重要手段，也是国际通用的做法。

4）风险保留。

对损失小、概率小的风险，保留给自己承担。这种方法通常在下列情况下采用：

① 处理风险的成本大于承担风险所付出的代价。

② 预计某一风险造成的最大损失项目可以安全承担。

③ 当风险回避、风险控制、风险转移等风险处置措施均不可行时。

④ 没有识别出风险，错过了采取积极措施处置的时机。

练习题

一、单选题

1. 某建设单位委托设计院承担办公楼设计任务，设计院在完成设计任务30%时，由于某种原因，办公楼项目停建，建设单位向设计院发出终止合同的通知。依据规定，承担解除合同后果责任的方式应为（　　）。

A. 设计院没收建设单位支付的定金

B. 建设单位支付合同设计费的50%

C. 设计院没收定金，建设单位再支付合同设计费的50%

D. 设计院没收建设单位支付的定金，建设单位再支付合同设计费的30%

2. 设计合同履行过程中，属于设计人责任的是（　　）。

A. 组织对设计文件的审查、鉴定和验收　　B. 办理设计文件的报批手续

C. 选定设计文件依据的设计规范　　D. 为现场的设计人提供必要的工作条件

3. 建设工程监理合同法律关系的客体是（　　）。

A. 监理工程　　B. 监理服务　　C. 监理规划　　D. 监理投标方案

4. 施工过程中，委托人（发包人）对承包人的要求应（　　）。

A. 直接指令承包人执行

B. 与承包人协商后，书面指令承包人执行

C. 通知监理人，由监理人通过协调发布相关指令

D. 与监理人、承包人协商后书面指令承包人执行

5. 监理人实施监督控制权时，征得委托人同意，可以发布的指令不包括（　　）。

A. 开工令　　B. 停工令　　C. 复工令　　D. 验收令

6. 由于设备制造原因导致试车达不到验收要求，则该项拆除、修理和重新安装费用应由（　　）承担。

A. 业主　　B. 承包商　　C. 设备采购方　　D. 设计方

7. 下列有关建筑工程保修期限的说法正确的是（　　）。

A. 地基、主体结构工程50年　　B. 屋面防水工程3年

C. 供热系统为2个采暖期　　D. 装修工程1年

8. 某施工合同约定，建筑材料由发包人供应。材料使用前需要进行检验时，检验由（　　）。

A. 发包人负责，并承担检验费用　　B. 发包人负责，检验费用由承包人承担

C. 承包人负责，并承担检验费用　　D. 承包人负责，检验费用由发包人承担

9. 已竣工工程交付使用之前负责成品保护工作的是（　　）。

A. 建设单位　　B. 施工单位　　C. 监理单位　　D. 协商确定单位

10. 某基础工程隐蔽前已经经过监理人验收合格，在主体结构施工时因墙体开裂，对基础重新检验发

现部分部位存在施工质量问题，则对重新检验的费用和工期的处理表达正确的是（　　）。

A. 费用由监理人承担，工期由承包方承担

B. 费用由承包人承担，工期由发包方承担

C. 费用由承包方承担，工期由承发包双方协商

D. 费用和工期均由承包方承担

11. 竣工验收通过的，实际施工竣工日期为（　　）。

A. 承包方递送竣工验收报告日期　　B. 承包方施工完工日期

C. 竣工验收合格日期　　D. 办理竣工验收手续日期

12. 由发包人采购承包人安装的设备，试车检验发现设备制造质量较差需要更换，则该事件的处理方式应为（　　）。

A. 发包人拆除不合格设备　　B. 发包人负责更换

C. 发包人重新安装　　D. 合同工期不予顺延

13. 在工程施工中由于（　　）原因导致的工期延误，承包方应当承担违约责任。

A. 不可抗力　　B. 承包方的设备损坏

C. 设计变更　　D. 发包人不支付工程进度款

14. 某施工合同履行时，因施工现场还不具备开工条件，已进场的承包人不能按约定日期开工，则发包人（　　）。

A. 应赔偿承包人的损失，相应顺延工期　　B. 应赔偿承包人的损失，但工期不予顺延

C. 不赔偿承包人的损失，但相应顺延工期　　D. 不赔偿承包人的损失，工期不予顺延

15. 支付工程款的前提是（　　）。

A. 招标文件中写明的工程量　　B. 施工合同中约定的工程量

C. 设计文件中标明的工程量　　D. 核实确认已完的工程量

16. 对于单价合同计价方式，确定结算工程款的依据是（　　）。

A. 实际工程量和实际单价　　B. 合同工程量和合同单价

C. 实际工程量和合同单价　　D. 合同工程量和实际单价

17. 固定总价合同，在业主和承包商都无法预测风险的条件下和可能有工程变更的情况下，（　　）。

A. 承包商承担了较少的风险，业主的风险较大　　B. 业主承担了全部风险

C. 承包商承担了较大的风险，业主的风险较小　　D. 承包商承担了全部风险

18. 业主方承担全部工程量和价格风险的合同是（　　）。

A. 变动总价合同　　B. 固定总价合同

C. 成本加酬金合同　　D. 变动单价合同

19. 建设工程总承包模式下，由承包人完成的工作是（　　）。

A. 编制项目可行性研究报告　　B. 进行并负责工程设计

C. 办理项目规划许可证　　D. 负责项目的征地拆迁

20. 某工程施工过程中，由于供货商提供的设备（施工单位采购）质量存在缺陷，导致返工并造成损失。施工单位应向（　　）索赔，以补偿自己的损失。

A. 业主　　B. 监理工程师

C. 设备生产商　　D. 设备供货商

21. 根据《建设工程施工合同（示范文本）》，除专用条款另有约定外，下列合同文件中拥有最优先解释权的是（　　）。

A. 通用合同条款　　B. 投标函及其附录　　C. 技术标准和要求　　D. 中标通知书

22. 发包人和承包人在合同中约定垫资及垫资利息，后双方因垫资返还发生纠纷诉至法院。下列关于该垫资的说法，正确的是（　　）。

A. 法律规定禁止垫资，双方约定的垫资条款无效

B. 发包人应返还承包人垫资，但可以不支付利息

C. 双方约定的垫资条款有效，发包人应返还承包人垫资并支付利息

D. 垫资违反相关规定，应予以没收

二、多选题

1. 在建设工程设计合同的履行中，属于发包人责任的有（　　）。

A. 完成施工中出现的设计变更

B. 提供设计人在现场的工作条件

C. 设计成果完成后向设计审批部门办理报批手续

D. 向施工单位进行设计交底

E. 保护设计人知识产权

2. 建设工程勘察设计合同中，属于勘察设计人责任的有（　　）。

A. 支付勘察设计费

B. 提供开展勘察、设计工作所需的有关基础资料

C. 提交勘察设计成果

D. 勘察设计人员进入现场时，提供必要的生活条件

E. 勘察成果质量不合格，勘察人应无偿补充完善使其达到质量合格

3. 建筑工程施工合同履行过程中，应由发包人完成的工作有（　　）。

A. 保护竣工未交付工程　　B. 向监理人提供工程进度计划

C. 施工现场环境保护　　D. 组织竣工验收

E. 办理施工许可证

4. 属于不可抗力事件发生后，承包人承担的风险范围不包括（　　）。

A. 运至施工现场待安装设备的损害

B. 承包人机械设备的损坏

C. 停工期间，承包人应监理人要求留在施工场地的必要管理人员的费用

D. 施工人员的伤亡费用

E. 工程所需的修复费用

5. 下列关于建设工程施工合同履行过程中，有关隐蔽工程验收和重新检验的提法和做法正确的有（　　）。

A. 监理人不能按时参加验收，须在开始验收前24小时向承包人提出书面延期要求

B. 监理人未能按时提出延期要求，不参加验收，承包人可自行完成覆盖工作

C. 监理人未能参加验收应视为该部分工程合格

D. 监理人没有参与验收，可以提出重新检验需求

E. 由于监理人没有参与验收，则不能提出对已经隐蔽的工程重新检验的要求

6. 建设工程施工分包合同的当事人是（　　）。

A. 发包人　　B. 监理单位　　C. 承包人

D. 监理人　　E. 分包单位

7.《建设工程施工合同（示范文本）》规定，承包人的义务包括（　　）。

A. 已完工程的保护工作　　B. 开通施工场地与城乡公共道路的通道

C. 因承包人原因导致的夜间施工噪声罚款　　D. 施工现场古树名木的保护工作

E. 办理施工许可证

8. 因不可抗力事件导致的费用中，应由发包人承担的有（　　）。

A. 工程本身的损害

B. 承包人的人员伤亡

C. 停工期间，应监理人要求，承包人留在施工场地的必要的管理人员的费用

D. 工程所需清理费用

E. 工程所需修复费用

9. 对于发包人供应的材料设备，（　　）等工作应当由发包人承担。

A. 到货后，通知清点

B. 参加清点

C. 清点后负责保管

D. 支付保管费用

E. 如果质量与约定不符，运出施工场地并重新采购

10. 属于可以顺延的工期延误有（　　）。

A. 发包方不能按合同约定支付预付款，使工程不能正常进行

B. 承包商机械设备损坏

C. 工程量增加

D. 发包方不能按专用条款约定提供施工图

E. 设计变更

11. 建设工程监理合同的当事人有（　　）。

A. 发包人　　B. 监理人　　C. 监理工程师

D. 施工企业　　E. 质量监督站

12. 在竣工验收和竣工结算中，承包人应当（　　）。

A. 申请验收　　B. 组织验收　　C. 提出修改意见

D. 递交竣工结算报告　　E. 移交工程

13. 施工合同履行中造成竣工日期延误，经甲方代表确认，工期相应顺延的情况有（　　）。

A. 甲方没按约定提供图纸　　B. 工程设计变更

C. 不可抗力　　D. 乙方施工机械设备出现故障

E. 甲方没按约定支付工程预付款

14. 在施工合同中，（　　）等工作应由发包人完成。

A. 土地征用　　B. 临时用地、占道申报批准手续

C. 提供基础资料　　D. 提供施工现场

E. 编制施工措施计划

15. 建设工程施工合同的当事人包括（　　）。

A. 建设行政主管部门　　B. 建设单位　　C. 监理单位

D. 施工单位　　E. 材料供应商

16. 根据《建设工程施工合同（示范文本）》，可以顺延工期的情况有（　　）。

A. 发包人未按约定下达开工通知　　B. 发包人未按合同约定提供施工现场

C. 发包人提供的测量基准点存在错误　　D. 监理人未按合同约定发出指示、批准文件

E. 分包商或供货商延误

17. 对于在施工中发生不可抗力，（　　）发生的费用由发包人承担。

A. 工程本身的损害　　B. 发包人人员伤亡
C. 造成承包人施工机械损坏及停工　　D. 所需清理修复工作
E. 承包人人员伤亡

18. 对于在施工中发生不可抗力，其发生的费用和责任的规定有（　　）。
A. 工程本身的损害由发包人承担
B. 人员伤亡由其所属单位负责，并承担相应费用
C. 造成承包人施工机械的损坏及停工等损失，由承包人承担
D. 所需清理修复工作的责任与费用的承担，双方可协商另定
E. 发生的一切损害及费用均由发包人承担

19. 固定总价合同属于承包商应承担的风险有（　　）。
A. 政策法律风险　　B. 不可抗力　　C. 价格风险
D. 工作量风险　　E. 地质勘察

20. 当建设工程施工承包合同的计价方式采用变动单价时，合同中可以约定合同单价调整的情况有（　　）。
A. 工程量发生比较大的变化　　B. 承包商自身成本发生比较大的变化
C. 业主资金不到位　　D. 通货膨胀达到一定水平
E. 国家相关政策发生变化

三、案例分析题

1. 某施工单位承包某工程项目，甲乙双方签订的关于工程价款的合同内容有：

1）建筑安装工程造价660万元，建筑材料及设备费占施工产值的比重为60%。

2）工程预付款为建筑安装工程造价的20%。工程实施后，工程预付款从未施工工程尚需的主要材料及构件的价值达到工程预付款数额时，从每次结算工程价款中按材料和设备占施工产值的比重扣抵工程预付款，竣工前全部扣清。

3）工程进度款逐月计算。

4）工程保修金为建筑安装工程造价的3%，竣工结算月一次扣留。

5）材料和设备价差调整按规定进行（按有关规定上半年材料和设备价差上调10%，在6月一次调增）。工程各月实际完成产值见表6-4。

表6-4　各月实际完成产值

月份	2	3	4	5	6
完成产值（万元）	55	110	165	220	110

【问题】

（1）工程竣工结算的前提是什么？

（2）该工程的工程预付款、预付款起扣点分别为多少万元？

（3）该工程2月—5月每月拨付工程款分别为多少万元？

（4）该工程在保修期间发生屋面漏水，甲方多次催促乙方修理，乙方一再拖延，最后甲方另请施工单位修理，修理费1.5万元，该项费用如何处理？

2. 施工单位与建设单位按《建设工程施工合同（示范文本）》签订某工程建安工程施工合同后，在施工中突遇合同中约定属于不可抗力的事件，造成经济损失（表6-5）和工地全面停工15天。由于合同双方均未投保，建安工程施工单位在合同约定的有效期内，向项目监理机构提出了费用补偿和工程延期申请。

表 6-5　经济损失表

序号	项目	金额（万元）
1	建安工程施工单位采购的已运至现场待安装的工程设备修理费	5.0
2	现场施工人员受伤医疗补偿费	2.0
3	已通过工程验收的供水管爆裂修复费	0.5
4	建设单位采购的已运至现场的水泥损失费	3.5
5	停工期间施工作业人员窝工费	8.0
6	停工期间必要的留守管理人员工资	1.5
7	现场清理费	0.3

【问题】

不可抗力发生的经济损失分别由谁承担？该建安工程施工单位共可获得费用补偿为多少？工程延期要求是否成立？

第 6 章练习题

扫码进入在线练习题小程序，完成答题后可获取答案及其解析。

第7章

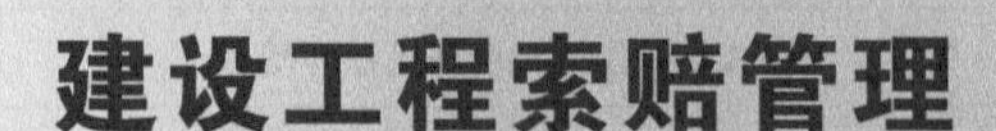

建设工程索赔管理

本章概要及学习目标

索赔的概念、分类，索赔报告的内容及索赔证据，工期索赔和费用索赔的计算，索赔处理程序及典型索赔案例分析。

掌握建设工程索赔管理知识与方法，提高运用法治思维和法治方式维护自身权利、化解矛盾纠纷的意识和能力。

建设工程索赔与合同管理有直接的联系，合同是索赔的依据。建设工程索赔直接关系到建设单位和施工单位双方的利益，在合同实施过程中，由于建设项目的主客观条件发生与原合同约定不一致的情况，使施工单位的实际工程成本增加。施工单位通过索赔，弥补其不应承担的损失；建设单位通过索赔的处理和解决，保证工程顺利进行，使建设项目按期完工，早日投产取得经济收益。

7.1 索赔的基本理论

7.1.1 索赔的基本概念

1. 索赔的含义

索赔，其原意表示“有权要求”，一般是指对某事的一种主张、要求、坚持，没有赔偿的意思。索赔是一种权利主张。

建设工程索赔是指在工程合同履行过程中，当事人一方因非己方的原因而遭受经济损失或工期延误，按照合同约定或法律规定，应由对方承担责任，向对方提出工期和（或）费用补偿要求的行为。

索赔包括索赔和反索赔。一般将承包人向发包人提出的补偿要求称为索赔，发包人向承包人进行的索赔称为反索赔。

2. 索赔的基本特征

1）索赔是双向的，承包人可以向发包人索赔，发包人也可以向承包人索赔。在索赔处

理中，发包人始终处于主动和有利地位。在工程实践中，大量发生的是承包人向发包人的索赔，这也是合同管理的重点内容之一。

2）只有实际发生了经济损失或权利损害，一方才能向对方索赔。经济损失是指因对方原因造成合同外的额外支出，如人工费、材料费、机具使用费、管理费等额外开支；权利损害是指对工程进度的不利影响，承包人有权要求工期延长等。有时上述两者同时存在，如发包人未及时交付合格的施工现场，既造成承包人的经济损失，又侵犯了承包人的工期权利，承包人既可以要求经济赔偿，又可以要求工期延长。

3）索赔是一种未经对方确认的单方行为。索赔要求能否得到最终实现，必须要通过确认（如双方协商、谈判、调解或仲裁、诉讼）后才能实现。

7.1.2　索赔的分类

1. 按索赔有关当事人分类

（1）承包人与发包人之间的索赔

这类索赔大多是有关工程量计算、变更、工期、质量和价格方面的争议，也有因违约行为发生的索赔。

（2）总承包人与分包人之间的索赔

建设工程分包合同履行过程中，索赔事件发生后，无论发包人的原因还是总承包人的原因所致，分包人都只能向总承包人提出索赔要求，不能直接向发包人提出，双方没有合同关系不能提出索赔。

以上两种涉及工程项目建设过程中施工条件或施工技术、施工范围等变化引起的索赔，一般发生频率高，索赔费用大，有时也称为施工索赔。

（3）发包人或承包人与供货人、运输人之间的索赔

如货品质量不符合技术要求、数量短缺、交货拖延、运输损坏等。

（4）发包人或承包人与保险人之间的索赔

此类索赔多是被保险人受到灾害、事故或其他损害或损失，按保险合同向其投保的保险人索赔。

2. 按索赔依据分类

（1）合同内索赔

合同内索赔是指索赔所涉及的内容可以在合同文件中找到依据，并可根据合同规定明确划分责任。一般情况下，合同内索赔的处理和解决要顺利一些。

（2）合同外索赔

合同外索赔是指索赔所涉及的内容和权利难以在合同文件中找到依据，但可从合同条文引申含义和合同适用法律或政府颁发的有关法规中找到索赔的依据。

（3）道义索赔

道义索赔是指承包人在合同内或合同外都找不到可以索赔的依据，因而没有提出索赔的条件和理由，但承包人认为自己有要求补偿的道义基础，而对其遭受的损失提出具有优惠性质的补偿要求。

3. 按索赔目的分类

（1）工期索赔

由于非承包人自身原因造成拖期的，承包人要求发包人延长工期，推迟原规定的竣工日期，避免违约误期罚款等。

（2）费用索赔

费用索赔是指承包人要求发包人补偿费用损失，调整合同价格，弥补经济损失。

4. 按索赔事件的性质分类

按索赔事件的性质分类见表7-1。

表7-1　索赔分类（按索赔事件的性质）

分类	内容
工期拖延索赔	1）发包人未能按合同规定提供施工条件，如未及时交付设计图、技术资料、场地、道路等 2）非承包原因、业主指令停止工程实施 3）其他不可抗力因素等原因，造成工程中断或进度放慢，使工期拖延
不可预见的外部障碍或条件索赔	一个有经验的承包商通常不能预见到的外界障碍或条件，例如，在施工期间，地质与预计的（发包人提供的资料）不同，以及出现未预见到的岩石、淤泥或地下水等
工程变更索赔	由于发包人修改设计、增加或减少工程量、修改实施计划、变更施工次序，造成工期延长和费用损失
工程终止索赔	由于某种原因，如不可抗力因素影响，发包人违约，施工被迫在竣工前停止实施并不再继续进行，使承包人蒙受经济损失
其他索赔	如货币贬值、汇率变化、物价上涨、政策法令变化、业主推迟支付工程款等原因引起的索赔

5. 按索赔处理方式分类

（1）单项索赔

单项索赔是采取一事一索赔的方式，即在每一件索赔事件发生后，报送索赔意向通知书，编报索赔报告，要求单项解决支付，不与其他的索赔事项混在一起。

单项索赔是针对某一干扰事件提出的，在影响原合同正常运行的干扰事件发生时或发生后，由合同管理人员立即处理，并在合同规定的索赔有效期内向发包人或监理人提交索赔意向通知书和索赔报告。

（2）综合索赔

综合索赔又称一揽子索赔，是将整个工程中所发生的索赔综合在一起进行索赔。一般在工程竣工前和工程移交前，承包人将工程实施过程中因各种原因未能及时解决的单项索赔集中起来进行综合考虑，提出一份综合索赔报告，由合同双方在工程交付前后进行最终谈判，以一揽子方案解决索赔问题。

【例题7-1】　关于工程索赔的论述，下列说法正确的是（C）。

A. 工程索赔是指承包人向发包人提出工期和（或）费用补偿要求的行为

B. 由于发包人原因导致分包人遭受经济损失，分包人可直接向发包人提出索赔

C. 只有实际发生了经济损失或权利损害，合同一方才能向对方索赔

D. 由于不可抗力事件造成合同非正常终止，承包人不能向发包人提出索赔

［解析］　选项 A 错误，工程索赔是指在工程合同履行过程中，当事人一方因非己方的原因遭受经济损失或工期延误，按照合同约定或法律规定，应由对方承担责任，而向对方提出工期和（或）费用补偿要求的行为。选项 B 错误，由于发包人原因导致分包人遭受经济损失，分包人不可直接向发包人提出索赔；选项 D 错误，由于不可抗力事件造成合同非正常终止，承包人可以向发包人提出索赔。

【例题 7-2】　下列关于施工索赔的说法，错误的是（B）。

A. 索赔是一种合法的正当权利要求，不是无理争利

B. 索赔是单向的

C. 索赔的依据是签订的合同和有关法律、法规和规章

D. 工程施工索赔的目的是补偿索赔一方在工期和经济上的损失

7.2　索赔的处理与解决

7.2.1　索赔证据

索赔证据作为索赔文件的组成部分，关系到索赔的成功与否，常见的索赔证据主要有：

1）各种合同文件，包括工程合同及附件、中标通知书、投标书、标准和技术规范、设计施工图、工程量清单、工程报价单或预算书、有关技术资料和要求等。具体的如发包人提供的水文地质、地下管网资料，施工所需的证件、批件、临时用地占地证明手续等。

2）经监理人批准的承包人施工进度计划、施工方案、施工组织设计和具体的现场实施情况记录。各种施工报表有：a. 工程施工记录表，这种记录能提供关于气候、施工人数、设备使用情况和部分工程局部竣工等情况；b. 施工进度表；c. 施工人员计划表和人工日报表；d. 施工用材料和设备报表。

3）施工日志及工长工作日志、备忘录等。施工中发生的影响工期或工程资金的所有重大事情均应写入备忘录存档，备忘录应按年、月、日顺序编号，以便查阅。

4）工程有关施工部位的照片及录像等。保存完整的工程照片和录像能有效地显示工程进度，因而除了合同中规定需要定期拍摄的工程照片和录像外，承包人自己应经常注意拍摄工程照片和录像，注明日期，作为可查阅的资料。

5）工程各项往来信件、电话记录、指令、信函、通知、答复等。有关工程的来往信件内容常常包括某一时期工程进展情况的总结以及与工程有关的当事人，尤其是这些信件的签发日期对计算工程延误时间具有很大的参考价值。因此，来往信件应妥善保存。

6）工程各项会议纪要、协议及其他各种签约、定期与发包人代表或监理人代表的谈话

资料等。

7）发包人或监理人发布的各种书面指令书和确认书，以及承包人要求、请求、通知书。

8）气象报告和资料。例如有关天气的温度、风力、雨雪的资料等。

9）投标前发包人提供的参考资料和现场资料。

10）施工现场记录。工程各项有关设计交底记录、变更图、变更施工指令等，施工图及其变更记录、交底记录的送达份数及日期记录，工程材料和机械设备的采购、订货、运输、进场、验收、使用等方面的凭据及材料供应清单、合格证书，工程送电、送水，道路开通、封闭的日期及数量记录，工程停电、停水和干扰事件影响的日期及恢复施工的日期等。

11）工程各项经发包人或监理人签认的签证。例如承包人要求预付通知、工程量核实确认单。

12）工程结算资料和有关财务报告。例如工程预付款、进度款拨付的数额及日期记录、工程结算书、保修单等。

13）各种检查验收报告和技术鉴定报告。监理人签字的工程检查和验收报告，如质量验收单、隐蔽工程验收单、验收记录、竣工验收资料、竣工图等。

14）各类财务凭证。承包人应注意保管和分析工程项目的会计核算资料，以便及时发现索赔机会，准确地计算索赔的款额，争取合理的资金回收。

15）其他。主要包括分包合同、官方的物价指数，以及国家、省、市有关影响工程造价、工期的文件、规定等。

7.2.2　承包人施工索赔的程序

根据合同约定，承包人认为有权得到追加付款和（或）延长工期的，应按以下程序向发包人提出索赔。

1. 发出索赔意向通知书

承包人应在知道或应当知道索赔事件发生后的28天内，向监理人递交索赔意向通知书，并说明发生索赔事件的事由；承包人未在前述28天内发出索赔意向通知书的，丧失要求追加付款和（或）延长工期的权利。

2. 索赔报告的递交

（1）索赔报告的内容

承包人的索赔可分为工期索赔和费用索赔。索赔报告应包括以下内容：

1）标题。索赔报告的标题要简要、准确地概括索赔的中心内容，如“关于……事件的索赔”。

2）事件。详细描述事件过程，主要包括事件发生的工程部位、发生的时间、原因和经过、影响的范围以及承包人当时采取的防止事件扩大的措施、事件持续时间、承包人已经向发包人或监理人报告的次数及日期、最终结束影响的时间、事件处置过程中的有关主要人员办理的有关事项等，还包括双方信件交往、会谈，并指出对方如何违约、证据的编号等。

3）理由。理由是指索赔的依据，主要是法律依据和合同条款的规定。合理引用法律和

合同的有关规定，建立事实与损失之间的因果关系，说明索赔的合理、合法性。

4）结论。结论是指要指出事件造成的损失或损害及其大小，主要包括要求补偿的金额及工期，这部分只需列举各项明细数字及汇总数据即可。

5）详细计算书。为了证实索赔金额和工期的真实性，必须指明计算依据及计算资料的合理性，包括损失费用、工期延长的计算基础、计算方法、计算公式及详细的计算过程及计算结果。

6）附件。附件包括索赔报告中所列举的事实、理由、影响等各种编过号的证明文件和证据、图表。例如往来函件、施工日志、会议记录、施工现场记录、监理人的指示等。

（2）递交索赔报告

1）承包人应在发出索赔意向通知书后 28 天内，向监理人正式递交索赔报告；索赔报告应详细说明索赔理由以及要求追加的付款金额和（或）延长的工期，并附必要的记录和证明材料。

2）索赔事件具有持续影响的，承包人应按合理时间间隔继续递交延续索赔通知，说明持续影响的实际情况和记录，列出累计的追加付款金额和（或）工期延长天数。

3）在索赔事件影响结束后 28 天内，承包人应向监理人递交最终索赔报告，说明最终要求索赔的追加付款金额和（或）延长的工期，并附必要的记录和证明材料。

3. 监理人审核索赔报告

监理人对承包人索赔的审核工作主要分为判定索赔事件是否成立和核查承包人的索赔计算是否正确、合理两个方面，并可在发包人授权的范围内做出自己独立的判断。

承包人索赔要求的成立必须同时具备以下四个条件：

1）与合同相比较，事件已经造成了承包人实际的额外费用增加或工期损失。

2）费用增加或工期损失的原因不是由于承包人自身的责任所造成的。

3）这种经济损失或权利损害不是由承包人应承担的风险所造成的。

4）承包人在合同规定的期限内提交了书面的索赔意向通知书和索赔文件。

上述四个条件必须同时具备，承包人的索赔才能成立。

4. 监理人与承包人协商补偿额和索赔处理意见

监理人核查后初步确定应予以补偿的额度，双方应就索赔的处理进行协商。通过协商达不成共识的，监理人有权单方面做出处理决定。在授权范围内，可将此结果通知承包人，并抄送发包人。补偿款将计入下月支付工程进度款的支付证书内，发包人应在合同规定的期限内支付，延展的工期应加入原合同工期中。如果批准的额度超过监理人的权限，则应报请发包人批准。

对于持续影响时间超过 28 天以上的工期延误事件，当工期索赔条件成立时，对承包人每隔 28 天报送的阶段索赔临时报告审查后，每次均应做出批准临时延长工期的决定，并于事件影响结束后 28 天内承包人提出最终的索赔报告后，批准延展工期总天数。

5. 发包人审查索赔处理

监理人应在收到索赔报告后 14 天内完成审查并报送发包人。监理人对索赔报告存在异议的，有权要求承包人提交全部原始记录副本；发包人应在监理人收到索赔报告或有关索赔的进一步证明材料后的28天内，由监理人向承包人出具经发包人签认的索赔处理结果。发包人逾期答复的，则视为认可承包人的索赔要求。

当索赔数额超过监理人权限范围时，由发包人直接审查索赔报告，并与承包人谈判解决，监理人应参加发包人与承包人之间的谈判，监理人也可以作为索赔争议的调解人。对于数额比较大的索赔，一般需要发包人、承包人和监理人三方反复协商才能做出最终处理决定。

6. 索赔结果的处理

如果承包人同意接受最终的处理决定，索赔事件的处理即告结束，索赔款项在当期进度款中进行支付，承包人不接受索赔处理结果的，则可根据合同约定，将索赔争议提交仲裁或诉讼，使索赔问题得到最终解决。合同各方尽可能以友好协商的方式解决索赔问题。

【例题7-3】 下列关于工程索赔的说法，正确的是（C）。

A. 承包人可以向发包人索赔，发包人不可以向承包人索赔

B. 按处理方式的不同，索赔分为工期索赔和费用索赔

C. 监理人在收到承包人送交的索赔报告的有关资料后28天未予答复或未对承包人做出进一步要求，视为该项索赔已经认可

D. 索赔意向通知书发出后的14天内，承包人必须向监理人提交索赔报告及有关资料

【例题7-4】 承包人因自身原因导致实际施工落后于进度计划，若此时工程的某部位工程施工与其他承包人发生干扰，监理人发布指示改变了其施工时间和顺序导致施工成本的增加和效率降低，此时，承包人（D）。

A. 有权要求赔偿

B. 只能获得增加成本的一定比例的赔偿

C. 由发包人协调不同承包人之间的赔偿问题

D. 无权要求赔偿

［解析］ 承包人因自身原因造成的费用增加不能索赔。

【例题7-5】 《建设工程施工合同（示范文本）》规定，承包商递交索赔报告28天后，监理人未对此索赔要求做出任何表示，则应视为（C）。

A. 监理人已拒绝索赔要求　　B. 承包人需提交现场记录和补充证据资料

C. 承包人的索赔要求已成立　　D. 需等待发包人批准

【例题7-6】 下列事项中，承包人要求的费用索赔不成立的是（B）。

A. 业主未及时供应施工图　　B. 施工单位施工机械损坏

C. 业主原因要求暂停全部项目施工　　D. 因设计变更而导致工程内容增加

【例题 7-7】《建设工程施工合同（示范文本）》，施工中遇到有价值的地下文物后，承包人应立即停止施工并采取有效保护措施，对打乱施工计划的后果责任是（D）。

A. 承包商承担保护费用，工期不予顺延

B. 承包商承担保护费用，工期予以顺延

C. 业主承担保护措施费用，工期不予顺延

D. 业主承担保护措施费用，工期予以顺延

7.2.3　发包人的索赔

1）根据合同约定，发包人认为有权得到赔付金额和（或）延长缺陷责任期的，监理人应向承包人发出通知并附有详细的证明。

发包人应在知道或应当知道索赔事件发生后 28 天内通过监理人向承包人提出索赔意向通知书，发包人未在前述 28 天内发出索赔意向通知书的，丧失要求赔付金额和（或）延长缺陷责任期的权利。发包人应在发出索赔意向通知书后 28 天内，通过监理人向承包人正式递交索赔报告。

2）承包人收到发包人提交的索赔报告后，应及时审查索赔报告的内容，查验发包人的证明材料。

3）承包人应在收到索赔报告或有关索赔的进一步证明材料后 28 天内，将索赔处理结果答复发包人。如果承包人未在上述期限内做出答复，则视为对发包人索赔要求的认可。

4）承包人接受索赔处理结果的，发包人可从应支付给承包人的合同价款中扣除赔付的金额或延长缺陷责任期；发包人不接受索赔处理结果的，按争议解决约定处理。

7.3　费用索赔和工期索赔的计算

7.3.1　费用索赔的计算

1. 可索赔费用的组成

（1）人工费

人工费包括施工人员的基本工资、工资性质的津贴、加班费、奖金以及法定的安全福利等费用。人工费是指完成合同之外的工作所花费的人工费用，由于非承包人责任的工效降低所增加的人工费用，超过法定工作时间的加班劳动费用，法定人工费增长以及非承包人责任工程延期导致的人员窝工费和工资上涨费等。

增加工作内容的人工费应按照计日工费计算，停工损失费和工作效率降低的损失费按窝工费计算，窝工费的标准双方应在合同中约定。

（2）机具使用费

机具使用费由施工机械使用费、仪器仪表使用费或租赁费组成。

$$施工机械使用费 = \sum(施工机械台班消耗量 \times 机械台班单价)$$

仪器仪表使用费是指工程施工所需使用的仪器仪表的摊销及维修费用。

机具使用费的索赔包括：由于完成额外工作增加的机械使用费；非承包人责任工效降低而增加的机械使用费；由于业主或监理工程师原因导致机械停工的窝工费。

当工作内容增加引起设备费索赔时，设备费的标准按照机械台班费计算。因窝工引起的设备费索赔，当施工机械属于施工企业自有时，按照机械折旧费计算索赔费用；当施工机械是租赁设备时，按照设备租赁费计算。

(3) 材料费

材料费的索赔包括：由于索赔事项，材料实际用量超过计划用量而增加的材料费；由于客观原因，材料价格大幅上涨；由于非承包人责任工程延期导致的材料价格上涨和超期储存费用。材料费中应包括运输费、仓储费以及合理的损耗费用。

(4) 管理费

管理费可分为现场管理费和企业管理费两部分。

1）现场管理费是指承包人完成额外工程、索赔事项工作以及工期延长期间的现场管理费，包括管理人员工资、办公、通信、交通费等。

2）企业管理费主要指的是工程延期期间所增加的管理费，包括总部职工工资、办公大楼、办公用品、财务管理、通信设施以及企业领导人员赴工地检查指导工作等开支。

(5) 利润

由于工程范围的变更、文件有缺陷或技术性错误、业主未能提供现场等引起的索赔，承包商可列入利润。对于工程暂停的索赔，而延长工期并未影响削减某些项目的实施，也未导致利润减少。所以，一般监理工程师很难同意在工程暂停的费用索赔中加进利润损失。索赔利润的款额计算通常是与原报价单中的利润百分率保持一致。

(6) 利息

利息的索赔主要包括：发包人拖延支付工程款利息；发包人迟延退还工程质量保证金的利息；承包人垫资施工的垫资利息；发包人错误扣款的利息。有约定的，按约定处理；无约定或约定不明的，可按中国人民银行发布的同期同类贷款利率计算。

(7) 保险费

因发包人原因导致工程延期时，承包人必须办理工程保险、施工人员意外伤害保险的延期手续，由此而增加的费用即保险费的索赔。

(8) 保函手续费

因发包人原因导致工程延期时，保函手续费相应增加。

【例题7-8】 某工程在施工过程中，因不可抗力造成在建工程损失16万元。承包方受伤人员医药费5万元，施工机具费损失6万元，施工人员窝工费2万元，工程清理修复费4万元。承包人及时向项目监理机构索赔申请，并附有相关证明材料。则发包人应批准的补偿金额为（A）万元。

A. 20　　B. 22　　C. 24　　D. 32

[解析] 不可抗力造成损失的处理原则是“各自损失，各自承担”。承包人可以索赔的费用=16万元（工程本身损失）+4万元（清理修复费）= 20万元。

【例题 7-9】 某新校区抗震模拟实验室工程，主体部分采用钢架结构，施工合同约定钢材由业主供料，其余材料均委托承包商采购。但承包商在以自有机械设备进行主体钢结构制作吊装过程中，由于业主供应钢材不及时导致承包商停工 7 天，则承包商计算施工机械窝工费时，应按（D）向业主提出索赔。

A. 机械台班费　　B. 机械租赁费

C. 机械使用费　　D. 机械台班折旧费

［解析］ 施工机械属于施工企业自有时，按照机械台班折旧费计算索赔费用。

【例题 7-10】 承包人可以索赔的人工费，包括（ABCE）。

A. 发包人责任导致的人员窝工费　　B. 工效降低的窝工费

C. 设计变更导致的停工损失　　D. 承包人自有设备的折旧费

E. 完成额外工作增加的人工费

［解析］ 承包人可以索赔的费用，一定是非承包人责任+额外或超支部分。选项 D 的情况属于设备赔偿的范畴，不属于人工费，不予考虑。

【例题 7-11】 因发包人原因导致工程延期时，下列索赔事件能够成立的有（ACDE）。

A. 材料超期储存费用索赔　　B. 材料保管不善造成的损坏费用索赔

C. 现场管理费索赔　　D. 保险费索赔

E. 保函手续费索赔

［解析］ 材料保管不善造成的损坏费用，属于承包人原因，不能索赔。

【例题 7-12】 某施工合同约定人工工资为 200 元/工日，窝工补贴按人工工资的 25%计算，在施工过程中发生了以下事件：①出现异常恶劣天气导致工程停工 2 天，人员窝工 20 个工日；②因恶劣天气导致场外道路中断，抢修道路用工 20 个工日；③几天后，场外停电，造成停工 1 天，人员窝工 10 个工日。承包人可向发包人索赔的人工费为（C）元。

A. 1500　　B. 2500　　C. 4500　　D. 5500

［解析］ ①异常恶劣天气导致的人员窝工，只索赔工期；②③可以索赔人工费。索赔的人工费 = 20 工日×200 元/工日+10 工日×200 元/工日×25% = 4500 元。

【例题 7-13】 当施工机械费用索赔成立时，台班费用不正确的计算方法是（B）。

A. 增加工作按照机械设备台班费计算

B. 按照台班费中的设备使用费计算

C. 停工时自有设备按照台班折旧费计算

D. 停工时租赁设备按照台班租赁费计算

［解析］ 自有设备按照台班折旧费计算；租赁设备按照台班租赁费计算。

【例题7-14】　下列关于索赔计算的说法，正确的是（D）。

A. 人工费索赔包括新增加工作内容的人工费，不包括停工损失费

B. 发包人要求承包人提前竣工时，可以补偿承包人利润

C. 工程延期时，保函手续费不应增加

D. 发包人未按约定时间进行付款的，应按银行同期贷款利率支付迟延付款的利息

［解析］　选项A错误，人工费索赔包含停工损失费；选项B错误，承包人提前竣工时，不能补偿利润；选项C错误，因发包人原因导致的工程延期，保函手续费相应增加。

【例题7-15】　下列各种情况中，施工单位可索赔施工机具使用费的是（AB）。

A. 由于完成额外工作而增加的机械使用费

B. 业主方未及时提供施工图导致机械停工的窝工费

C. 机械配置原因导致机械工效降低而增加的机械使用费

D. 施工机械故障导致机械停工的窝工费

E. 经监理工程师批准的施工方案不当导致机械停工的窝工费

［解析］　施工机具使用费的索赔包括：由于完成额外工作增加的机械使用费；非承包商责任工效降低而增加的机械使用费；由于业主或监理工程师原因导致机械停工的窝工费。选项C、D错误，两者均属于承包人自身责任，不可以索赔。选项E错误，施工方案虽经监理工程师批准，但责任应由承包商自行承担。

▶案例7-1

某工程项目，2019年7月1日—10日突发暴雨。发生以下事件：

事件1：因暴雨导致砌筑工程的砌体及脚手架倒塌，施工单位采购的用于工程安装的窗户发生损坏，据此，施工单位提出了相应的三项索赔：砌体2万元、脚手架3万元、窗户1万元。

事件2：7月11日施工单位清理现场发生费用5万元，7月12日复工。

【问题】

1. 事件1中，逐一指出施工单位能否提出这三项索赔？说明理由。

2. 事件2中，施工单位能否提出5万元的费用索赔？说明理由。

3. 该暴雨事件施工单位共可提出多少天的工期索赔？

【分析】

问题1：事件1中，①可以提出砌体倒塌发生的2万元索赔。理由：不可抗力导致工程本身的损坏由发包人承担。

② 不可以提出脚手架倒塌发生的3万元索赔。理由：脚手架倒塌不是工程本身的损坏，应由施工单位承担。

③ 可以提出窗户损坏发生的 1 万元索赔。理由：运至施工场地用于施工的材料和待安装的设备损坏由发包人承担。

问题 2：事件 2 中，施工单位可提出 5 万元的费用索赔。理由：不可抗力导致工程所需的清理、修复费用由发包人承担。

问题 3：就该事件施工单位共可提出 11 天的工期索赔（包括暴雨 10 天和清理 1 天）。

2. 索赔费用的计算方法

索赔费用的计算方法有实际费用法、总费用法和修正的总费用法。

（1）实际费用法

实际费用法是计算工程索赔时最常用的一种方法。计算原则是以承包人为某项索赔工作所支付的实际开支为根据，向业主要求费用补偿。

（2）总费用法

总费用法是当发生多次索赔事件以后，重新计算该工程的实际总费用，实际总费用减去投标报价时的估算总费用，即为索赔金额。

（3）修正的总费用法

修正的总费用法是对总费用法的改进，在总费用计算的原则上，去掉一些不合理的因素，使其更合理。修正的内容如下：

1）将计算索赔款的时段局限于受到外界影响的时间，而不是整个施工期。

2）只计算受影响时段内的某项工作所受影响的损失，而不是计算该时段内所有施工工作所受的损失。

3）与该项工作无关的费用不列入总费用中。

4）对投标报价费用重新进行核算：受影响时段内该项工作的实际单价乘以实际完成的该项工作的工程量，得出调整后的报价费用。

3. 不允许索赔的费用

在工程施工索赔过程中，有些费用是不允许索赔的。常见的不允许索赔费用有以下几方面：

（1）由于承包人的原因而增大的经济损失

如果发生了发包人或其他原因造成的索赔事件发生，而承包人未采取适当的措施防止或减少经济损失，并由于承包人的原因使经济损失增大，则不允许进行这些经济损失的补偿索赔。这些措施可以包括保护未完工程，合理及时地重新采购器材，重新分配施工力量，如人员、材料和机械设备等。若承包人采取了措施，花费了额外的人力、物力，则可向发包人要求对其所采取的减少损失措施的费用予以补偿，因为这对发包人也是有利的。

（2）因合同或工程变更等事件引起的费用

因合同或工程变更等事件引起的工程施工计划调整，取消材料等物品订单以及修改分包合同等，这些费用的发生一般不允许单独索赔，可以放在现场管理费中予以补偿。

（3）承包人的索赔准备费用

承包人的每一项索赔要获得成功，承包人需要花费大量的人力和精力去进行认真细致的准备工作。有些复杂的索赔情况，承包人还需要聘请索赔专家来进行索赔的咨询工作等。所有这些索赔的准备和聘请专家都会产生开支款额，但这种款额的花费是不允许从索赔费用里得到补偿的。

（4）索赔金额在索赔处理期间的利息

索赔处理的周期是一个比较长的过程，这就存在承包人应索赔款额的利息问题。一般情况下，不允许对索赔款额再另加入利息，除非有确凿的证据证明发包人或监理人故意拖延对索赔事件的处理。

4. 现场签证

承包人应发包人要求完成合同以外的零星项目，发包人应及时以书面形式向承包人发出指令，承包人应及时向发包人提出现场签证要求。

现场签证按照《建设工程工程量清单计价规范》的规定处理，具体如下：

1）承包人应在收到发包人指令后的7天内，向发包人提交现场签证报告，发包人应在收到现场签证报告后的48小时内对报告内容进行核实，予以确认或提出修改意见，否则视为承包人提交的现场签证报告已被发包人认可。

2）现场签证的工作如已有相应的计日工单价，则现场签证中应列明完成该类项目所需的人工、材料、工程设备和施工机械台班的数量。如现场签证的工作没有相应的计日工单价，应在现场签证报告中列明完成该签证工作所需的人工、材料设备和施工机械台班的数量及其单价。

3）合同工程发生现场签证事项，未经发包人签证确认，承包人便擅自施工的，除非征得发包人书面同意，否则发生的费用由承包人承担。

4）现场签证工作完成后的7天内，承包人应按照现场签证内容计算价款，报送发包人确认后，作为增加合同价款，与进度款同期支付。

【例题7-16】 下列关于现场签证的说法错误的是（B）。

A. 承包人应发包人要求完成合同以外的零星项目，发包人应及时以书面形式向承包人发出指令，提供所需的相关资料

B. 承包人应在收到发包人指令后的10天内，向发包人提交现场签证报告，发包人应在收到现场签证报告后的24小时内对报告内容进行核实，予以确认或提出修改意见

C. 合同工程发生现场签证事项，未经发包人签证确认，承包人便擅自施工的，除非征得发包人书面同意，否则发生的费用由承包人承担

D. 发包人在收到承包人现场签证报告后的48小时内未确认也未提出修改意见的，视为承包人提交的现场签证报告已被发包人认可

[解析] 选项B的说法是错误的，正确的是，承包人应在收到发包人指令后的7天内，向发包人提交现场签证报告，发包人应在收到现场签证报告后的48小时内对报告内容进行核实，予以确认或提出修改意见。

7.3.2　工期索赔的计算

1. 工期延误的分类

（1）按工程延误原因划分

1）因发包人及监理人自身原因或合同变更引起的延误。

《建设工程施工合同（示范文本）》(GF—2017—0201）确定的可以顺延工期的条件如下：

在合同履行过程中，因下列情况导致工期延误和（或）费用增加的，由发包人承担由此延误的工期和（或）增加的费用，且发包人应支付承包人合理的利润：

① 发包人未能按合同约定提供图纸或所提供图纸不符合合同约定的。

② 发包人未能按合同约定提供施工现场、施工条件、基础资料、许可、批准等开工条件的。

③ 发包人提供的测量基准点、基准线和水准点及其书面资料存在错误或疏漏的。

④ 发包人未能在计划开工日期之日起 7 天内同意下达开工通知的。

⑤ 发包人未能按合同约定日期支付工程预付款、进度款或竣工结算款的。

⑥ 监理人未按合同约定发出指示、批准等文件的。

⑦ 专用合同条款中约定的其他情形。

2）因承包人原因引起的延误。

① 施工组织不当，如出现窝工或停工待料现象。

② 质量不符合合同要求而造成的返工。

③ 资源配置不足，如劳动力不足、机械设备不足或不配套、技术力量薄弱、管理水平低、缺乏流动资金等造成的延误。

④ 开工延误。

⑤ 劳动生产率低。

⑥ 承包人雇用的分包人或供应商引起的延误等。

上述延误不能得到发包人或监理人给予延长工期的补偿。承包人若想避免或减少工程延误的罚款及由此产生的损失，只有通过加强内部管理或增加投入，或采取加速施工的措施。

3）不可抗力因素导致的延误。

① 不可抗拒的自然灾害导致的延误。例如有记录可查的特殊反常的恶劣天气、不可抗力引起的工程损坏和修复。

② 特殊风险如战争、叛乱、核装置污染等造成的延误。

③ 不利的自然条件或客观障碍引起的延误等。例如现场发现化石、古钱币或文物。

④ 施工现场中其他承包人的干扰。

⑤ 合同文件中某些内容的错误或互相矛盾。

⑥ 罢工及其他经济风险引起延误，如政府抵制或禁运而造成工程延误。

（2）按延误的结果划分

1）可索赔延误。可索赔延误是指非承包人原因引起的工程延误，包括发包人或监理人的原因和双方不可控制的因素引起的延误，并且该延误工序或作业在关键线路上，承包人可提出补偿要求，发包人应给予相应的合理补偿。根据补偿内容的不同，可索赔延误可进一步分为以下三种情况：

① 只可索赔工期的延误。这类延误是由发包人、承包人双方都不可预料、无法控制的原因造成的延误，如不可抗力、异常恶劣气候条件、特殊社会事件、第三方等原因引起的延误。一般发包人只给予承包人延长工期，不给予费用损失的补偿。

② 只可索赔费用的延误。这类延误是指由于发包人或监理人的原因引起的延误，但发生延误的活动对总工期没有影响，而承包人由于该项延误负担了额外的费用损失。在这种情况下，承包人不能要求延长工期，但可要求发包人补偿费用损失。

③ 可索赔工期和费用的延误。这类延误主要是由于发包人或监理人的原因而直接造成工期延误并导致经济损失。例如发包人未及时交付合格的施工现场，既造成承包人的经济损失，又侵犯了承包人的工期权利。在这种情况下，承包人不仅有权向发包人索赔工期，还有权要求发包人补偿因延误而发生的、与延误时间相关的费用损失。

2）不可索赔延误。不可索赔延误是指因承包人自己的过错引起的延误，承包人不应向发包人提出任何索赔，发包人也不会给予工期或费用的补偿。如果承包人未能按期竣工，还应支付误期损害赔偿费。

（3）按延误发生的时间分布划分

按照延误工作所在的工程网络计划分析，工程延误划分为关键线路延误和非关键线路延误。

1）关键线路延误。关键线路延误是指发生在工程网络计划关键线路上活动的延误。关键线路上的延误也就是总工期的延误，并且该责任或风险应该由发包人承担，承包人可以向发包人提出工期索赔。因此，如果延误工作位于关键线路上，非承包方原因的延误均可索赔。

2）非关键线路延误。由于非关键线路上的工作可能存在机动时间，延误工作在非关键线路上，延误时间少于该工作总时差，发包人一般不给予工期顺延。如果承包人延误的时间发生在非关键线路上，且该责任或风险由发包人承担，若延误时间大于该工作总时差，非关键线路会转化为关键线路，可以索赔的工期为延误的时间减去总时差所得的值；若延误时间小于或等于总时差，则没有工期补偿。

【例题7-17】 项目监理机构批准工程延期的基本原则是（D）。

A. 项目监理机构对施工现场进行了详细考察和分析

B. 延期事件发生在非关键线路上，且延长的时间未超过总时差

C. 工作延长的时间超过其相应总时差，且由承包人自身原因引起

D. 延期事件由承包人自身以外的原因造成

［解析］ 由于非承包人原因造成的工期延误，承包人可以提出工期索赔。

【例题7-18】 设备安装完毕进行试车检验的结果表明，由于工程设计原因未能满足验收要求。承包人依据监理工程师的指示按照修改后的设计将设备拆除、修正施工并

重新安装。合同责任应（C）。

A. 追加合同价款但工期不予顺延

B. 由承包人承担费用和工期的损失

C. 追加合同价款并相应顺延合同工期

D. 工期相应顺延但不补偿承包人的费用

［解析］　工程设计原因属于非承包人原因造成的，可以提出索赔。

【例题 7-19】　属于可以顺延的工期延误有（ACDE）。

A. 发包人不能按合同约定支付预付款，使工程不能正常进行

B. 承包人机械设备损坏

C. 工程量增加

D. 发包人不能按专用条款约定提供施工图

E. 设计变更

［解析］　由于非承包人原因造成的工期延误，承包人可以提出工期索赔。

【例题 7-20】　根据规定，导致现场发生暂停施工的下列情形中，承包人在执行监理人暂停施工的指示后，可以要求发包人追加合同价款并顺延工期的有（BCE）。

A. 施工作业方法可能危及邻近建筑物的安全

B. 施工中遇到了有考古价值的文物

C. 发包人订购的设备不能按时到货

D. 施工作业危及人身安全

E. 发包人未能按时移交后续施工的现场

［解析］　由于非承包人原因造成的工期延误，承包人可以提出工期索赔。

2. 工期索赔的计算方法

（1）网络分析法

网络分析法是利用进度计划的网络图，分析其关键线路。如果延误的工作为关键工作，则延误的时间为索赔的工期；如果延误的工作为非关键工作，当该工作由于延误超过时差限制而成为关键工作时，可以索赔延误时间与时差的差值；若该工作延误后仍为非关键工作，则不存在工期索赔问题。

（2）比例分析法

如果某干扰事件仅仅影响某单项工程、单位工程或分部分项工程的工期，要分析其对总工期的影响，可以采用比例分析法。

1）按工程量的比例进行分析。例如：某工程基础施工中出现意外情况，导致工程量由原来的 2800m^3 增加到 3500m^3，原定工期是 40 天，则承包商可以提出的工期索赔值是

$$\text{工期索赔值}=\text{原工期}\times\frac{\text{新增工程量}}{\text{原工程量}}=40\text{ 天}\times\frac{3500\text{m}^3-2800\text{m}^3}{2800\text{m}^3}=10\text{ 天}$$

2）按照造价的比例进行分析。例如：某工程合同价为1200万元，总工期为24个月，施工过程中业主增加额外工程200万元，则承包商提出的工期索赔值为

$$工期索赔值=原合同工期\times\frac{附加或新增工程造价}{原合同总价}=24个月\times\frac{200}{1200}=4个月$$

▶案例7-2

某建筑公司作为承包人于某年5月20日签订了某工业厂房的施工合同。承包人编制的施工方案和进度计划已获监理人批准。该工程的基坑开挖土方量5000m^3，每天开挖土方量500m^3，基础混凝土浇筑量为3000m^3，每天混凝土浇筑量为200m^3。工程合同约定6月11日开工，6月20日完工。在实际施工中发生了以下几项事件：

事件1：在施工过程中，因租赁的挖掘机出现故障，造成停工2天、人员窝工10个工日。

事件2：因发包人延迟8天提交施工图，造成停工8天、人员窝工200个工日。

事件3：在基坑土方开挖过程中，因遇软土层，接到监理人停工5天的指令，进行地质复查，配合用工20个工日。

事件4：接到监理人的复工令，同时提出基坑开挖深度加深2m的设计变更通知单，由此增加土方开挖量1000m^3。

事件5：接到监理人的指令，同时提出混凝土基础加深2m的设计变更通知单，由此增加基础混凝土浇筑量800m^3。

【问题】

1. 上述哪些事件建筑公司可以向厂方要求索赔？哪些事件不可以向业主要求索赔？说明原因。

2. 每项事件工期索赔各是多少天？工期索赔总计多少天？

【分析】

问题1：

事件1：不能提出索赔要求，因为租赁的挖掘机出现故障导致的延迟属于承包人应承担的责任。

事件2：可提出索赔要求，因为延迟提交施工图属于发包人应承担的责任。

事件3：可提出索赔要求，因为地质条件变化属于发包人应承担的责任。

事件4：可提出索赔要求，因为这是由设计变更引起的。

事件5：可提出索赔要求，因为这是由设计变更引起的。

问题2：

事件2：可索赔工期8天。

事件3：可索赔工期5天。

事件4：可索赔工期2天（1000÷500）。

事件5：可索赔工期4天（800÷200）。

可索赔工期总计为19天（8天+5天+2天+4天）。

▶案例 7-3

某建设工程实行施工总承包，合同约定赶工措施费为 1 万元/天。双方就某分部工程的施工计划达成一致。

施工过程中，C 工作完成后 G 工作开始前，因建设单位对 G 工作进行设计变更导致 G 工作延误 7 天（但 G 工作有 5 天的总时差），造成施工单位用于该工作的一台机械设备（租赁）窝工，该机械设备台班使用费为 1000 元/台班，租赁费为 700 元/台班，折旧费为 500 元/台班。建设单位要求施工单位采取赶工措施，使工程按原计划完成。施工单位提出赶工措施费 7 万元和施工机械窝工费 2000 元（2 天×1000 元/台班）的索赔（假设施工机械每天工作一个台班）。

【问题】

施工单位的索赔是否合理？说明理由。

【分析】

（1）施工单位提出的赶工措施费 7 万元不合理。因为设计变更造成 7 天工期延误虽然是非承包人责任，但 G 工作有 5 天的总时差，因此总工期只延长 2 天，所以承包人只需要赶工 2 天，相应地应提出 2 万元的赶工措施费。

（2）施工单位提出施工机械窝工费 2000 元的索赔不合理。该机械属租赁使用，应按租赁费提出索赔，且可以索赔 7 天，所以应提出 7 天×700 元/台班 = 4900 元的费用索赔。

▶案例 7-4

某大学城工程，包括结构形式与建设规模一致的四栋单体建筑。A 施工单位与建设单位签订了施工总承包合同，合同约定，除主体结构外的其他分部分项工程施工，总承包单位可以自行依法分包，建设单位负责供应油漆等部分材料。

B 施工单位作为 A 的分包单位完成油漆作业之后，发现油漆成膜存在质量问题，经鉴定，原因是油漆材质不合格。B 施工单位就由此造成的返工损失向 A 施工单位提出索赔，A 施工单位以油漆属建设单位供应为由，认为 B 施工单位应直接向建设单位提出索赔。

B 施工单位直接向建设单位提出索赔。但建设单位认为油漆在进场时已由 A 施工单位进行了质量验证并办理接收手续，其对油漆材料的质量责任已经完成，因油漆不合格返工的损失应由 A 施工单位承担，因而拒绝受理 B 施工单位的该项索赔。

【问题】

指出上述事件处理错误之处，并说明理由。

【分析】

（1）错误一：A 施工单位以油漆属建设单位提供为由，认为 B 施工单位应直接向建设单位提出索赔。理由：B 单位与 A 单位有合同关系。而 B 单位作为分包单位与建设单位没有合同关系，不能提出索赔。

(2) 错误二：建设单位认为油漆进场时已由A施工单位进行了质量验证并办理接收手续，其对油漆的质量责任已经完成，因油漆不合格而返工的损失应由A施工单位承担，建设单位拒绝受理该索赔。理由：业主采购的物资，A施工单位的验证不能取代业主对其采购物资的质量责任。

▶案例7-5

某群体工程，建设单位分别与施工单位、监理单位按照《建设工程施工合同（示范文本）》(GF—2017—0201)、《建设工程监理合同（示范文本）》(GF—2012—0202) 签订了施工合同和监理合同。

合同履行过程中，发生了下列事件：

事件1：某单位工程的施工进度计划网络图如图7-1所示。因工艺设计采用某专利技术，工作F需要工作B和工作C完成以后才能开始施工。监理工程师要求施工单位对该进度计划网络图进行调整。

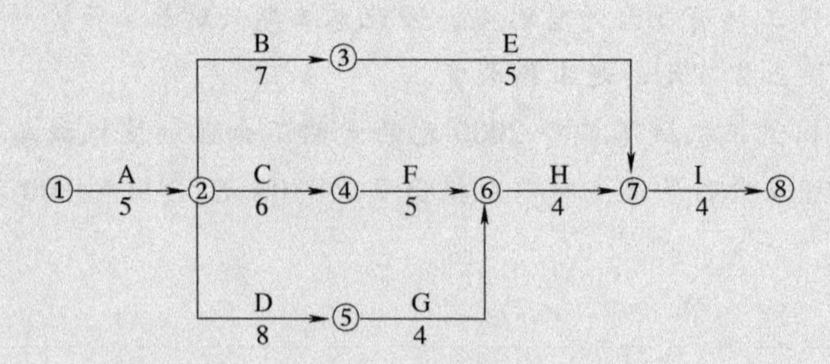

图7-1　施工进度计划网络图（单位：月）

事件2：施工过程中发生索赔事件如下：

(1) 由于项目功能调整变更设计，导致工作C中途出现停工，持续时间比原计划超出2个月，造成施工人员窝工损失13.6万元/月×2月=27.2万元。

(2) 当地发生暴雨引发泥石流，导致工作E停工，清理恢复施工共用3个月，造成施工设备损失费用8.2万元、清理和修复过程费用24.5万元。

针对上述事件1、事件2，施工单位在有效时限内分别向建设单位提出2个月、3个月的工期索赔以及27.2万元、32.7万元的费用索赔（所有事项均与实际相符）。

【问题】

1. 绘制事件1中调整后的施工进度计划网络图，指出其关键线路（用工作表示），并计算其总工期。

2. 针对事件2，施工单位提出的两项工期索赔和两项费用索赔是否成立？说明理由。

【分析】

问题1：只需要将③→④之间增加一个虚工作即可（图7-2）。

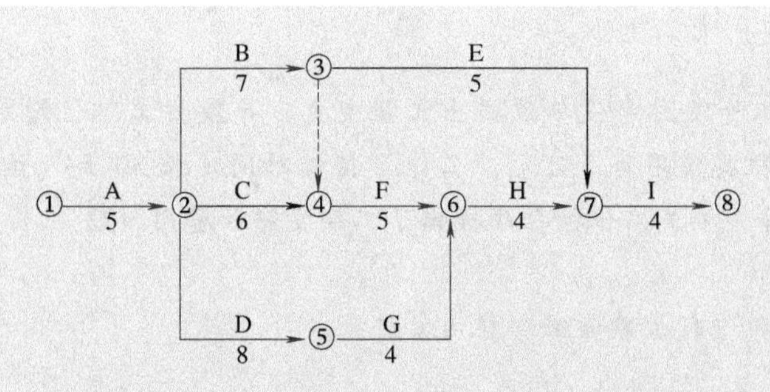

图 7-2　调整后的施工进度计划网络图（单位：月）

关键线路有两条，分别是 A→B→F→H→I 和 A→D→G→H→I。

总工期=(5+7+5+4+4) 或 (5+8+4+4+4)个月=25 个月。

问题 2：事件 2 中的（1）工期索赔 2 个月不成立（工期索赔成立，但是只可以索赔 1 个月）。

理由：该事件是非承包商原因造成的，且工作 C 延误 2 个月，使该项目总工期变成 26 个月，也就是总工期延长 1 个月，所以工期只可以索赔 1 个月。

事件 2 中的（1）费用索赔成立，可以索赔 27.2 万元。

理由：该事件是非承包商原因造成的，所以费用索赔成立，且工作 C 延误造成施工人员窝工损失 13.6 万元/月×2 个月=27.2 万元，可以索赔 27.2 万元。

事件 2 中的（2）工期索赔不成立。

理由：发生暴雨引发泥石流属于不可抗力，按照相关规定，虽然不可抗力造成的工期延误可以顺延，因为 E 为非关键工作，其总时差为 4 个月，不可抗力导致了工期延误 3 个月，可见延误时长未超过总时差，对总工期并没有造成影响，所以工期索赔不成立。

事件 2 中的（2）工作 E 索赔 32.7 万元费用不合理。

理由：在 32.7 万元费用中，有 8.2 万元是不可抗力导致施工设备损失的费用。因不可抗力导致的施工单位人员和施工机械损失，不能向建设单位索赔，需要施工单位自己承担。

而 24.5 万元的清理和修复费用是可以索赔的，因为不可抗力发生后的清理和维修费用应该由建设单位承担。

▶案例 7-6

某施工单位与建设单位按《建设工程施工合同（示范文本）》签订了可调整价格施工承包合同，合同工期 390 天，合同总价 5000 万元。该工程在施工过程中出现了以下事件：

事件 1：因地质勘探报告不详，出现图纸中未标明的地下障碍物，处理该障碍物导致工作 A 持续时间延长 10 天（该工作处于非关键线路上且延长时间未超过总时差），增加人工费 2 万元、材料费 4 万元、施工机具使用费 3 万元。

事件 2：因不可抗力而引起施工单位的供电设施发生火灾，使工作 C 持续时间延长 10 天（该工作处于非关键线路上且延长时间未超过总时差），增加人工费 1.5 万元、其他损失费用5万元。

事件3：结构施工阶段因建设单位提出工程变更，导致施工单位增加人工费4万元、材料费6万元、施工机具使用费5万元，工作E持续时间延长30天（该工作处于关键线路上)。针对上述事件，施工单位按程序提出了工期索赔和费用索赔。

【问题】

上述事件是否可以进行工期索赔和费用索赔？

【分析】

事件1：图纸未标明的地下障碍物属于建设单位风险的范畴，当承包人遇到不利物质条件时可以合理得到工期和费用补偿。因为事件1中工作A位于非关键线路上，且延期都未超过该工作的总时差，所以工期索赔不成立。

事件2：建设单位承担不可抗力的工期风险，发生的费用由双方分别承担各自的费用损失，因此只能合理获得工期补偿。因为事件2中工作C位于非关键线路上，且延期都未超过该工作的总时差，所以工期索赔不成立。

事件3：建设单位工程变更属于建设单位的责任，可以获得工期和费用补偿。该工作处于关键线路上，所以本案例中施工单位得到的工期补偿为事件3中工作E的延期30天。

能得到费用补偿的有事件1 9(2+4+3) 万元、事件3 15(4+6+5) 万元。

练习题

一、单选题

1. 发生索赔事件时，对于承包人自有的施工机械窝工，其费用索赔通常按照（　　）进行计算。

A. 台班折旧费　　B. 台班费　　C. 设备使用费　　D. 进出场费用

2. 承包人受到不属于其应承担责任事件而受到损害，应在事件发生后28天内首先向监理人提交（　　）。

A. 索赔证据　　B. 索赔意向通知书

C. 索赔依据　　D. 索赔报告

3. 索赔事件发生（　　）天内，承包人应向监理人发出索赔意向通知书。

A. 14　　B. 10　　C. 28　　D. 56

4. 索赔是指在合同的实施过程中，（　　）因对方不履行或未能正确履行合同所规定的义务遭受损失后，向对方提出的补偿要求。

A. 业主方　　B. 第三方　　C. 承包商　　D. 合同中的一方

5. 下列关于承包人提交索赔意向通知书的说法中，正确的是（　　）。

A. 承包人应向发包人提交索赔意向通知书

B. 承包人应向监理人提交索赔意向通知书

C. 承包人提交索赔意向通知书没有期限限制

D. 承包人不提交索赔意向通知书不会导致索赔权利的丧失

6. 某施工合同履行时，因施工现场还不具备开工条件，已进场的承包人不能按约定日期开工，则发包人（　　）。

A. 应赔偿承包人的损失，相应顺延工期　　B. 应赔偿承包人的损失，但工期不予顺延

C. 不赔偿承包人的损失，但相应顺延工期　　D. 不赔偿承包人的损失，工期不予顺延

7. 下列关于判断承包人索赔成立条件的说法，错误的是（　　）。

A. 与合同相对照，事件已经造成了承包人施工成本的额外支出或总工期延误

B. 造成费用增加或工期延误的原因不属于承包人应该承担的责任

C. 承包人按合同规定提交了索赔意向通知书和索赔报告

D. 以上条件必须具备两项或两项以上

8. 下列关于承包人索赔的说法，错误的是（　　）。

A. 只能向有合同关系的对方提出索赔

B. 监理人可以对证据不充分的索赔报告不予理睬

C. 监理人的索赔处理决定不具有强制性的约束力

D. 索赔处理应尽可能协商达成一致

9. 某建筑工程，在地基基础土方回填过程中，承包人未通知监理人验收情况下即进行了土方回填。事后，监理人要求对已经隐藏的部位重新进行剥离检查，检查发现质量符合合同要求，所发生的费用应由（　　）承担，并应承担工期延误的责任。

A. 发包人　　B. 承包人

C. 发包人和承包人共同　　D. 监理人

10. 因设计图存在严重缺陷而导致工程质量事故，承包人就工程损失应向（　　）提出索赔要求。

A. 设计单位　　B. 发包人

C. 发包人和设计单位　　D. 发包人或设计单位

11. 由于业主提供的设计图错误导致分包人返工，为此分包人向承包商提出索赔。承包商（　　）。

A. 因不属于自己的原因拒绝索赔要求

B. 认为索赔成立，先行支付后再向业主索赔

C. 不予支付，以自己的名义向监理人提交索赔通知

D. 不予支付，以分包人的名义向监理人提交索赔通知

12. 由承包人负责采购的材料设备，到货检验时发现与标准要求不符，承包人按监理人要求进行了重新采购，最后达到了标准要求。处理由此发生的费用和延误的工期的正确方法是（　　）。

A. 费用由发包人承担，工期给予顺延　　B. 费用由承包人承担，工期不予顺延

C. 费用由发包人承担，工期不予顺延　　D. 费用由承包人承担，工期给予顺延

13. 下列干扰事件中，承包人不能提出工期索赔的是（　　）。

A. 开工前业主未能及时交付施工图　　B. 异常恶劣的气候条件

C. 业主未能及时支付工程款造成工期延误　　D. 监理工程师指示承包商加快施工进度

14. 在工程施工中，经监理人检验合格已经覆盖的工程，监理人重新检验不合格，由此发生的费用应当全部由（　　）承担。

A. 发包人　　B. 监理人　　C. 承包人　　D. 监理单位

15. 关于建设工程索赔成立条件的说法，正确的是（　　）。

A. 导致索赔的事件必须是对方的过错，索赔才能成立

B. 只要对方存在过错，不管是否造成损失，索赔都能成立

C. 只要索赔事件的事实存在，在合同有效期内任何时候提出索赔都能成立

D. 不按照合同规定的程序提交索赔报告，索赔不能成立

16. 发包人负责采购的一批钢窗，运到工地与承包人共同清点验收后存入承包人仓库。钢窗安装完毕，监理工程师检查发现，由于钢窗质量原因出现较大变形，要求承包人拆除，则此质量事故（　　）。

A. 所需费用和延误工期由承包人负责

B. 所需费用和延误工期由发包人负责

C. 所需费用给予补偿，延误工期由承包人负责

D. 延误工期应予顺延，费用由承包人承担

17. 某基础工程施工过程中，承包人未通知监理人检查即自行隐蔽，后又遵照监理人的指示进行剥露检验，经与监理人共同检验，确认该隐蔽工程的施工质量满足合同要求。下列关于处理此事件的说法，正确的是（　　）。

A. 给承包人顺延工期并追加合同价款　　B. 给承包人顺延工期，但不追加合同价款

C. 给承包人追加合同价款，但不顺延工期　　D. 工期延误和费用损失均由承包人承担

18. 下列承包人向业主提出的施工机械使用费的索赔中，监理工程师不予支持的是（　　）。

A. 由于完成额外工作增加的机械使用费

B. 非承包人责任工效降低而增加的机械使用费

C. 承包人原因造成的承包人自有设备台班损失费

D. 业主或监理工程师原因导致机械停工的窝工费

二、多选题

1. 按照索赔目的，索赔分为（　　）。

A. 费用索赔　　B. 管理索赔　　C. 综合索赔

D. 工期索赔　　E. 单项索赔

2. 在建设工程施工索赔中，监理人判定承包人索赔成立的条件包括（　　）。

A. 事件造成了承包人施工成本的额外支出或总工期延误

B. 造成费用增加或工期延误的原因，不属于承包人应承担的责任

C. 造成费用增加或工期延误的原因，属于分包人的过错

D. 按合同约定的程序，承包人提交了索赔意向通知书

E. 按合同约定的程序，承包人提交了索赔报告

3. 承包人可以就下列（　　）事件的发生向业主提出索赔。

A. 施工中遇到地下文物被迫停工　　B. 施工机械大修，误工 3 天

C. 材料供应商延期交货　　D. 业主要求提前竣工，导致工程成本增加

E. 设计图错误，造成返工

4. 监理人依据施工现场的下列情况向承包人发布暂停施工指令时，其中应顺延合同工期的情况有（　　）。

A. 地基开挖遇到勘察资料未标明的断层，需要重新确定基础处理方案

B. 发包人订购的设备未能按时到货

C. 施工作业方法存在重大安全隐患

D. 后续施工现场未能按时完成移民拆迁工作

E. 施工中遇到有考古价值的文物需要采取保护措施予以保护

5. 下列在施工过程中因不可抗力事件导致的损失，应由发包人承担的有（　　）。

A. 施工现场待安装的设备损坏　　B. 承包人的人员伤亡

C. 在现场的第三方人员伤亡　　D. 承包人设备损失

E. 清理费用

6. 下列在施工过程发生的事件中，可以顺延工期的情况包括（　　）。

A. 不可抗力事件的影响　　B. 承包人采购的施工材料未按时交货

C. 施工许可证没有及时颁发　　D. 不具备合同约定的开工条件

E. 监理人未按合同约定提供所需指令

7. 以下对索赔的表述中，正确的是（　　）。

A. 索赔要求的提出不需经对方同意

B. 双方有合同关系才可以索赔

C. 应在索赔事件发生后的 28 天内递交索赔报告

D. 监理人的索赔处理决定超过权限时应报发包人批准

E. 承包人必须执行监理人的索赔处理决定

8. 某工程实行施工总承包模式，承包人将基础工程中的打桩工程分包给某专业分包单位施工，施工过程中发现地质情况与勘察报告不符而导致打桩施工工期拖延。在此情况下，（　　）可以提出索赔。

A. 承包人向发包人　　B. 承包人向勘察单位

C. 分包人向发包人　　D. 分包人向承包人

E. 发包人向监理

9. 在建设工程项目施工过程中，施工机具使用费的索赔款项包括（　　）。

A. 因机械故障停工维修而导致的窝工费

B. 因监理工程师指令错误导致机械停工的窝工费

C. 非承包商责任导致工效降低而增加的机械使用费

D. 因机械操作工患病停工而导致的机械窝工费

E. 由于完成额外工作增加的机械使用费

三、案例分析题

1. 某工程项目通过公开招标的方式确定了三家施工单位承担该项工程的全部施工任务，建设单位分别与 A 公司签订了土建施工合同；与 B 公司签订了设备安装合同；与 C 公司签订了电梯安装合同。三个合同协议中都对甲方提出了一个相同的条款，即“建设单位应协调现场其他施工单位，为三家公司创造可利用条件”。合同执行过程中发生以下事件：

事件 1：A 公司在签订合同后因自身资金周转困难，随后和承包商 D 公司签订了分包合同，在分包合同中约定承包商 D 按照建设单位（业主）与承包商 A 约定的合同金额的 10% 向承包商 A 支付管理费，一切责任由承包商 D 承担。

事件 2：由于 A 公司在现场施工时间拖延 5 天，造成 B 公司的开工时间相应推迟了 5 天，B 公司向 A 公司提出了索赔。

事件 3：顶层结构楼板吊装后，A 公司立刻拆除塔式起重机，改用卷扬机运材料做屋面及装饰；C 公司按原计划由甲方协调使用塔吊将电梯设备吊运至 9 层楼顶的设想落空后，提出用 A 公司的卷扬机运送，A 公司提出卷扬机吨位不足，不能运送。最后，C 公司只好为电梯设备的吊装重新设计方案。C 公司就新方案的实施引起的费用增加和工期延误向建设单位提出索赔。

【问题】

（1）事件 1 中 A 公司的做法是否符合有关法律规定？其行为属于什么行为？

（2）事件 2 中 B 公司向 A 公司提出索赔是否正确？如不正确，说明正确的做法。

（3）事件 3 中 C 公司向建设单位提出的索赔是否合理？说明理由。

2. 某建设单位（甲方）与某建筑公司（乙方）订立了基础施工合同，同时又与丙公司订立了工程降水合同，基础施工合同约定采用综合单价承包。该基础工程施工网络

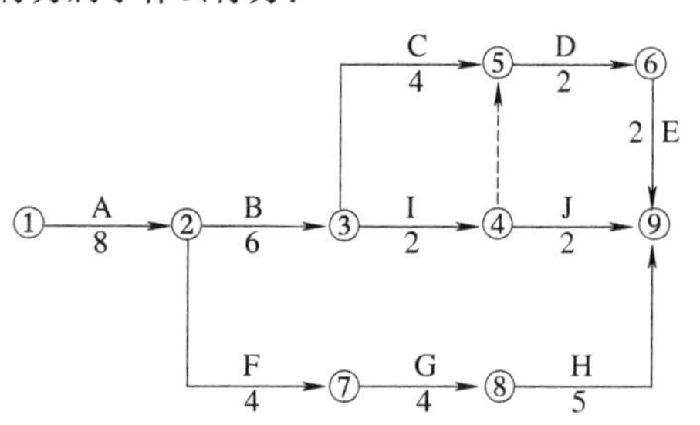

图 7-3　施工网络计划图（单位：天）

计划如图 7-3 所示。

甲乙双方约定某年 6 月 15 日开工，在工程施工中发生了以下事件：

事件 1：由于降水施工方（丙公司）原因，致使工作 J 推迟了 2 天。

事件 2：6 月 21 日—22 日，因乙方机械故障造成工作 A 停工 2 天。

事件 3：因设计变更，工作 B 的土方工程量由 $300m^3$ 增至 $350m^3$，工作持续时间增加 1 天。

【问题】

(1) 在不考虑上述事件的情况下，说明该网络计划的关键线路，并指出组成关键线路的工作。

(2) 在不考虑上述事件的情况下，该工程的总工期是多少天？

(3) 乙方可以提出工期索赔要求的事件有哪些？简述理由。

3. 某施工单位与业主签订了某综合楼工程施工合同。在施工中发生了以下事件：

事件 1：因施工单位租赁的挖土机大修，拖延开工 2 天。

事件 2：基坑开挖后，因发现了软土层，施工单位接到了监理工程师停工的指令，拖延工期 10 天。

事件 3：在主体结构施工中，因连续罕见特大暴雨，被迫停工 3 天。

假设上述事件均发生在关键线路上。

【问题】

施工单位对上述哪些事件向业主要求工期索赔成立？哪些工期索赔不成立？说明理由。

第 7 章练习题

扫码进入在线练习题小程序，完成答题后可获取答案及其解析。

第8章 国际工程招标投标与合同条件

本章概要及学习目标

国际工程的概念，国际工程招标投标与国内工程招标投标的区别及注意事项，国际工程合同。

掌握国际建筑市场招标投标相关规则，树立积极拓展建筑行业海外市场，发挥自身优势，打造中国品牌的信心。

国际工程是指一个工程项目从咨询、投资、招标投标、承包、设备采购、培训到施工监理，各个阶段的参与者来自不同的国家，并且按国际通用的工程管理模式进行管理和实施的工程。国际工程包括在国内进行的涉外工程和在国外进行的海外工程。

8.1 国际工程招标

国际工程招标是指由发包人（业主）就拟建工程项目的内容、要求和预选投标人的资格等提出条件，通过公开或非公开的方式邀请投标人根据上述条件提出报价、施工方案和施工进度等，然后由发包人择优选定投标人的过程。择优一般是指选择具有最佳技术，可实现最佳质量，工程费用最低和利用最短工期的投标人（承包人）。发包人要想在众多的投标人中选出在上述四个方面均具有优势的投标人是比较困难的，发包人应根据自己的资金能力、项目的具体要求、投标人的专长和所报的价格与条件来确定中标者。

8.1.1 招标方式

国际上通常采用两类招标方式：一类是竞争性招标，分为公开招标和选择性招标，也就是国内常提到的公开招标和邀请招标；另一类是非竞争性招标，主要是指谈判招标，一般适用于专业技术较强、施工难度较大、多数投标人难以胜任的工程项目，在这种招标方式下，投标人能否中标的决定因素主要不是价格，而是投标人的技术能力、施工质量和工期等条件。

8.1.2　资格预审

国际工程的资格预审文件一般由设计单位或咨询公司来编制，其主要内容包括工程项目简介、对投标人的要求、各种附表等。招标人应事先组织业主代表、财务和技术专家、资金提供部门等有关人员组成资格预审评定委员会，本着完全性、有效性、正确性的原则对收到的资格预审文件从财务方面、施工经验、人员、设备等方面进行评审，具体做法与国内工程类似。

8.1.3　开标、评标与定标

在规定的日期、时间、地点当众宣布所有投标人递送的投标文件中的投标人名称及报价，使全体投标人了解各家标价和自己在其中的顺序。替代方案的报价也在开标时宣读。之后转入评标阶段。

开始评标之前，招标人要组织由招标人、咨询设计单位、资金提供者、有关方面专家（技术、经济合同）等人员成立评标委员会。就施工项目评标而言，评标主要包括两方面的工作：一方面是符合性检验，即审查投标文件的符合性和核对投标报价；另一方面是实质性响应，即检查投标文件是否符合招标文件的实质性要求。

定标即最后决定中标者并授予合同。定标前招标人要与中标者进行谈判，达成的协议应有书面记载，根据协议编写合同协议书备忘录或附录。谈判结束，双方各派一名高级代表审阅合同文件，每页均要签字。

招标人拒绝全部投标的情况就是废标。招标人废标一般基于以下三种情况：

1）最低投标报价超过标底 20%以上。

2）投标书均不符合招标文件的要求。

3）投标人数量过少（不超过 3 家），没有竞争性。

8.2　国际工程投标报价及应注意的问题

国际工程投标是以投标人为主体从事的活动。它是指投标人根据招标文件的要求，在规定的时间并以规定的方式，投报拟承包工程的实施方案及所需的全部费用，争取中标的过程。国际工程投标要经过投标前的准备、项目投标决策、确定标价、标书制作与递交、竞标等程序。

8.2.1　投标前的准备

1. 收集有关信息和资料

投标竞争，实质上是各个投标人之间实力、经验、信誉以及投标策略和技巧的竞争，特别是国际竞争性投标，不仅是一项经济活动，而且受到政治、法律、资金、商务、工程技术等多方面因素的影响，是一项复杂的综合经营活动。因此，投标信息资料收集工作对于综合经营活动的顺利进行是十分重要的。投标前收集的有关信息可能直接影响中标率的大小，其

准备工作应从以下三方面入手：

（1）政治、社会和法律方面

通过我国驻外使领馆了解和调查工程项目所在国的社会制度、政治制度以及法律法规范本，与投标人活动有关的经济法、工商企业法、建筑法、劳动法、税法、金融法、外汇管理法、经济合同法以及经济纠纷的仲裁程序等。此外，投标人还必须了解当地的民法、民事诉讼法及移民法和外国人管理法。

（2）自然条件、市场情况

对自然条件的了解主要是调查工程所在国当地的地理条件、水文地质条件和气候条件。而市场情况的调查就必须深入了解工程所在国当地建筑材料、人工、机械等供应情况以及当地的物价指数和通货膨胀情况等。

（3）工程项目情况

它主要是调查业主的声誉、资金支付能力等情况。

2. 组成投标小组

如果是一个投标人单独投标，当投标人决策要投标之后，最主要的工作是组成投标小组。投标小组应该考虑由具备以下基本条件的人员组成：

1）熟悉了解有关外文招标文件，对投标、合同谈判和合同签约有丰富经验的人员。

2）对该国有关经济合同方面的法律和法规有一定了解的人员。

3）有丰富的工程经验、熟悉施工的工程师，还有具备设计经验的设计工程师。从设计或施工的角度，对招标文件的设计施工图提出改进方案或备选方案，以节省投资和加快工程进度。

4）熟悉物资采购的人员。因为一个工程的材料、设备开支往往占工程造价的一半以上。

5）有精通工程报价的经济师或会计师。

6）国际工程翻译。除专业翻译外，参与投标的人员也应该有较高的外语水平，这样可以取长补短，避免工程翻译不精通专业技术和合同管理而出现失误。

总之，投标小组最好由多方面的人才组成。一个投标人应该有一个按专业或承包地区组成的稳定的投标小组，但应避免把投标人员和实施人员完全分开的做法，部分投标人员必须参加所投标的工程的实施，这样才能减少工程实施中的失误和损失，不断地总结经验，提高总体投标水平。

3. 联营体

联营体是在国际工程承包和咨询时经常采用的一种组织形式，是针对一个工程项目的招标，由一个国家或几个国家的投标人组成的一个临时合伙式的组织参与投标，并在中标后共同实施项目。一般如果不中标，则联营体解散。在以后其他项目投标和实施需要时再自由组织，不受上一个联营体的约束和影响。

（1）主要优点

组成联营体可以优势互补，例如，可以弥补技术力量的不足，有助于通过资格预审和在项目实施时取长补短，可以加大融资能力；对大型项目而言，组成联营体可减轻每一个公司在周转资金方面的负担。组成联营体还可以分散风险，在投标报价时合作提出备选方案，有助于工程的顺利实施。

（2）主要缺点

因为联营体的各个成员是临时性的合作，彼此不易搞好协作，有时难以迅速决策，解决这个问题需要在签订组成协议时明确各方的职责、权利和义务。

4. 询价

询价是投标人在投标前必做的一项工作，因为投标人在承包活动中，不仅需要提供设备和原材料，还要关注生活物资和劳务的价格，询价的目的在于准确地核算工程成本，以做出既有竞争力又能获利的报价。

8.2.2　项目投标决策

项目投标决策时一般考虑以下几个方面的因素：

（1）投标人因素

投标人因素包括主观条件因素，即有无完成此项目的实力以及对投标人目前和今后的影响，主要包括投标人的施工能力和特点、投标人的设备和机械，特别是临近地区有无可供调用的设备和机械、有无从事过类似工程的经验、有无垫付资金的来源、投标项目对投标人今后业务发展的影响。

（2）工程因素

工程因素包括工程性质、规模、复杂程度以及自然条件（水文、气象、地质等）、工程现场工作条件，特别是道路交通、电力和水源、工程的材料供应条件、工期的要求等。

（3）业主因素

业主因素包括业主信誉，特别是项目资金来源是否可靠，业主支付能力，是否要求投标人带资承包、延期支付等，工程所在国政治、经济形势，货币币值稳定性，机械、设备、人员进出该国有无困难，该国法律对外商的限制程度等。

在实际投标过程中，影响因素很多，投标人应该对各种因素进行全面权衡后再进行决策。

8.2.3　确定标价

1. 成本核算

成本主要包括直接成本和间接成本。直接成本主要包括工程成本、产品的生产成本，包装费、运输费、运输保险费、口岸费和工资等；间接成本主要包括投标费、捐税、施工保险费、经营管理费和贷款利息等。此外，一些不可预见的费用也应考虑进去，如设备、原材料和劳务价格的上涨费、货币贬值费及无法预料或难以避免的经济损失费等。

2. 确定标价要考虑的因素

（1）成本

投标人在成本的基础上加一定比例的利润便可形成最后的标价。

（2）竞争对手的情况

如果竞争对手较多并具有一定的经济和技术实力，标价应定得低一些，如果本公司从事

该工程的建造有一定的优势，竞争对手较少或没有竞争对手，那么标价可以定得高一些。

（3）投标的目的

若是想通过工程的建设获取利润，那么标价必须高于成本并有一定比例的利润。在目前承包市场竞争如此激烈的情况下，很多投标人不指望通过工程的建造来取得收益，而是想通过承包工程带动本国设备和原材料的出口，进而从设备和原材料的出口中获取利润，出于这种目的的投标人所制定的标价往往与工程项目的建造成本持平或低于成本。当然，标价定得越低，中标率则越高。

8.2.4　标书制作与递交

标书是投标书的简称，也称投标文件。标书的具体内容依据项目的不同而有所区别，主要包括投标书及附件、投标保证、工程量清单和单价表、有关的技术文件等，投标人的报价、技术状况和施工质量也要体现在标书中。编制的标书一定要符合招标文件的要求，否则投标无效。

投标书编制完成以后，投标人应按招标人的要求装订密封，并在规定的时间内（投标截止日期前）送达指定的地点。投递标书不宜过早，一般应在投标截止日期前几天为宜，但若超过投标截止日期则为废标。

8.2.5　竞标

开标后投标人为中标而与其他投标人的竞争叫作竞标。投标人参加竞标的前提条件是成为中标的候选人。在一般情况下，招标人在开标后先将投标人按报价的高低排出名次，经过初步审查选定 2~3 个候选人，如果参加投标的人数较多并且实力接近，也可选择 5~7 名候选人，招标人通过对候选人的综合评价，确定最后的中标人。有时候也会出现 2~3 个候选人条件相当、招标人难以取舍的情况，在这种情况下，招标人便会向候选人重发通知，再次竞标。

8.2.6　国际工程投标中应注意的问题

1. 投标人的基本条件

根据自身特点，扬长避短，才能提高利润，创造效益，主要是考虑投标人本身完成任务的能力。

2. 业主的条件和心理分析

首先要了解业主的资金来源是本国自筹、外国或国际组织贷款，还是兼而有之，或是要求投标人垫资。因为资金来源牵涉业主的支付条件，是现金支付、延期付款，还是实物支付，这和投标人利益密切相关，资金来源可靠、支付条件好的项目可投低价标。此外还要进行业主心理分析，了解业主对项目的主要着眼点。

3. 咨询的技巧与策略

在投标有效期内，投标人找业主澄清问题时要注意质询的策略和技巧，注意既不要让业主为难，也不要让对手摸底。

1）招标文件中对投标人有利之处或含糊不清的条款，不要轻易提请澄清。

2）不要让其他竞争对手从投标人的提问中了解投标人的各种设想和施工方案。

3）对含糊不清的重要合同条款、工程范围不清楚、招标文件和施工图相互矛盾、技术规范中明显不合理等问题，均可要求业主澄清、解释，但不要提出修改合同条件或修改技术标准，以免引起误会。

4）请业主或咨询工程师对问题所做的答复发出书面文件，并宣布与招标文件具有同样的效力，或是由投标人整理谈话记录送交业主，由业主确认并签字盖章。切忌以口头答复为依据来修改投标报价。

4. 宏观审核指标的应用

要采用某一两种宏观审核指标来审核投标报价，如果发现相差较远则需重新全面检查，看是否存在漏投或重投的部分并及时纠正。

5. 施工进度表

投标文件的施工进度表，实质上是向业主明确竣工时间。在安排施工进度表时要考虑施工准备工作、复杂的收尾工作、竣工验收时间等。

6. 工程量表中的说明

投标时，对招标文件工程量表中各项目的含义要弄清楚，以避免工程开始后月结工程款时产生麻烦。特别承包国外工程时，更要注意工程量表中各个项目的外文含义，如有含糊不清处可找业主澄清。

7. 分包人的选择

国际工程投标过程中选择分包人通常有两种做法。

一种是要求分包人就某一工程部位进行报价，双方就价格、实施要求等达成一致意见后，签订一个协议书。投标人承诺在中标后不再找其他分包人承担这部分工程，分包人承诺不再抬价等。这种方式对双方均有约束性。

另一种是投标人找几个分包人询价后，投标时自己确定这部分工程的价格，中标后再最后确定由哪一家承包，签订分包协议。这样双方均不受约束，但也都承担着风险，如分包人很少时，投标人可能要遇到分包人提高报价的风险；反之，如分包人很多，分包人面临投标人进一步压低价格的风险。

8.2.7　国际工程投标策略

国际工程投标是一场紧张而又特殊的国际商业竞争。目前，国际工程招标多半是针对大型、复杂的工程项目进行的，投标竞争的风险也比较大。投标策略的制定就是使投标人更好地运用自己的实力，明确关系中标的各项因素，发挥自身优势，从而取得投标的成功。

1. 深入腹地策略

所谓深入腹地策略，是指外国投标人利用各种手段，进入工程所在国和地区，使自己尽可能地接近或演化为当地企业，以谋取国际投标的有利条件。深入腹地主要通过在工程所在国注册、登记和聘请工程所在国代理人等方法。

（1）在工程所在国注册登记

许多国家在国际招标的问题上，采取对当地投标人与外国投标人的差别性政策，给本国投标人更多的优惠，这一点在发展中国家最为明显。这些国家在招标文件中明文规定，本地企业享受一定的优惠，较大的报价差别削弱了外国投标人的报价竞争力。在有些发达国家，虽然从其招标法律或条文中找不到对投标人的差别待遇规定，但在实际操作时，以各式各样条例限制外国投标人与本国企业竞争。因此，各国的国际招标都有所偏向，只不过有些采用公开手段，而有些实施隐蔽政策。

为保持自己的竞争优势，投标人应在条件允许的情况下，注册登记为当地企业，以享受最惠国待遇。一般就是投标人参与国际工程招标前，在该国贸易注册局或有关机构注册登记，成为当地法人，也就成为该国独立的法律主体。这样从事民事和贸易活动，接受当地国家法律管辖，并享受与当地投标人平等的权利和地位。

（2）聘请工程所在国代理人

外国投标人在工程所在国或地区聘请代理人，即外国企业作为委托人，授权工程所在国内某人或机构，代表委托人进行投标及有关活动。

1）通过在工程所在国聘请代理人，可以完善国际工程投标手续。有些国家把聘请当地代理人作为国际投标的法定手续。

2）通过在工程所在国聘请代理人，深入理解招标文件。外国投标人对一国招标文件的理解可能受两方面因素制约。

① 文字语言因素。招标文件条款翻译稍有差距，就会影响报价的准确。有些国家规定，招标必须使用本国语言，而当地代理可起到详细准确解释招标文件的作用。

② 背景资料因素。国际招标文件各项条款不可能每项都十分具体，而且表达那些本国已形成的惯例和规则条件就更为简单笼统。外国投标人要想深入理解招标文件，必须借助各种背景材料了解工程所在国的招标程序和惯例等。

3）在没有设立分支机构或办事处的情况下，通过在工程所在国聘请代理人，了解该国关于招标的信息等，掌握当地国际招标的习惯做法，咨询关于该国国际招标的法律规章等问题，还可以由当地代理出面联系处理有关事宜，利用代理人提高企业投标竞争力。例如，不少国家法律规定，本国已能生产的原料或产品不能进口，即使允许进口，也要在投标总量中包含一定比例的本国产品。在参加这类国家的国际工程招标时，外国投标人必须通过代理人了解工程所在国已能生产的与投标有关的原料，在投标书中排除这类项目或留出一定比例由当地制造商或投标人分包。

4）要聘请具有法人资格、保有相当的注册资本和有一定的代理投标经验或在本国国际工程招标市场上具有权势和影响的人作为当地投标代理人。这样，外国企业才可利用其优势打开国际投标局面，并可采取一些特殊手段对招标机构施加影响，为自己争得合同。外国企业在这些国家进行商业活动，如不聘请当地代理，恐怕难以立足。

5）聘请当地代理人需要契约安排。外国投标人要与代理人订立代理合同或代理协议，明确委托人和代理人各自的权利、义务，说明代理人进行投标及其他活动的权限范围，委托人向代理人支付报酬的方式和数量。签订合同和协议时要认真考虑确定代理人聘用的时间和详尽规定代理人的权限范围。代理合同的时间根据外国投标人从事投标的需要，可长可短。一般来说，在开展承包业务投标时，为了保证投标活动和中标后经营活动的连续性，可长期聘用当地代理人。另外，在国际工程招标市场前景良好、招标活动频繁的国家或地区，可以与当地有能力的代理人建立长久的合同关系。代理人的权限范围是代理合同或协议的重要内容。若该部分条款空洞笼统，代理人职责不明，很可能起不到代理人应有的作用，且易被代理人滥用，给委托人带来不良后果。

2. 联合策略

联合策略是指投标人使用联合投标的方法，改变外国投标人不利的竞争地位，提高竞争水平。即有两家以上投标人根据投标项目组成单项合营，注册成立合伙企业或结成松散的联合集团，共同投标报价。联合投标成员要签订协议，规定各自的义务、分担的资金、分别提供的设备和劳动力等，由其中一个成员作为合同执行的代表，即负责人（又称主办人或责任人），其他成员（又称合伙人）则受到协议条款的约束。联合投标的优势还是很明显的，具体介绍如下。

（1）扩大投标人的实力

中小企业只有用联合的方法扩大实力，才能与资金雄厚、专业和技术水平高的大企业匹敌。我国参加国际工程投标的时间相对较短，技术管理水平短时间内难以赶上世界一流的跨国公司。所以，与技术方面或管理方面实力较强的公司联合投标，是取长补短的有效办法。

（2）符合国际招标的要求

为了扶持本国企业，发展民族经济，一些国家要求外国企业必须与当地企业合伙联合投标。有些国家甚至对联合予以鼓励，如规定若外国公司与本国公司联营，且本国联营的股份占50%以上，可以在评标时享受7.5%或更多的优惠。

（3）分散风险，减少损失

国际投标一旦得中，未来利润十分可观，但同时存在着巨大的风险。国际工程承包经历时间较长，一旦遇到风险，单个企业难以承受。在联合投标时，企业可以通过签订联合协议，共享利润、共担风险，将风险分散到各联合成员企业中。

3. 最佳时机策略

最佳时机策略是指投标人在接到投标邀请至截止投标这段时间内选择最有利的机会投出标书。投标时间的选择十分重要。选择最佳时机，投标人应掌握的原则是反应迅速、战术多变、情报准确。即使投标人有了较为准确的报价，仍然要等待时机，在重要竞争对手之后采取行动。竞争对手的人数多少，竞争对手的报价高低，严重干扰投标人中标的可能性。所以，在了解了竞争对手数量及其报价之后，按照实际中标的可能性修改原报价，才能使标价更合理。

在国际招标进行过程中，招标人在公开开标之前，难以得知投标人的确切数量，并且所有投标人都要采取保密措施，避免对方了解自己的根底。因此，一个投标人不可能掌握全部竞争对手的详细资料。这时投标人应瞄准一两个主要的竞争对手，在竞争对手投标之后报价，投标人可以利用这段时间迷惑对手，再随机投标。

4. 公共关系策略

公共关系策略是指投标人在投标前后加强同外界的联系，宣传扩大本企业的影响，沟通

与招标人的感情，以争取更多的中标机会。目前，在国际工程招标中，这种场外活动比较普遍，采用的手段也多种多样。常用家访、会谈、宴会等比较亲切的交际方式与当地投标机构人员建立联系，与当地政府官员、社会名流联络感情，或寻找机会宣传、介绍企业等。公共关系策略运用得当才会对中标产生积极的效果。因此，在使用时要特别注意不同工程所在国家和地区的文化习俗差异，见机行事，有的放矢。其宗旨在于，培植外界对本企业的信任与感情。

8.3 国际工程通用合同条件

在国际工程承包项目中，普遍采用 FIDIC 合同条件、英国 NEC 合同条件和美国 AIA 合同条件。

8.3.1 FIDIC 合同条件

FIDIC 是指国际咨询工程师联合会，该组织是较权威的咨询工程师组织。FIDIC 组织编制了一系列合同条件，被 FIDIC 会员在世界范围内广泛使用，也被世界银行、亚洲开发银行、非洲开发银行等世界金融组织指定在招标文件中使用。

FIDIC 合同条件包括《土木工程施工合同条件》(红皮书)、《电气和机械工程合同条件》(黄皮书)、《业主/咨询工程师标准服务协议书》(白皮书)、《设计-建造与交钥匙工程合同条件》(橘皮书) 等。以上合同文本在国际工程承包中得到广泛应用，尤其是红皮书，被誉为“土木工程合同的圣经”。

1999 年，FIDIC 组织重新对以上合同进行了修订。新版的合同条件包括《施工合同条件》(红皮书)、《永久设备和设计-建造合同条件》(黄皮书)、《EPC/交钥匙项目合同条件》(银皮书)、《简短合同格式》(绿皮书) 等。

1.《施工合同条件》

《施工合同条件》(Conditions of Contract for Construction) 推荐用于由雇主设计的或由其代表工程师设计的房屋建筑或工程 (Building or Engineering Works)。在这种合同形式下，承包商一般都按照雇主提供的设计施工。但工程中的某些土木、机械、电力和/或建造工程也可能由承包商设计。

2.《永久设备和设计-建造合同条件》

《永久设备和设计-建造合同条件》(Conditions of Contract for Plant and Design-Build) 推荐用于电力和/或机械设备的提供，以及房屋建筑或工程的设计和实施。在这种合同形式下，一般都是由承包商按照雇主的要求设计和提供设备和/或其他工程 (可能包括土木、机械、电力和/或建造工程的任何组合形式)。

3.《EPC/交钥匙项目合同条件》

《EPC/交钥匙项目合同条件》(Conditions of Contract for EPC/Turnkey Projects) 适用于在交钥匙的基础上进行的工厂或其他类似设施的加工或能源设备的提供，或基础设施项目和其他类型的开发项目的实施，这种合同条件所适用的项目对最终价格和施工时间的确定性要求

较高，承包商完全负责项目的设计和施工，雇主基本不参与工作。在交钥匙项目中，一般情况下由承包商实施所有的设计、采购和建造工作，即在“交钥匙”时，提供配备完整、可以运行的设施。

4.《简短合同格式》

《简短合同格式》(Short Form of Contract) 推荐用于价值相对较低的建筑或工程。根据工程的类型和具体条件的不同，此格式也适用于价值较高的工程，特别是较简单的或重复性的或工期短的工程。在这种合同形式下，一般都是由承包商按照雇主或其代表工程师提供的设计实施工程，但对于部分或完全由承包商设计的土木、机械、电力和/或建造工程的合同也同样适用。

2017年12月，FIDIC发布了1999年版三本合同条件的新版本，分别是《施工合同条件》(红皮书)、《生产设备和设计-建造合同条件》(黄皮书) 和《设计-采购-施工与交钥匙项目合同条件》(银皮书)。

2017年版与1999年版相比，相关合同条件的应用和适用范围，业主和承包商的权利、职责和义务，业主与承包商之间的风险分配原则，合同价格类型和支付方式，合同条件的总体结构都基本保持不变。但通用条件将索赔与争端区分开，并增加了争端预警机制。与1999版相比，2017版的通用条件在篇幅上大幅增加，融入了更多项目管理思维，相关规定更加详细和明确，更具可操作性。2017年版系列合同条件加强了项目管理工具和机制的运用，进一步平衡了合同双方的风险及责任分配，更强调合同双方的对等关系。

2017年版《施工合同条件》(红皮书) 大多数变化与合同管理有关，目标是为合同双方提供更具体、明确和确定的预期结果以及不遵守的后果。“定义”2017年版由1999年版的58个增加到了88个。

8.3.2　英国NEC合同条件

NEC合同条件是由英国土木工程师协会 (ICE) 制定的工程合同体系，NEC系列工程施工合同体系包括6种工程款的支付方式 (业主可以从中选择适合自己的方式)、9项核心条款。6种工程款的支付方式分别为固定总价合同、固定单价合同、目标总价合同、目标单价合同、成本加酬金合同、工程管理合同。NEC合同条件灵活实用，且主要条款通俗易懂，规定设计责任不固定由业主或承包商承担，而是可根据具体情况由业主或承包商按一定比例承担。就我国的工程承包现状来看，NEC合同条件具有一定的借鉴意义。

8.3.3　美国AIA合同条件

美国建筑师学会 (AIA) 制定并发布的合同主要用于私营的房屋建筑工程，针对不同的工程管理模式出版了多种形式的合同条件，因此在美国得到广泛应用。AIA合同比较复杂，包括建设项目中的各类合同。AIA合同条件包括以下几种：

1) A系列，用于业主和承包商的标准合同文件。

2) B系列，用于业主与建筑师之间的标准合同文件，包括建筑设计、室内装修工程等特定情况下的标准合同条件。

3）C 系列，用于建筑师与专业咨询人员之间的标准合同文件。

4）D 系列，建筑师行业内部使用的文件。

5）F 系列，财务管理报表。

6）G 系列，建筑师企业及项目管理中使用的文件。

练习题

1. 国际工程投标要从哪些方面进行调查？
2. 新 FIDIC 合同条件有哪些优点？
3. 什么原因导致国际工程招标出现废标？
4. 国际工程投标前应做好哪些准备工作？

参考文献

[1] 全国一级建造师执业资格考试用书编写委员会. 建设工程项目管理 [M]. 北京：中国建筑工业出版社，2021.

[2] 王平. 工程招投标与合同管理 [M]. 2版. 北京：清华大学出版社，2020.

[3] 王俊安. 工程招标投标与合同管理 [M]. 北京：机械工业出版社，2018.

[4] 朱宏亮. 建设法规 [M]. 武汉：武汉理工大学出版社，2018.

[5] 中国建设监理协会. 建设工程合同管理 [M]. 北京：中国建筑工业出版社，2020.

[6] 黄聪普，白秀华. 建设工程招投标与合同管理 [M]. 重庆：重庆大学出版社，2017.

[7] 王小召，李德杰. 建筑工程招投标与合同管理 [M]. 北京：清华大学出版社，2019.

[8] 全国造价工程师职业资格考试培训教材编审委员会. 建设工程计价 [M]. 北京：中国计划出版社，2020.

[9] 李永军. 合同法 [M]. 5版. 北京：中国人民大学出版社，2020.

[10] 杜月秋，孙政. 民法典条文对照与重点解读 [M]. 北京：法律出版社，2020.